深基坑支护工程可靠度分析与数值模拟

黄志全　王安明　毕理毅　陈泰霖　李小根　等著

黄河水利出版社
·郑州·

内 容 提 要

本书系统地论述了深基坑支护工程中的可靠度理论及其应用，结合工程实践对深基坑支护工程开展了数值模拟研究。针对深基坑支护工程的研究现状及工程建设的需要，对基坑工程可靠度分析的基本原理及工程应用、土钉支护结构稳定的可靠性、桩锚土钉联合支护机理、基坑变形性状数值模拟等难点问题进行了较为全面的研究，并把研究成果运用到郑州地区深基坑支护工程的设计、施工中。

本书可作为岩土工程专业本科生、研究生的参考书，也可供从事深基坑支护工程及相关领域的科研人员和从事深基坑支护工程设计、施工、监理与监测等工程技术人员参考。

图书在版编目(CIP)数据

深基坑支护工程可靠度分析与数值模拟/黄志全，王安明，毕理毅等著．—郑州：黄河水利出版社，2009．8
ISBN 978-7-80734-685-2

Ⅰ．深…　Ⅱ．①黄…②王…③毕…　Ⅲ．①深基础-坑壁支撑-工程结构-结构可靠性-分析　②深基础-坑壁支撑-工程结构-数值模拟　Ⅳ．TU473．2

中国版本图书馆CIP数据核字(2009)第126497号

策划组稿：简　群　电话：0371-66026749　E-mail：w_jq001@163.com

出 版 社：黄河水利出版社

地址：河南省郑州市顺河路黄委会综合楼14层　邮政编码：450003

发行单位：黄河水利出版社

发行部电话：0371-66026940、66020550、66028024、66022620(传真)

E-mail：hhslcbs@126.com

承印单位：河南省瑞光印务股份有限公司

开本：787 mm×1 092 mm　1/16

印张：12.75

字数：295千字　印数：1—2 000

版次：2009年8月第1版　印次：2009年8月第1次印刷

定价：28.00元

前言

随着城市建设的发展，高层建筑和城市地下空间的利用越来越多，随之而来的深基坑工程也越来越多，深基坑深度更大，周边环境更加复杂，由此带来的设计施工难度也在不断加大，可能导致的深基坑事故也在逐年增多。特别是开挖和支护的应力、变形分析使不可忽视的卸载问题及其引发的土体应力、强度、变形性质等问题越来越受到研究人员、工程技术人员的关注和重视，并为我们提出了一系列需要深入研究的课题。不断发展的高层建筑和地下空间工程带动了深基坑工程实践的发展，也对岩土工程和岩土力学理论与技术研究提出了新的要求和指明了研究方向。由于理论研究的滞后，计算方法及参数选取的不合理性以及设计选型和施工措施不当等因素，岩土工程界也受到了不少惨痛的教训。深基坑支护工程的理论研究和技术发展，必将成为人们持续不断研究和实践的热点与难点问题。为此，广大岩土工程和岩石力学工作者对该领域的问题进行了长期不懈的探索研究，取得了很多具有重要意义的理论和应用成果，为人类工程建设作出了重大贡献。

与地基工程相比，深基坑工程在支护理论、变形机理、支护方法及合理施工等方面还存在很多值得探讨和深入研究的地方。如基坑应力场分布研究方面，现在多采用传统的土压力理论进行设计与施工，但是工程实践证明，该方面的理论研究往往与具体的工程实践需要不很相符。为此，本书系统地总结了近年来深基坑工程理论和工程运用方面的科研成果、基坑工程设计施工方面的工程实践，论述了深基坑支护工程中的可靠度理论及其应用，结合工程实践对深基坑支护工程开展了数值模拟研究。

全书在综合分析已取得的研究成果的基础上，针对近年来深基坑支护工程的研究现状及工程建设的实际需要，首先对基坑工程可靠度分析的基本原理进行了较为系统的论述，并对其具体的工程应用加以探讨；然后研究了可靠度理论在土钉支护结构稳定评价中的具体方法和步骤；在此基础上，作者深入研究了基坑桩锚土钉联合支护的支护机理，并对基坑变形性状开展了数值仿真模拟；最后把研究成果运用到郑州地区深基坑支护工程的设计、施工中。

作为本书的作者，华北水利水电学院吴林峰副教授、崔江利副教授、杨继红博士和安阳工学院姚海慧硕士执笔了相关章节。本书得到河南省高校杰出科研人才创新工程项目(HAIPURT)和河南省高等学校创新人才培养工程项目(2005KYCX015)资助，以及华北水利水电学院高层次人才科研启动项目资助。本书的作者长期从事岩土工程和地质灾害信息系统方面的教学、科研、设计与施工等工作，本书的研究内容是作者及其研究生、同事多年来在长期工程实践积累的基础上对深基坑支护工程持续研究的一次总结。但是，由于专业领域、知识范围等的限制，作者深知自己在岩土力学、数学等方面的知识还有欠缺，本书在一些方面还存在疏漏、不当或错误之处，敬请同行学者批评指正。在撰写本书的过程中，得到顾金才院士、刘汉东教授、戴福初研究员、路新景教授级高级工程师、姜彤副教授等的大力支持与指正，得到了华北水利水电学院资源与环境学院同事的关心和帮助，部分研究成果是在河南省岩土力学与结构工程重点实验室内取得的，同时，河南大河基础建设工程有限公司杨新洲经理等提供了部分工程实践资料，此外，本书的撰写还基于书后大量的参考文献，其作者的贡献是显而易见的，在此一并致谢！

作 者

2009 年 6 月

目录

第 3 篇　深基坑支护工程数值模拟

第4篇 深基坑支护工程监测技术与设计施工实例

第1章 绪论

1.1 引言

随着我国国民经济及城市建设的飞速发展，高层建筑日益增多，建筑规模不断扩大，尤其是最近10余年来，我国大中城市高层建筑拔地而起；与此同时，对地下空间的开发利用也成为大城市解决城市交通拥挤、土地资源紧张等问题的有效途径，地铁、地下商场和地下停车场等大型建筑物不断增多。

不断发展的高层建筑和地下空间工程带动了深基坑工程实践的发展，这也对岩土工程和岩土力学理论与技术研究提出了新的要求和指明了研究方向。以前大量的浅挖工程和无需支护的实践使人们已经习惯一次性的单调加载过程，随着基坑深度的逐渐加大，开挖和支护的应力、变形分析将使不可忽视的卸载问题及其引发的土体应力、强度、变形性质等问题逐渐受到重视，因此产生了一系列需要深入研究的课题。

再者，由于各种复杂的原因，近年来各地陆续发生了多起深基坑倒塌事故，既拖延了工期，又增加了造价，造成重大的经济损失和不良的社会影响，给深基坑的开挖和支护技术提出了新的问题和挑战。目前，经常使用的基坑支护形式较多，如土钉墙支护、土钉墙与桩锚联合支护、土钉墙与微型桩联合支护、土钉墙与超前锚杆联合支护、排桩与内支撑联合支护和桩锚与防渗墙联合支护等一系列联合支护形式。这些支护形式各有其优缺点，在付诸工程实践后也取得了不少成功经验，但很多都是以大量的经济浪费为代价的，基坑支护技术的优化设计研究也已成为刻不容缓的研究课题。

在计算方法上，应用有限元等数值模拟方法对土压力、基坑稳定性和基坑变形等进行综合分析的方法得到了较大发展，已经成为基坑支护工程安全、高效实施的强有力工具。

总之，基坑工程已成为岩土工程的热点问题，支护技术也成为亟待解决的难点问题。由于理论研究的滞后，计算方法及参数选取的不合理性，以及设计选型和施工措施不当等因素，岩土工程界也受到了不少惨痛的教训。深基坑支护工程的理论研究和技术发展，必将成为人们持续不断研究和实践的热点与难点问题。

1.2 深基坑支护工程可靠性分析

岩土工程可靠性问题，因其复杂性和多样性成为工程领域可靠性研究中较为困难的问题，其发展落后于结构可靠性的研究。其中对土性参数的不确定性、土层的概率模型的研究，是岩土工程可靠性研究最重要的部分，也是岩土工程可靠度分析的基础。

国外岩土工程可靠性研究始于20世纪60年代末，以A. Casagrande[1]、T. H. Wu[2]、P. Lumb[3]、E.H. Vanmarke[4]和G. G. Meyerhof[5]等为代表，他们对诸如地基基础中的

风险问题、土坡稳定、土的统计分析和变异性、自相关性和海洋工程的设计以及总安全系数与失效概率分项系数之间的关系进行了许多积极的研究[6]。

我国关于岩土工程可靠度的研究始于20世纪80年代,虽然起步较晚,但发展较快。研究的内容涉及桩基础、土坡稳定、地基沉降、地基承载力以及土性参数概率统计分析等方面。其中,高大钊编著的《土力学可靠性原理》、包承纲等人编著的《地基工程可靠度分析方法研究》以及冷伍明编著的《基础工程可靠度分析与设计理论》等专著,系统地总结了我国岩土工程可靠度研究的理论与实践,为推动我国岩土工程可靠度深入研究和进一步发展,发挥了很大作用[6]。

在基坑工程方面,可靠度的研究成果还不多,主要是因为基坑工程的影响因素众多,积累的资料较少,研究工作较难进行。国外只有 Matsuo 等做过比较细致的工作;国内以同济大学的况龙川、高大钊[7~10]为代表的研究成果较为显著,他们不但研究了土性参数空间平均的特性,而且还采用 JC 法分析了水泥土支护结构的稳定性。近年来,国内期刊上相继刊出不少关于基坑可靠度方面的论文,研究范围涉及挡土墙、锚杆、土钉以及板桩等各种支护形式,甚至有人尝试采用可靠度的概念进行基坑结构的优化设计。即便如此,但目前各种研究结果仍较为混乱。总的来看,基坑支护结构的可靠度研究仍然处于起步阶段。

1.3 深基坑支护工程优化设计与数值模拟

深基坑优化设计是指在保证基坑安全的前提下,设计经济合理的基坑支护方案。基坑支护优化设计包括四个方面的内容,即方案优化设计、结构优化设计、截水优化设计和信息化施工动态设计[11]。

就方案优化设计而言,基坑支护方案选择的具体操作主要有两种方法[12]。第一种是定性方法,就是依靠专家的经验和工程实践形成的经验来选择方案。在这方面,赵志缙和应惠清、刘建航和侯学渊教授、龚晓南教授、秦四清教授等相继提出了基坑支护方案的基本方法和原则;另外,可以根据基坑安全等级和重要性系数以及开挖深度按照流程进行支护方案的选择,这一点以秦四清教授提出的按顺序选择支护方案[13]为代表。第二种是定性分析和定量计算相结合的方法,最具代表性的是利用多目标决策方法来进行方案优选。在基坑支护方案选择决策时,需要考虑安全、造价、工期等目标,这些目标之间相互影响、相互矛盾,属于多目标决策方法问题。

支护结构优化包含结构计算模型和经济性分析两方面。在结构计算方面,杆系有限元土抗力法是公认的支护桩墙结构设计计算方法。孙钧等[14]利用有限元、边界元方法分析了基坑开挖等地下工程与围岩介质的静、动态共同作用,在本构关系上引入了弹性、塑性、弹塑性等不同的岩土介质本构模型,在几何关系上从线性分析发展到非线性分析。曾国熙等[15]分析了以板桩作为支挡结构的软黏土地区的基坑开挖问题,利用有限元程序对影响基坑性状及工程经济效益的几个重要因素(板桩的插入深度、板桩的刚度以及土质条件等)进行研究。在经济性分析方面,目前的研究成果主要是基于等值梁法计算模型对支护体系的经济性进行优化分析[16]。等值梁法计算模型不适用于桩锚与土钉联合支护形式的计算分析,实际上,对于基坑支护工程,经济指标的衡量也并非由材料用量唯一决定,还含有优化模型中其他要素,比如工期和施工工艺等。优化模型中优化变量和优化目标是根据具体施工工况,结合变形控制来选取更具有现实意义的技术经济变量。

用数值分析方法对基坑支护工程进行模拟与传统的估算法、弹性地基梁法、物理模拟法等方法相比有很大的灵活性。常用的数值分析方法有有限元法(FEM)、连续介质快速拉格朗日差分法(FLAC)和边界元法(BEM)。拉格朗日差分法将转化课题的常微分或偏微分方程为差分方程来处理有限变形问题,计算过程中允许材料发生屈服和塑性流动,适合解决岩土工程中经常遇到的大变形问题。有限元法以研究区域的变分形式来离散所研究的区域,使其成为有限数目的单元并列出计算公式,不必像拉格朗日差分法把问题归结为微分方程这一中间手段,相比拉格朗日差分法,其节点任意配置,能很好地模拟复杂的边界条件。边界元法化微分方程为边界积分方程,使用类似于有限元法的离散技术来离散边界,有降维作用,但边界元法对变系数或非线性问题的适用性不如有限元法。

数值模拟方法能综合考虑基坑开挖与支护施工过程中的许多因素,如土的非线性、弹塑性、固结效应以及土与支护结构的相互作用等,能将支护对周围环境的影响通过数值模拟的前后处理技术直接显示出来,更能直观地分析问题。目前,数值模拟已经在基坑开挖和支护计算分析中发挥了巨大的作用。Emilios M. Comodromos 等[17]用 FLAC 软件分别考虑了桩土相互作用,分析了在不同刚度情况下单桩、群桩的工作状态及其极限承载力。张钦喜等[18]用 FLAC 软件对复合土钉支护的土钉内力和支护变形进行了模拟与分析。黄润秋等[19]应用 FLAC 3D 软件研究了预应力锚索框架与岩土体的相互作用机理及施加预应力产生的附加应力。朱亚林等[20]运用非线性有限元方法,对一种新型的预应力锚杆柔性支护技术的作用机理进行了数值分析。李好等[21]采用弹塑性有限元方法,对基坑开挖、支护施工进行了数值模拟,分析了土体的位移和锚杆的受力状态。张春明等[22]采用离散元数值分析方法对散体介质锚拉支架的支护和受力作用进行了详细的分析。

1.4 郑州市深基坑支护工程设计与施工概况

郑州市地处黄河冲积平原地区,地形较平坦,地貌单一。地层以粉土、粉质黏土、粉细砂为主。郑州东半部的地下水位较高,受季节的影响较大,最高水位多出现在雨季后期(9 月),最低水位多出现在干旱季节(5 月),地下水的补给主要为大气降水[23]。

郑州市在基坑和边坡支护技术方面也得到相当快的发展,形成了一些适合郑州市地质特点的支护形式,包括排桩加预应力锚杆结合止水帷幕技术、水泥土重力式围护结构、拉锚式排桩支护技术、土钉墙支护技术、锚喷支护技术以及组合支护技术等[23]。使用较为广泛的支护形式有:土钉墙支护技术、桩锚支护技术、土钉与微型桩联合支护技术以及桩锚与土钉联合支护技术。

1.4.1 土钉墙支护技术

土钉墙支护结构包括喷射混凝土、土钉、钢筋网三部分,作为一种先进的支护技术,在高边坡和基坑工程中特别是在不良地质条件下,利用喷射混凝土、土钉、钢筋网与土体共同作用的主动支护体系,最大限度地利用边壁土体的自承能力,变土体荷载成为支护结构的一部分。土钉支护结构的设计计算主要包括内部稳定性验算和外部稳定性验算。

1.4.2 桩锚支护技术

桩锚支护结构由竖向钢筋混凝土灌注桩和斜向预应力锚杆构成,在基坑内外土压力作用下,桩体处于受弯状态,锚杆受拉,通过预应力锚杆给桩体提供一支撑力,使桩体在水平土压力作用下内力分布较为均匀。通过设置预应力锚杆可有效提高支护结构的抗倾覆稳定性,显著地缩短桩体在土中的嵌固深度,降低施工难度和减小工程投资。

1.4.3 土钉与微型桩联合支护技术

将土钉与微型桩联合起来使用,两者形成一个整体结构,共同受力,从而使得整个支护体系水平位移小和结构受力合理。两者联合使用时与桩周土体构成一个复合土体,这种复合土体在竖向范围内具有一定刚度,对不均匀土体的变形有限制作用。另外,微型桩结构强度的预先形成,可显著提高土钉支护结构的施工进度,使基坑可以连续地分层开挖,并有效提高土钉结构的内部安全系数。

1.4.4 桩锚与土钉联合支护技术

桩锚与土钉联合支护结构通常由上部的桩锚支护和中下部的土钉支护结构共同构成。在基坑边坡土压力作用下,桩锚与土钉作为一个整体结构共同抵抗荷载和变形。当桩锚与土钉构成联合支护结构时,土钉对土体的加强作用使作用于桩锚结构上的土压力得到显著减小,锚杆预应力水平得到显著降低。

1.5 本书对深基坑支护工程若干问题的研究

近年来,我国已成功地设计和施工了许多技术先进、经济合理的基坑工程,但由于问题的复杂性,基坑工程的理论研究和技术创新仍落后于工程实践,现场施工中的铺张浪费、技术粗糙、技术水平低下,导致实际基坑工程事故并不鲜见。为提高基坑工程的成功率,充实基坑工程支护结构的理论研究水平,使支护结构设计既安全又经济,本书拟开展以下几个方面的研究。

1.5.1 基坑支护结构设计可靠度分析[24]

首先论述结构可靠度分析的基本原理和岩土介质的不确定性。将实用分析法引入到基坑土钉支护结构中进行可靠度分析,对于土钉支护结构外部整体稳定性,采用类重力式挡墙的分析方法,研究其平移、倾覆和深层滑移破坏;对于结构的内部稳定性,根据王步云法分析了土钉拔出和楔体滑落破坏。最后利用 Visual Basic 6.0 根据实用分析法编写了基坑可靠度计算程序,并与采用 Monte - Carlo 法的计算结果作对比,验证了程序的正确性以及将实用分析法引入基坑支护结构可靠度分析中的可行性。

1.5.2 基坑支护结构优化设计与数值模拟分析

以理正深基坑支护结构设计软件为手段，对桩锚与土钉联合支护结构进行优化计算，以工程造价为目标函数优化模型，针对优化后的模型用 Visual Basic 6.0 编制方案优选程序，结合具体工程实例运用优化理论和方法对深基坑支护结构设计方案进行优选和优化设计[25]；以深基坑工程桩锚支护形式[26]、桩锚与土钉联合支护形式[27]、土钉墙支护方法[28]为工程背景，采用 FLAC 3D 软件对深基坑的分步开挖及支护过程进行了详细的模拟与分析。研究基坑土体的位移、应力和应变率，复合支护结构体的位移和内力变化，总结其内力和变形的分布规律及其相互作用规律。

1.5.3 基坑支护设计施工实例及信息化施工方法

首先给出深基坑工程信息化施工中一些主要监测项目的监测方法和仪器设备的埋设方法等。最后给出郑州市近年来开展的几个典型的基坑支护工程实例，给出其具体的基坑支护设计方案，供类似深基坑支护工程设计施工参考。

第1篇 深基坑支护工程可靠度分析

第2章 概 述

2.1 基坑工程可靠度研究的意义及其必要性

20世纪80年代以来,随着我国社会经济的迅速发展,城市建设速度日益加快,各大城市、沿海经济开发区不断涌现出大量高层、超高层建筑,大型的基坑工程也随之日益增多。目前,地下室埋深已达20多m,而基坑最深可达24 m,国外基坑有的深达30~40 m[29]。与此同时,密集的建筑物,超大、超深的基坑周围复杂的地下设施,不但使得放坡开挖基坑这一传统技术不再能满足现代城镇建设的需要,而且由于建筑场地周围住宅密集、道路交错、管线纵横分布在地面下,对基坑开挖提出了更高、更严的技术要求:不仅要保证基坑边坡和支护结构的稳定,还要满足变形控制的要求,以确保基础施工期间相邻建筑、地下管线、道路等的结构安全和正常使用。因此,基坑工程已呈现出"数量多,深度大,支护技术难度大"的趋势,深基坑开挖与支护已引起了各方面的广泛重视,各种新的支护形式和设计计算方法也不断出现。然而对于支护结构的作用机理以及选型原则、设计计算方法及安全性能等方面的研究,还存在很多有待解决的问题,其中基坑支护边坡的安全性问题正是人们在工程实践中最关心的问题[30,31]。

过去在工程中人们常常采用定值法来评价基坑边坡的安全性。该方法以土力学中的极限平衡理论为基础,即在条分法的基础上,结合定值的力学分析求解安全系数。它把土看做具有某种"平均"性质的"均质"材料,因此各种参数是确定的,荷载和计算方法等也都是确定的,而把那些未知的、不确定的因素都归结到单一的安全系数 K 上,这样所得的结果很明确,易于为人们接受,长期以来得到了广泛的应用。然而,某些工程设计中按此法计算是安全的,实际使用中却发生了破坏,原因是定值分析法存在很大缺陷[32]。

首先,岩土介质具有高度的不确定性和变异性,设计中的参数指标,如岩土的物理力学指标、钉土的界面黏结强度等,表现出较强的离散性,因而工程的设计是在大量的不确定性和存在某些未知因素的情况下进行的,不宜用定值对其进行描述。

其次,分析模型的不同以及各种边坡工作环境的变化,包含许多不确定因素。实际上，根据每个具体问题的不同，应采用的安全系数的大小也就不同。即使是同一工程问题，假如所用的方法不同，由于各种设计方法具有的精度不同，安全系数的大小肯定也不相同。换句话说，由于各种设计方法采用的假设或简化而造成了固有的不确定性，以及不同设计方法造成了工程实践上的差异。

总之，安全系数只是凭经验确定阈值，具有很大的主观随意性。仅凭缺乏可比性的安全系数 K，难以描述岩土工程本身的高度不确定性的特点，它虽然能对不确定性进行定量化处理，但在理论上存在很大弊端[33~35]。定值法不能完全考虑设计参数中任何内在的变异性和不确定性，安全系数不能科学、定量地反映工程的安全程度。如安全系数为 1.2，并不意味着 120% 的安全。甚至有时计算出来的安全系数大于 1，实际工程中却发生了破坏的情况。安全系数亦缺乏统一标准，无法互相比较，亦无法进行不同问题或同一问题不同计算方法的比较。Lumb(1970)在论及岩土工程时曾指出，传统的安全系数概念的严重不足在于：它未能直接考虑岩土强度的实际变异性，因此某一通用的安全系数值，对于各种岩土体甚至同一岩土体未必具有同样的意义[36]。

为了在基坑边坡稳定性分析中考虑存在的变异性和不确定性，使计算结果更切合实际，人们逐渐发展并形成了概率极限状态方法，即以概率统计理论为基础，以随机变量和随机过程作为研究对象的新方法，也就是可靠度分析方法。

2.2 可靠度分析方法的优点

采用可靠度的概念来评价基坑工程的安全性有所不同，它考虑了设计存在的不确定因素和设计参数的变异性。它首先承认设计出的建筑物都有风险，只是风险大小不同而已，风险大的设计，破坏的可能性大，破坏损失也大，但工程投资较小；反之，则投资较大而破坏损失小。这里面存在一个合适的风险程度的问题，也就是进行优化设计的问题。因而，可靠度分析方法克服了传统定值设计法的缺点和不足，其优点主要体现在以下几个方面[24,37]：

第一，可靠度分析方法比较符合实际。可靠度分析能运用概率统计对庞杂的试验数据进行统计分析，且考虑了岩土性质及我们对结构破坏机理的认识不足等诸多不确定性问题和风险问题。

第二，可靠度有望成为比较不同工程安全的基本尺度。对于不同设计安全系数的基坑，如果基坑支护结构的可靠度相同，则它们具有相同的安全性。

第三，可靠度设计理论能够提供说明基坑工程安全性的评价指标，能够定量地考虑各种不确定因素对工程安全性的影响。

第四，可靠度分析还可以从结构的安全性、经济性、适用性等角度出发，通过引入模糊优化、模糊决策等方法，进行结构的优化选型，从而为工程设计提供参考[38,39]。

简言之，可靠度分析方法就是运用概率和数理统计来分析荷载、承载力的变异特征与规律，利用既有工程经验，在安全性和经济性之间寻找合理的平衡点，确定支护或加固工程的目标可靠指标。这种基于概率论的基坑工程安全性评价的可靠度分析方法，有很大的优越性。今后利用可靠度分析方法来评价基坑工程的安全性将是大势所趋，这正是可靠度分析的意义所在[38,39]。

2.3 岩土工程可靠度研究步骤及主要研究内容

2.3.1 岩土工程可靠度的研究步骤

由于岩土工程中存在不确定性和变异性,进行可靠度研究时需解决大量的土性参数的变异性、相关性以及力学模型的不确定性等问题,因此其可靠度研究将是一个复杂的过程,该过程归纳起来大致可按下列步骤进行:

(1)收集岩土工程中的随机变量的观测或试验资料,用统计的方法进行统计分析,求出其分布规律及有关的统计量,作为可靠度计算的依据。与岩土工程有关的随机变量很多,但主要考虑三大类,即外来作用(如荷载)、土性参数的性质、结构或构筑物的几何尺寸。随机变量的统计分布较多的是正态分布、对数正态分布和极值型分布,相应的统计值为均值、标准差或变异系数等。

(2)用力学的方法计算研究主体的荷载效应,通过试验与统计获得结构的抗力,从而建立结构的破坏模式。荷载效应指的是荷载作用下主体所受的内力、应力以及主体的位移、变形等量值,可以用力学方法求解。主体的抗力指的是主体抵抗破坏或变形的能力,如基坑滑移、抗倾覆、抗变形、加固体抗拔以及地基承载力等,它们可以通过力学计算、试验或统计获得。由于岩土工程的设计采用极限状态,因此破坏标准就用极限状态表示。通过结构抗力和荷载效应,建立工程可靠度计算的极限状态方程。

(3)用概率论计算满足结构破坏标准下工程的可靠度。根据工程的随机变量以及破坏标准,用可靠度计算方法计算工程的可靠度。目前一般不用可靠度,而直接用反映工程可靠度的可靠指标。

(4)分析各随机变量的分布类型、变异性及其自身的变化对工程可靠度的影响,得出一些规律性的结论,从而为工程可靠度的设计提供依据,使工程建设满足经济、可靠的要求。

2.3.2 主要研究内容

本书着重论述了结构可靠度的基本原理和如何应用可靠度理论分析基坑土钉支护结构的稳定性问题,其中主要的研究内容和方法如下所述[24]:

(1)论述了岩土工程的不确定性和变异性,借用随机理论分析了土体的相关性,并且通过假设检验来确定土体抗剪强度参数分布类型。

(2)简要论述了结构可靠度的分析原理,讨论了土木工程中常用的可靠度设计方法,如一次二阶矩法、JC 法、实用分析法以及 Monte - Carlo 法,并分析了各种方法的优缺点。

(3)根据土钉支护结构的作用机理和工作特点,论述了土钉支护结构的可能破坏模式,并将其分为结构外部和内部两种,分别讨论土钉支护结构的稳定性。

(4)将荷载效应和结构抗力视为随机变量,采用结构可靠度分析原理研究土钉支护结构的可靠性。对于土钉支护结构外部的整体稳定性,依据挡土墙的作用机理分别建立抗滑移、抗倾覆和地基承载能力的极限状态方程；对于结构内部的稳定性，采用王步云提出的双折线法进行简化分析，分别建立了抗块体滑落、土钉整体抗拔以及单根土钉抗拔的极限状态方程。

（5）根据前人的研究成果和经验确定目标可靠指标。

（6）将一次二阶矩实用分析法引入到基坑土钉支护结构的可靠性分析中，应用 Visual Basic 6.0 对前面建立的各极限状态方程编写了相应的计算程序。通过工程实例进行可靠度计算，并采用边坡设计软件 geo - slope 中提供的 Monte - Carlo 法求出结构的系统可靠度，来验证采用实用分析法计算的正确性与可行性。

（7）分别研究了基坑土体的黏结力、内摩擦角，钉土之间的黏结强度，各参数的概率分布和相关性对土钉支护结构可靠度的影响状况，并阐述了可靠指标与安全系数的关系，最终得出一些有益的结论，为土钉支护结构的设计与施工提供参考。

第3章　可靠度分析的基本原理

3.1　基坑可靠度分析中的基本概念

3.1.1　可靠度的定义

基坑可靠性(Reliability)是指在规定的时间内和规定的条件下,基坑工程完成预定功能的能力[37,40~46]。为了把可靠性作为基坑支护结构性能的数量化指标,需引进可靠度的概念。按照可靠度理论的定义,可靠度就是基坑支护结构在规定的时间内和规定的条件下,完成预定功能的概率。

这里,规定的时间是指基坑支护结构预定的有效服务期;规定的条件指的是设计预先确定的各种环境、施工和正常使用条件,即不考虑人为过失的影响;预定功能是以基坑支护结构性能指标安全性、适用性和耐久性来表征的,一般包括四项基本功能[37,40~46]:

(1)能承受施工和使用期内可能出现的各种功能。

(2)在正常使用时具有良好的工作性能。

(3)具有足够的耐久性。

(4)在偶然事件发生时及发生后能保持整体稳定。

上述第(1)项和第(4)项是相对于基坑工程的强度和稳定性而言的,即所谓的安全性;第(2)项和第(3)项分别指基坑工程的适用性和耐久性。基坑工程的安全性、适用性和耐久性三者总称为基坑工程的可靠性。完成各项预定功能的标志则是以基坑达到极限状态来衡量的。

3.1.2　极限状态的定义

基坑支护结构的极限状态(Limit State),即指基坑支护结构能满足设计规定的某一功能要求的临界状态,超过这一状态,工程便不能满足设计要求。它是区分结构的工作状态为可靠或不可靠的标志[37,40~46]。一般来说,基坑工程在正常设计、施工和管理条件下,都假定在正常使用期内其工作状态无明显退化。下面分别介绍关于极限状态的一些概念,如极限状态函救、极限状态方程、极限状态面和安全余量。

3.1.2.1　**极限状态函数**[37,40~46]

基坑可靠性通常受各种荷载、岩土材料性能、几何参数以及计算公式的精确性等因素的影响。这些因素一般具有随机性,称为基本变量,可以模拟成随机变量或随机过程,采用随机变量模拟,记为 $X_i(i=1\sim n)$。以这些基本变量的 n 维坐标轴所构成的空间,称为 n 维基本变量空间。对于一个给定的基坑问题,每个基本变量具有固定值 $X_i(i=1\sim n)$。

基坑的极限状态一般用功能函数 Z 表示,称为极限状态函数(Limit State Function),

亦称功能函数(Performance Function)或失效函数(Failure Function)。

$$Z = g(X_1, X_2, \cdots, X_n) \tag{3-1}$$

当功能函数 $Z>0$ 时,结构处于可靠状态;当功能函数 $Z=0$ 时,结构达到极限状态;当功能函数 $Z<0$ 时,结构处于失效状态。

3.1.2.2 极限状态方程

所谓的极限状态方程(Limit State Equation),是指当基坑处于极限状态时各相关基本变量的关系式[37,40~46],即

$$Z = g(X_1, X_2, \cdots, X_n) = 0 \tag{3-2}$$

它是基坑可靠度分析的重要依据。

3.1.2.3 极限状态面

所谓的极限状态面(Limit State Surface),是指由满足基坑极限状态方程的所有点组成的面,即位于该面上的点全部满足极限状态方程,又称为失效面(Failure Surface)[37,40~46]。

3.1.2.4 安全余量

假设 $R(x)$ 为基坑支护结构的抗力效应,$S(x)$ 为基坑支护结构的荷载效应,则基坑支护结构的功能函数表示为

$$Z = g(\bar{x}) = g(x_1, x_2, \cdots, x_n) = R(x) - S(x) \tag{3-3}$$

式中,Z 为随机变量,也称为结构的安全余量(Safety Margin)[37,40~46],或称安全储备(Safety Reserve)。

3.1.3 可靠度的尺度

由可靠度的定义可知,可靠度的大小是用概率来度量的,而概率是在闭区间[0,1]上取值的。因此,可靠度的上下界表示为

$$0 \leqslant R \leqslant 1$$

在基坑工程中,可靠度有三种尺度:

一是稳定概率,即可靠度。基坑结构可靠度是指结构在规定的时间内、规定的条件下完成预定功能的概率,亦称可靠概率(Probability of Survival)[37,40~46],记为 P_s。可见,可靠度是结构可靠性的概率度量,亦即前者是关于后者的一种定量描述。设有 n 维基本变量 $X_i(x_1, x_2, \cdots, x_n)$,则可靠度

$$P_s = P(Z \geqslant 0) = \int_0^{\infty} f_Z(Z)\,\mathrm{d}Z = \int_0^{\infty} f_X(x_1, x_2, \cdots, x_n)\,\mathrm{d}x_1\mathrm{d}x_2\cdots\mathrm{d}x_n \tag{3-4}$$

式中,$f_X(x_1, x_2, \cdots, x_n)$ 为基本随机变量 X_i 的概率密度函数。

因为通常人们更关心破坏的可能性,所以稳定概率并不常用。

二是破坏概率,即失效概率(Probability of Failure)。所谓基坑支护结构的失效概率,是指结构在规定的时间内、规定的条件下不能完成预定功能的概率[37,40~46],记作 P_f,则有

$$P_f = P(Z < 0) = \int_{-\infty}^{0} f_Z(Z)\,\mathrm{d}Z = \int_{-\infty}^{0} f_X(x_1, x_2, \cdots, x_n)\,\mathrm{d}x_1\mathrm{d}x_2\cdots\mathrm{d}x_n \tag{3-5}$$

显然

$$P(Z \geqslant 0) + P(Z < 0) = 1$$

因此,失效概率和可靠度存在一种互补关系,即

$$P_s = 1 - P_f \tag{3-6}$$

其概率密度函数如图3-1所示,根据定义,结构的失效概率 P_f 就是图中阴影部分面积 $P(Z<0)$,而非阴影部分面积 $P(Z \geqslant 0)$ 即为结构的可靠度 P_s。在实际工程中,一般计算破坏概率,并提出破坏概率的限值。

三是可靠指标,或称安全指标。所谓工程结构的可靠指标(Reliability Index),指的是度量结构可靠性的一种数量指标,它是标准正态分布反函数,与结构的失效概率相对应[37,40~46]。在 n 维状态空间中,它是 n 维极限状态面至坐标原点的最短距离,记作 β。设抗力函数 R 和荷载效应函数 S 均服从正态分布,即 $R \sim N(\mu_R, \sigma_R)$、$S \sim N(\mu_S, \sigma_S)$,那么功能函数 Z 亦服从正态分布,即 $Z \sim N(\mu_Z, \sigma_Z)$,从而可得概率 P_f 为

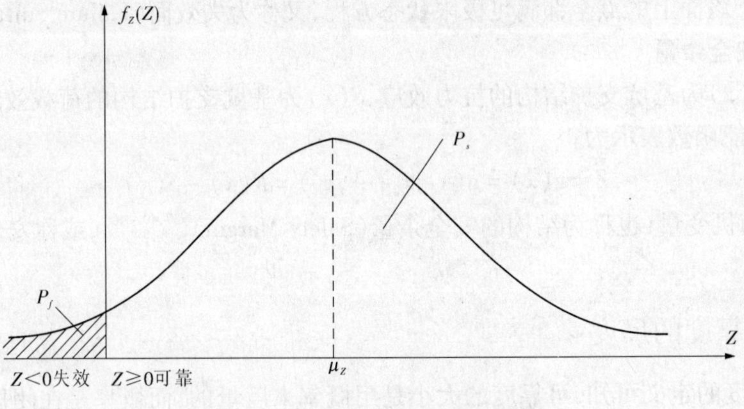

图3-1 结构的失效概率密度函数图

$$P_f = P(Z<0) = \int_{-\infty}^{0} f_Z(Z)\,\mathrm{d}Z = \int_{-\infty}^{0} \frac{1}{\sqrt{2\pi}\sigma_Z} \exp\left[-\frac{1}{2}\left(\frac{Z-\mu_Z}{\sigma_Z}\right)^2\right]\mathrm{d}Z$$

$$= \frac{1}{\sqrt{2\pi}} \int_{-\infty}^{-\mu_Z/\sigma_Z} \mathrm{e}^{-t^2/2}\,\mathrm{d}t = \Phi\left(-\frac{\mu_Z}{\sigma_Z}\right) = \Phi(-\beta) \tag{3-7}$$

因此,可靠指标 β 又可表达为

$$\beta = \frac{\mu_Z}{\sigma_Z} \tag{3-8}$$

$$\mu_Z = \mu_R - \mu_S, \quad \sigma_Z = \sqrt{\sigma_R^2 + \sigma_S^2}$$

式中,β 为可靠指标;μ_Z、σ_Z 分别为安全余量 Z 的均值和方差;μ_R、μ_S 分别为抗力和荷载效应的均值;σ_R、σ_S 分别为抗力和荷载效应的方差。

可见,P_s、P_f、β 都可用以衡量结构的可靠度,但由式(3-4)和式(3-5)知,计算 P_s、P_f 涉及多重积分,数学处理较困难。根据式(3-6)、式(3-7)知,P_s、P_f、β 之间存在一一对应关系,β 越大,失效概率 P_f 越小,故可靠度 P_s 越大(见图3-2)。因此,β 作为失效概率的度量,可以用来表示基坑支护结构的可靠程度。目前,工程上多采用 β 表示结构的可靠程

度，并称之为可靠指标。国际上亦通用β来量度工程结构可靠性。

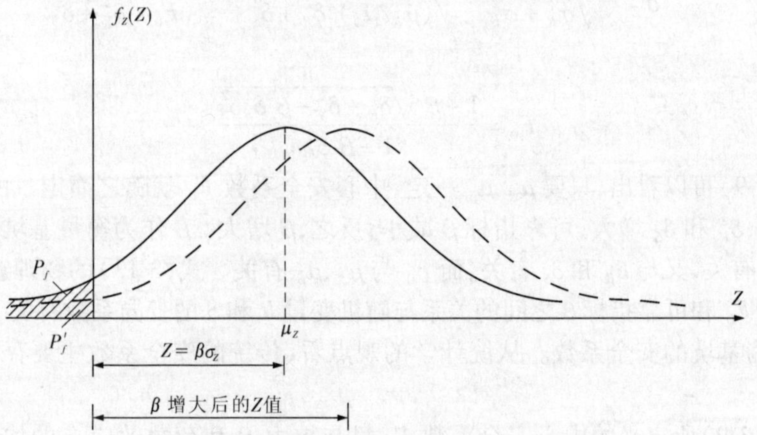

图 3-2　失效概率与可靠指标β的关系

此外，可靠指标β与破坏概率P_f存在一一对应关系，尚需满足下列条件[37,40~46]：

（1）极限状态面是线性的。

（2）基本变量$X_i(i=1,2,\cdots,n)$是正态分布的。

这时，当状态函数Z的分布确定后，β与P_f的关系就确定了，即可由β算出P_f。如果Z为正态分布，则很容易根据β值，查正态分布表求得破坏概率。

3.1.4　可靠指标与安全系数的关系

基坑可靠度分析方法是基于极限平衡理论建立极限状态方程，在定值安全系数方法基础上发展起来的。评价基坑可靠度仍是以随机变量安全系数或安全储备来描述基坑状态的。不同的是，可靠度摒弃了传统安全系数的因果对应的确定值观念，承认一因多果的事实，通过安全系数或安全储备与基本变量X_i的函数关系和它们呈现的统计规律求得可靠度[37,40~46]。

定值安全系数方法的设计原则是抗力效应小于荷载效应，其安全度可以用安全系数来表示[37,40~46]。例如，用平均值表达的单一平均安全系数称为中心安全系数F_0，可以定义为

$$F_0=\frac{\mu_R}{\mu_S} \tag{3-9}$$

相应的设计表达式为

$$\mu_R \geqslant F_0\mu_S \tag{3-10}$$

假定抗力R和荷载效应S均服从正态分布，相应的变异系数分别为δ_R和δ_S，极限状态函数为

$$Z=R-S \tag{3-11}$$

则利用可靠度概念可以导出中心安全系数F_0与可靠指标β之间的关系[37]。式（3-8）可以改写为

$$\beta = \frac{\mu_Z}{\sigma_Z} = \frac{\mu_R - \mu_S}{\sqrt{\sigma_R^2 + \sigma_S^2}} = \frac{\mu_R/\mu_S - 1}{\sqrt{(\mu_R/\mu_S)^2\delta_R^2 + \delta_S^2}} = \frac{F_0 - 1}{\sqrt{(F_0)^2\delta_R^2 + \delta_S^2}} \tag{3-12}$$

从而解得

$$F_0 = \frac{1 + \beta\sqrt{\delta_R^2 + \delta_S^2 - \beta^2\delta_R^2\delta_S^2}}{1 - \beta^2\delta_R^2} \tag{3-13}$$

由式(3-9)可以看出,只要 μ_R、μ_S 一定,中心安全系数 F_0 就随之而定。由式(3-12)、式(3-13)知,δ_R 和 δ_S 增大,可靠指标 β 减小;反之,β 增大。β 作为衡量基坑可靠度的指标,既与 F_0 有关,又与 δ_R 和 δ_S 有关,而 F_0 与 μ_R、μ_S 有关。式(3-13)的物理意义就是:中心安全系数 F_0 和可靠指标 β 之间的关系与随机变量 R 和 S 的变异系数有关。因此,不能仅以 F_0 作为基坑的安全系数。从统计学的观点看,传统的安全系数主要存在着两个问题[37,40~46]:

(1)式(3-9)所定义的中心安全系数 F_0 只与抗力 R 和荷载效应 S 的均值的比值有关,它只考虑了随机变量的平均值(一阶矩),而没有考虑随机变量的变异系数(二阶矩),即没有考虑 R 和 S 的离散程度,因而这种系数是不能反映结构的实际失效情况的。

(2)由式(3-12)、式(3-13)可知,对于相同的中心安全系数 F_0,会因变异系数的不同,出现不同的可靠指标 β,因而结构的安全系数也就不同,这反映出了用安全系数进行设计的不合理性。

另外,式(3-9)的中心安全系数 F_0 没有概率的含义,也不能反映基坑支护结构的可靠度。这正是可靠度理论所要解决的问题之一,也是可靠度理论研究的主要意义。

3.1.5 土钉支护结构目标可靠指标 β_0 的确定

目标可靠指标 β_0 是设计所预期的可靠指标。土钉支护结构的可靠指标 β 是否满足要求,须按下式验算[41]

$$\beta \geqslant \beta_0$$

上式成立则可靠,否则不可靠。

一般情况下,基坑支护工程是临时性工程,设计可靠度取值过低,安全问题就会没有保证,如果过高,则势必会增加工程造价,因此在可靠性与经济性之间寻找合理的平衡显得尤为重要。基坑支护结构的目标可靠指标 β_0 直接关系到如何平衡结构的可靠性与经济性这一对矛盾,因而它的确定是一个十分敏感的问题,目前在岩土工程中尚未有统一的规定,但可以通过国内外的有关结论,结合土钉支护结构自身的特点来大致确定。

美国 LRFD(Load and Resistance Factor Design)规范对 β_0 的建议值见表 3-1。

表 3-1　美国 LRFD 规范中 β_0 的建议值

建筑物类型	目标可靠指标 β_0
临时结构	2.5
普通建筑物	3.0
非常重要建筑	4.5

我国《建筑结构设计统一标准》(GBJ 68—84)根据建筑结构的安全等级(见表3-2)规定的目标可靠指标 β_0 见表3-3。

表3-2 建筑结构的安全等级

安全等级	破坏后果	建筑物类型
一级	很严重	重要建筑物
二级	严重	一般工业与民业建筑
三级	不严重	次要建筑

表3-3 我国《建筑结构设计统一标准》规定的目标可靠指标 β_0

破坏类型	安全等级		
	一级	二级	三级
延性破坏	3.7	3.2	2.7
脆性破坏	4.5	3.7	3.2

以上目标可靠指标 β_0，是根据设计基准期 $T=50$ 年规定的，而且只对静力荷载下设计结构适用，在含有动力荷载的组合作用下，目标可靠指标一般比上述规定值小，一般为1～2。有充分依据时可作 ±0.25 的调整，有特殊要求时可不受此限制。

Meyerhof(1982)指出了基坑支护结构的可靠指标 β 和失效概率 P_f 的极限值：$\beta_0=3.10$，$P_{f0}=10^{-3}$。郭院成等[47]认为，土钉支护结构是一种主动制约体系，能够提高被支护土体的抗剪强度，但现行的计算方法并未考虑这一点，应该是偏于保守的。用于深基坑开挖支护的土钉支护结构一般工作时间并不长，只需其在1～2年内不失效即可，从而将各种破坏形式的目标可靠指标均取为 $\beta_0=2.6$。关于结构体系的目标可靠度，朱爱国等[42]提出在计算地基承载力时可靠度可取为0.95，计算变形时可取为0.85；廖英[43]尝试将基坑支护结构体系的目标可靠度取为1.5，其相应的目标失稳概率 $P_{f0}=6.68\%$。

根据以上资料，笔者认为，基坑支护属于临时性结构，它不同于建筑结构，因而不能直接采用《建筑结构设计统一标准》规定的目标可靠指标。对于土钉支护特点的认识，笔者赞同郭院成等[47]的观点。但是，建筑物安全等级不同，对可靠度的要求也应不同，郭院成等[47]将目标可靠指标均取为 $\beta_0=2.6$，过于笼统。美国 LRFD 规范对于临时建筑取为2.5，普通建筑物取3.0，这是可以参考的，因为它考虑了建筑物的安全等级问题。

鉴于以上分析，笔者建议基坑土钉支护结构的目标可靠度，应根据基坑支护属于临时性结构和延性破坏的特点，结合建筑物安全等级分为三个等级：三级拟采用美国 LRFD 规范对临时建筑的规定值取 $\beta_0=2.5$；一级参考 Meyerhof 提供的基坑支护结构的极限值3.1，保守一点，取 $\beta_0=3.2$；二级应介于一级和三级之间，取 $\beta_0=2.9$(见表3-4)。

表 3-4　笔者建议的基坑土钉支护结构的目标可靠指标 β_0

安全等级	一级	二级	三级
可靠指标	3.2	2.9	2.5

3.2　常用的可靠度分析方法

原则上,计算结构可靠概率 P_s 和失效概率 P_f 的精确解法为:首先寻求基本变量的联合概率密度函数,然后按式(3-4)及式(3-5)进行多重积分,即采用水准Ⅲ的全概率法进行分析。但是,实际问题中影响因素繁多、庞杂,极难精确了解变量的分布类型,亦即很难寻求变量的密度函数。再者,当功能函数中有多个基本随机变量,或函数为非线性时,上述计算就变得十分复杂,甚至难以求解。因此,在实际计算中,人们并不采用这种直接积分法,而用比较简单的水准Ⅱ的近似方法求解,且往往先求出结构的可靠指标 β,然后求出相应的失效概率 P_f。为求解可靠指标 β,国内外学者相继研究出一系列分析方法,例如一次二阶矩法、JC 法、Monte - Carlo 法、二次二阶矩法、基于四阶矩的最大熵密度法、Powell 法等[37,44,45,48,49];另外,还有我国铁道科学研究院姚明初提出的分位值法,河海大学高而坤、吴世伟等提出可同时计算可靠指标和设计验算点的蒙特卡罗法[50~52],大连理工大学赵国藩等提出的实用分析法等[45]。

现简要介绍目前在土木工程界常用的一次二阶矩法和 Monte - Carlo 法,重点讨论 JC 法和实用分析法。

3.2.1　一次二阶矩法

一次二阶矩法就是一种在随机变量的分布尚不清楚时,采用只有均值和标准差的数学模型求解结构可靠度的方法。由于该法是将功能函数 $Z = g(X_1, X_2, \cdots, X_n)$ 在某点用 Taylor 级数展开,获得线性方程,近似地只取到一次项,求解结构的可靠度,因此称为一次二阶矩法。根据线性化点 x_{0_i} 的选择不同,一次二阶矩法又分为均值点一次二阶矩法和改进均值点一次二阶矩法两种。

均值点一次二阶矩法是早期的可靠性分析方法,它假设线性化点 x_{0_i} 为均值点 μ_{X_i},简称均值点法。这种方法求解结构可靠度最简便,只需知道随机变量的均值和方差,计算不需迭代,同时也不需各统计变量相互独立,便可直接得出可靠指标与随机变量统计参数之间的关系。但也有自身的缺陷,一方面,中心点非最优点,亦非控制点,对于非线性功能函数,因略去了二阶及更高级项的误差,将随着线性化点 $x_{0_i}(i = 1, 2, \cdots, n)$ 到失效边界的距离的增加而增大,而均值法中所选用的线性化点(均值点)一般在可靠区而不在失效边界上(见图 3-3),结果往往带来相当大的误差;另一方面,选择物理意义相同但数学表达式不同的极限状态方程,不能得到相同的可靠指标。

针对均值一次二阶矩法的不足,Rackwitz 在 Hasofer 和 Lind 研究的基础上,于 1976 年提出了改进的一次二阶矩法(Advanced FOSM Method),其实质是 Taylor 级数对功能函数

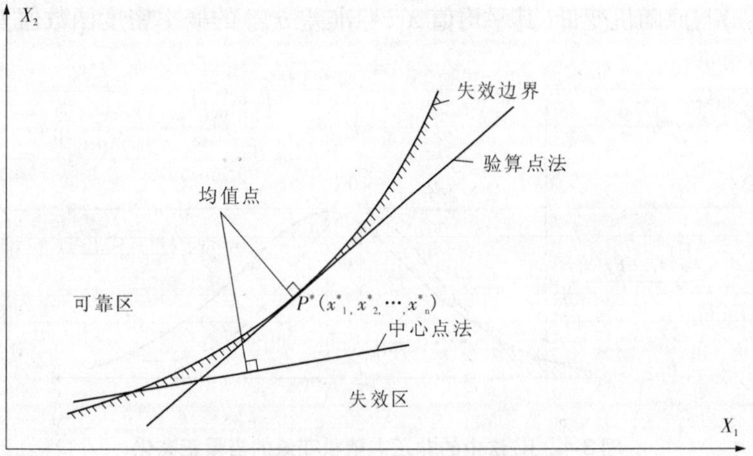

图 3-3　两变量问题的失效边界、可靠区

进行展开时，把线性化点选在失效边界上，而且选在与结构最大可能失效概率对应的设计验算点 $P^*(x_1^*, x_2^*, \cdots, x_n^*)$ 上（见图 3-3），一般通过迭代求解，因此也可简称为验算点法。该方法要求各基本变量相互统计独立，对于不是相互统计独立的基本变量，首先通过正交变换将相关变量空间转化为不相关变量空间。从提高精度的意义上讲，它克服了均值点法的一些不足，使得计算出的可靠指标更加合理，是工程实际可靠度计算中求解结构可靠指标的基础，并将“改进”二字去掉直接称为一次二阶矩法。但是，这种方法仍要求基本变量呈正态分布，在统计独立的正态分布变量和具有线性极限状态方程下才是精确的，对于基坑可靠度分析中土体的容重 γ、黏聚力 c 和内摩擦角 φ，除了可能表现为正态分布外，有时还表现为其他分布类型（如对数正态或极值 P^* 型），这时采用验算点一次二阶矩法只能得到近似的结果。

一般分布下极限状态方程的可靠度分析，目前有两种比较实用的方法：①JC 法；②实用分析法，现分别介绍如下。

3.2.2　JC 法

JC 法是由克拉维茨（Rackwitz）和非斯莱（Fiessler）等提出的。该法适用于随机变量为任意分布下的可靠指标的求解，因其通俗易懂，计算精度又能够满足工程实际需要，应用极广，已经为国际结构安全度联合委员会（JCSS）所采用，故称 JC 法。目前我国《建筑结构设计统一标准》、《铁路工程结构可靠度设计统一标准》都规定采用本法进行结构的可靠度计算[50,53~57]。

JC 法的基本原理是：首先把原来的非正态分布的随机变量 X_i 当量正态化，再用一次二阶矩法（验算点法）求出可靠指标。

当量正态化的条件是：

①在设计验算点 X_i^* 处，当量正态随机变量 X_i（其平均值 $\overline{X}'_i$，标准差 $\sigma_{X'_i}$）的分布函数值 $F_{X'_i}(x_i^*)$ 与原随机变量（其平均值 $\overline{X}_i$，标准差 σ_{X_i}）的分布函数值 $F_{X_i}(x_i^*)$ 相等。

②在设计验算点 X_i^* 处，当量正态随机变量 X_i（其平均值 $\overline{X}'_i$，标准差 $\sigma_{X'_i}$）的概率密度

函数值$f_{X_i'}(x_i^*)$与原随机变量(其平均值$\overline{X}_i$,标准差σ_{X_i})的概率密度函数值$f_{X_i}(x_i^*)$相等(见图3-4)。

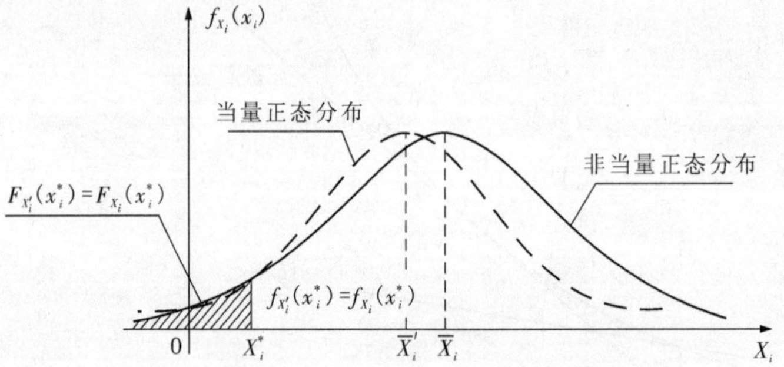

图3-4　JC法中的非正态随机变量的当量正态化

由条件①:$F_{X_i'}(x_i^*)=F_{X_i}(x_i^*)$,得

$$\Phi\left(\frac{x_i^*-\overline{X}_i'}{\sigma_{X_i'}}\right)=F_{X_i}(x_i^*) \tag{3-14}$$

于是,可得当量正态分布的平均值

$$\overline{X}_i'=x_i^*-\sigma_{X_i'}\Phi^{-1}[F_{X_i}(x_i^*)] \tag{3-15}$$

由条件②:$f_{X_i'}(x_i^*)=f_{X_i}(x_i^*)$,得

$$\varphi\left(\frac{x_i^*-\overline{X}_i'}{\sigma_{X_i'}}\right)\Big/\sigma_{X_i'}=f_{X_i}(x_i^*) \tag{3-16}$$

因$\varphi\left(\frac{x_i^*-\overline{X}_i'}{\sigma_{X_i'}}\right)\Big/\sigma_{X_i'}=\varphi\{\Phi^{-1}[F_{X_i}(x_i^*)]\}/\sigma_{X_i^*}$,所以有

$$\varphi\{\Phi^{-1}[F_{X_i}(x_i^*)]\}/\sigma_{X_i'}=f_{X_i}(x_i^*) \tag{3-17}$$

于是,当量正态分布的标准差$\sigma_{X_i'}$为

$$\sigma_{X_i'}=\varphi\{\Phi^{-1}[F_{X_i}(x_i^*)]\}/f_{X_i}(x_i^*) \tag{3-18}$$

式中,$\Phi(*)$、$\Phi^{-1}(*)$分别为标准正态分布的分布函数及分布函数的反函数;$\varphi(*)$为标准正态分布的概率密度函数。

显然,当随机变量服从正态分布时有$\overline{X}_i'=\overline{X}_i$,$\sigma_{X_i'}=\sigma_{X_i}$。

在极限状态方程中,通过式(3-15)和式(3-18)求得非正态随机变量X_i的当量正态参数$\overline{X}_i'$和$\sigma_{X_i'}$后,即可由式(3-19)~式(3-21)按正态变量的情况计算可靠指标β。

$$\alpha_i=\frac{\left.\frac{\partial g}{\partial X_i}\right|_{X_i^*}\sigma_{X_i'}}{\left[\sum_{i=1}^{n}\left(\left.\frac{\partial g}{\partial X_i}\right|_{X_i^*}\sigma_{X_i'}\right)^2\right]^{1/2}}\quad(i=1,2,\cdots,n) \tag{3-19}$$

$$X_i^*=\overline{X}_i'-\alpha_i\beta\sigma_{X_i'}\quad(i=1,2,\cdots,n) \tag{3-20}$$

$$g(X_1^*,X_2^*,\cdots,X_n^*)=0 \tag{3-21}$$

式中,$\left.\frac{\partial g}{\partial X_i}\right|_{X_i^*}$表示功能函数$g(X_1^*,X_2^*,\cdots,X_n^*)$对$X_i$的偏导数在$X_i^*$处赋值;$X_i^*$处为设

计验算点，其坐标为($X_1^*,X_2^*,\cdots,X_n^*$)；α_i 为灵敏系数。

JC 法计算可靠指标 β 一般采用迭代法，在当量正态参数 $\overline{X}_i'$ 和 $\sigma_{X_i'}$ 确定后，即可按验算点 FOSM 法求解可靠指标 β 和设计验算点坐标 X_i^* ($i=1,2,\cdots,n$)。迭代计算的收敛速度取决于极限状态方程的非线性程度，一般来说 5 次以内可求得 β 值。下面就是用该方法计算可靠指标 β 的步骤。

(1)假定一个 β 值。

(2)对于全部 i 值，选取设计验算点的初值，一般取 $x_i^*=\mu_{X_i}$。

(3)用式(3-15)和式(3-18)计算 $\overline{X}_i'$ 和 $\sigma_{X_i'}$。

(4)计算 $\left.\dfrac{\partial g}{\partial X_i}\right|_{X_i^*}$ 值。

(5)由式(3-19)计算 α_i 值。

(6)由式(3-20)计算 X_i^* 值。

(7)重复步骤(3)～(6)，一直算到 X_i^* 前后两次差值在容许范围内为止。

(8)利用式(3-20)计算满足式(3-21)条件下的 β 值。

(9)重复步骤(3)～(8)，一直算到前后两次所得 β 值的差值的绝对值很小为止(例如小于等于 0.05)。

JC 法虽然克服了一次二阶矩法的一些缺点，但仍有其不足之处。首先，对非正态变量采用当量正态化的问题，由于限制条件只是概率密度函数和概率分布函数在设计验算点处具有相同的值，这样用正态分布来代替非正态分布进行计算时必然会造成误差；其次，可靠指标函数有许多局部的最小值，这不能在 β 中反映出来。

3.2.3 实用分析法

实用分析法是 1984 年大连理工大学赵国藩教授提出的[58]，是一种实用的一次二阶矩法，简称实用分析法。该法引用当量正态化的方法，将非正态随机变量 X_i 先进行当量正态化，然后按正态变量情况进行计算，适用于随机变量为任意分布下的可靠指标的求解。

在实用分析法中，当量正态化的方法是把原来的非正态变量 X_i 按对应于 P_f 或 $1-P_f$ 有相同的分位值(x_i^f)的条件，用当量正态变量 X_i' 来代替，并要求当量正态变量的平均值 $\mu_{X_i'}$ 与原来的非正态变量 X_i 的平均值 μ_{X_i} 相等(见图 3-5)。

实用分析法的分析过程[46,58]如下：

(1)当 $\left.\dfrac{\partial g}{\partial X_i}\right|_{X_i^*}>0$(即 P^* 在密度函数曲线上的上升段)时，有

$$F_{X_i}(x_i^f)=F_{X_i}(\mu_{X_i}-\beta_i^-\sigma_{X_i})=F_{X_i'}(\mu_{X_i'}-\beta\sigma_{X_i'})=P_f \tag{3-22a}$$

式中，$x_i^f=\mu_{X_i}-\beta_i^-\sigma_{X_i}$ 是 X_i 相应于 P_f 的分位值，图 3-5 表示了 β_i^- 的几何意义。

当 $\left.\dfrac{\partial g}{\partial X_i}\right|_{X_i^*}<0$(即 P^* 在密度函数曲线上的下降段)时，有

$$F_{X_i}(x_i^f)=F_{X_i}(\mu_{X_i}+\beta_i^+\sigma_{X_i})=F_{X_i'}(\mu_{X_i'}+\beta\sigma_{X_i'})=1-P_f \tag{3-22b}$$

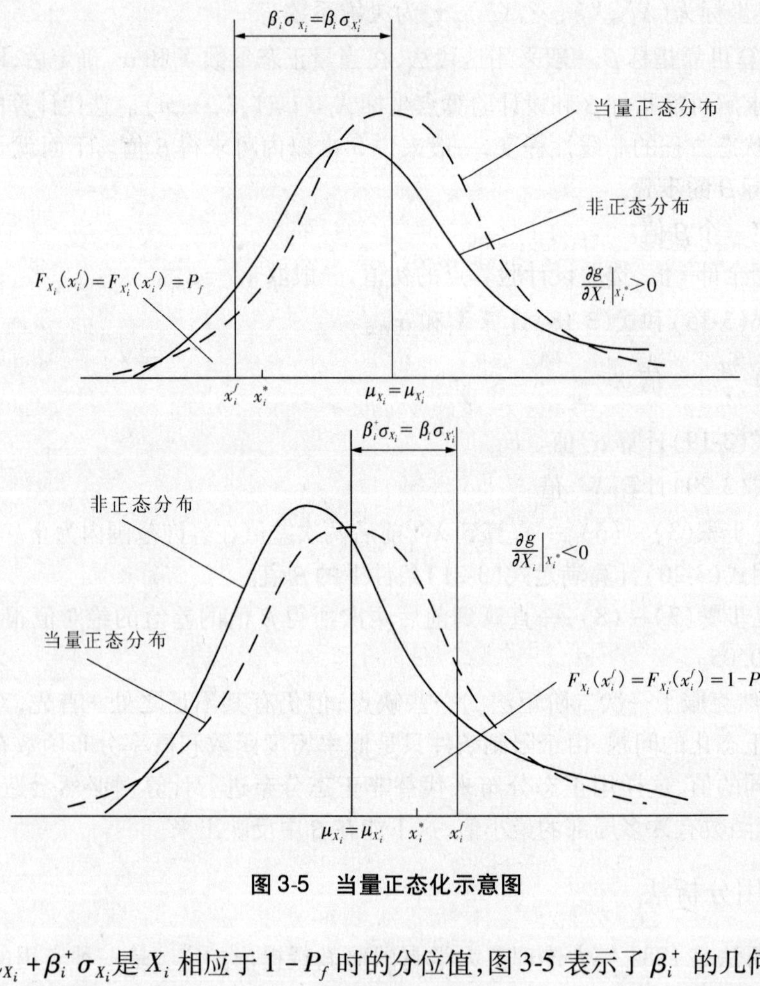

图 3-5　当量正态化示意图

式中，$x_i^f = \mu_{X_i} + \beta_i^+ \sigma_{X_i}$ 是 X_i 相应于 $1 - P_f$ 时的分位值，图 3-5 表示了 β_i^+ 的几何意义。

当转化为正态分布变量时，$x_i^f = \mu_{X_i'} - \beta\sigma_{X_i'}$ 或 $x_i^f = \mu_{X_i'} + \beta\sigma_{X_i'}$。其中 β 值即为所求极限状态方程的可靠指标，$\beta = -\Phi^{-1}(P_f) = \Phi^{-1}(1 - P_f)$。

(2)给定

$$\mu_{X_i'} = \mu_{X_i} \tag{3-23a}$$

由图 3-5 及式(3-22)可知

$$\sigma_{X_i'} = \frac{\beta_i^+ \sigma_{X_i}}{\beta} \quad 或\ \sigma_{X_i'} = \frac{\beta_i^- \sigma_{X_i}}{\beta} \tag{3-23b}$$

式(3-23a)及式(3-23b)是把非正态变量 X_i 的统计参数 μ_{X_i} 及 σ_{X_i} 变换为当量正态变量 X_i' 的统计参数 $\mu_{X_i'}$ 及 $\sigma_{X_i'}$ 的基本公式。

将式(3-23b)代入适用于正态变量的式(3-19)，从分子、分母中消去 β，得

$$\alpha_i = \cos\theta_{X_i} = \frac{-\left.\dfrac{\partial g}{\partial X_i}\right|_{X_i^*} \beta_i^{\pm} \sigma_{X_i}}{\left[\sum_{i=1}^{n}\left(\left.\dfrac{\partial g}{\partial X_i}\right|_{X_i^*} \beta_i^{\pm} \sigma_{X_i}\right)^2\right]^{1/2}} \tag{3-24}$$

自然，$\sum_{i=1}^{n} \alpha_{X_i}^2 = 1$。

因此，得

$$\begin{aligned} X_i^* &= \mu_{X_i} + \beta_i^{\pm} \sigma_{X_i} \cos\theta_{X_i} \\ &= \mu_{X_i} + \alpha_{X_i} \beta_i^{\pm} \sigma_{X_i} \end{aligned} \tag{3-25}$$

当极限状态方程中的 n 个随机变量均为正态分布时，则式(3-24)与式(3-19)同，式(3-25)与式(3-20)同。

对于非正态变量，通过式(3-23)当量正态化后，直接引用式(3-19)及式(3-20)运算，较为方便。

由式(3-22a)及式(3-22b)，可得

$$\beta_i^- = \frac{\mu_{X_i} - F_{X_i}^{-1}(P_f)}{\sigma_{X_i}}, \quad \beta_i^+ = -\frac{\mu_{X_i} - F_{X_i}^{-1}(1 - P_f)}{\sigma_{X_i}} \tag{3-26}$$

实用分析法求解可靠指标 β 及相应的失效概率 $P_f = \Phi(-\beta)$ 的迭代步骤如下：

(1)假定 β 的初值，计算 $P_f = \Phi(-\beta)$，$1 - P_f = 1 - \Phi(-\beta) = \Phi(\beta)$。

(2)假定 x_i^* 的初值，如取 $x_i^* = \mu_{X_i}$。对于线性的极限状态方程，该步可以省去。

(3)计算 $\left.\frac{\partial g}{\partial X_i}\right|_{X_i^*}$ 值。

(4)当 $\left.\frac{\partial g}{\partial X_i}\right|_{X_i^*} > 0$ 时，计算 β_i^-；当 $\left.\frac{\partial g}{\partial X_i}\right|_{X_i^*} < 0$ 时，计算 β_i^+。

①若 X_i 为正态分布

$$\beta_i^- = \beta_i^+ = \beta = \Phi^{-1}(1 - P_f) = -\Phi^{-1}(P_f) \tag{3-27}$$

②若 X_i 为对数正态分布

$$\beta_i^- = \frac{1 - \exp\left(-\beta\sqrt{k} - \frac{k}{2}\right)}{V_{X_i}}, \quad \beta_i^+ = \frac{\exp\left(\beta\sqrt{k} - \frac{k}{2}\right) - 1}{V_{X_i}} \tag{3-28}$$

式中，$k = \ln(1 + V_{X_i}^2)$。

③若 X_i 为极值Ⅰ型分布

$$\beta_i^- - \frac{\ln[-\ln(P_f)] + 0.577\,2}{1.282\,5}, \quad \beta_i^+ = \frac{\ln[-\ln(1 - P_f)] + 0.577\,2}{1.282\,5} \tag{3-29}$$

(5)计算 $\sigma_{X_i'}$。

$$\sigma_{X_i'} = \frac{\beta_i^{\pm}}{\beta} \sigma_{X_i}$$

(6)计算 $\cos\theta_{X_i'}$。

$$\cos\theta_{X_i'} = \frac{-\left.\frac{\partial g}{\partial X_i}\right|_{X_i^*} \sigma_{X_i}}{\left[\sum_{i=1}^{n} \left(\left.\frac{\partial g}{\partial X_i}\right|_{X_i^*} \sigma_{X_i}\right)^2\right]^{1/2}}$$

因此

$$\alpha_i = \frac{-\left.\frac{\partial g}{\partial X_i}\right|_{X_i^*} \beta_i^{\pm} \sigma_{X_i}}{\left[\sum_{i=1}^{n}\left(\left.\frac{\partial g}{\partial X_i}\right|_{X_i^*} \beta_i^{\pm} \sigma_{X_i}\right)^2\right]^{1/2}}$$

(7) 计算 X_i^*。可得 $X_i^* = \mu_{X_i} + \beta\sigma_{X_i'}\cos\theta_{X_i'}$，或

当 $\left.\frac{\partial g}{\partial X_i}\right|_{X_i^*} > 0$ 时　　$X_i^* = \mu_{X_i} + \beta_i^- \sigma_{X_i}\alpha_{X_i}$　　(3-30a)

当 $\left.\frac{\partial g}{\partial X_i}\right|_{X_i^*} < 0$ 时　　$X_i^* = \mu_{X_i} + \beta_i^+ \sigma_{X_i}\alpha_{X_i}$　　(3-30b)

(8) 检验 $g(X_i^*) = 0$ 的条件是否满足，如不满足，则计算前后两次 β 和 g 的各自差值的比值 $\nabla\beta/\nabla g$，并由 $\beta_{n+1} = \beta_n - g_n \cdot \nabla\beta/\nabla g$ 估计一个新的 β 值，然后重复步骤(3)～(7)的计算，直到获得 $g \approx 0$ 为止。

(9) 最后由 $P_f = \Phi(-\beta)$ 计算失效概率。

实用分析法与国际结构安全度联合委员会采用的 JC 法相比，它们有类似的基本原理，故两种方法的优缺点也大致一样。但是实用分析法迭代计算时所采用的当量正态化方法更为明确，计算更为简单，适用于随机变量为任意分布下的可靠指标的求解，且精度已被证实能够满足工程要求。因此，实用是这种方法的最大优点。

3.2.4 Monte－Carlo 法

Monte－Carlo 法又称为随机抽样法、概率模拟法或统计试验法。该法是通过随机模拟统计试验来求解可靠指标的近似数值方法，由于它以概率论和数理统计理论为基础，因而被一些物理学家用举世闻名的赌城蒙特卡洛来命名[50,59～61]。Monte－Carlo 法的基本思想[50,59～61]是：某事件的概率分布可以用大量试验中该事件发生的频率来估算，当样本容量足够大时，可以认为该事件发生的频率即为其概率。因此，Monte－Carlo 法可以通过大量简单的重复抽样，然后把这些抽样值代入功能函数式，确定结构失效与否，最后从中求得结构的失效概率。

用 Monte－Carlo 法确定可靠指标 β 值的一般步骤[50,59～61]如下。

3.2.4.1 进行随机数的取样

Monte－Carlo 法解题的关键是求已知分布的变量的随机数。为了快速、高精度地产生随机数，通常分两步进行。首先产生在开区间(0,1)上的均匀分布随机数，然后在此基础上再变换成给定分布变量（如正态分布、对数正态分布或极值 I 型）的随机数。

3.2.4.2 计算结构的失效概率

设基本变量 x_i 互不相关，对应的分布函数分别为 $F_{x_i}(x)\ (i = 1,2,\cdots,n)$，而安全余量的表达式为 $Z = g(x_1, x_2, \cdots, x_n)$，则工程结构的可靠指标 β 的计算过程如下：

(1) 设总抽样次数为 N，首先计算第 j 次随机抽样后各基本变量的分位值 x_{ij}：

$$x_{ij} = F_{x_i}^{-1}(\mu_{ij}) \quad (i = 1,2,\cdots,n; j = 1,2,\cdots,N) \tag{3-31}$$

式中，x_{ij} 为第 j 次随机抽样后基本变量 x_i 的分位值；μ_{ij} 为(0,1)区间的均匀分布随机数。

(2) 用基本变量的分位值 x_{ij}，计算第 j 次随机抽样后工程结构的安全余量

$$Z_j = g(x_{1j}, x_{2j}, \cdots, x_{nj}) \quad (j = 1, 2, \cdots, N) \tag{3-32}$$

(3)大批抽样后，若在总抽样次数 N 中，工程结构的安全余量值小于零的次数为 L，则工程结构的失效概率可由下式算得

$$P_f = P\{g(x_1, x_2, \cdots, x_n) \leqslant 0\} = L/N \tag{3-33}$$

通常失效概率 P_f 的计算精度与总抽样次数 N 有关，N 越大，则精度越高，为了确保足够的精度，一般总抽样次数 N 必须满足

$$N \geqslant 100/P_{f0} \tag{3-34}$$

式中，P_{f0} 为预先估计的工程结构失效概率。

由于 P_f 一般很小，因此 N 值有时必须达到 10 万次以上，这个要求采用计算机分析时不是遇到困难，就是花费过多的时间。

(4)由式(3-6)计算工程结构的可靠度 P_s。

(5)由式 $\beta = \Phi^{-1}(P_s)$ 计算工程结构的可靠指标 β。

Monte – Carlo 法以概率论和数理统计中的大数定理为理论基础，只需随机抽样次数足够多，就会得出相当精确的结果。Monte – Carlo 法的最大优点在于，它不论极限状态方程怎样复杂，其基本变量怎样分布，只要有足够多的模拟次数，就能得出一个相对精确的失效概率值。另外，Monte – Carlo 法还可与目前工程技术领域应用极广的有限元方法耦合，近似模拟有限元计算结果的分布形式或直接计算失效概率。然而，Monte – Carlo 法的不利之处在于，利用 Monte – Carlo 法进行可靠性分析时，由于实际工程的失效概率均较小，这样在确保精度的前提下，势必会增加模拟次数，其耗废的机时过多、费用较高，只适合在大型的、重要的边坡分析中推广使用；此外，Monte – Carlo 法须知道输入参数的分布形式，且难以全面地考虑各随机变量间的相关性[40]。

综上所述，以上各种方法都存在其优点和不足。笔者将深基坑土钉支护结构的可靠度分析作为研究对象，若要同时考虑参数的相关性及其分布形式，显然 JC 法和实用分析法均能满足要求，其区别在于实用分析法具有计算时比 JC 法更简便的特点，且其精度又能够满足工程的需要，因此笔者拟采用实用分析法进行结构可靠度的分析研究。但是，目前尚未见过有人将实用分析方法应用于基坑可靠度分析中，为了证实该方法的适用性，笔者拟采用 Monte – Carlo 法，在一定精度程度求解支护结构的可靠度，通过对比两种方法的计算结果，提高本书基坑支护结构可靠度分析成果的可信度。

第4章　基坑可靠度的不确定性因素研究

4.1　不确定性的分类

4.1.1　不确定性的定义

现象具有确定性与非确定性两个方面,当人们对大量的现象进行研究时,都会涉及不确定性因素。通常,所谓不确定性是指不能肯定地描述分析参数的特性,以及由此而引起结构预测性能的不确定性[40,62~64]。

4.1.2　不确定性研究的目的

基坑工程设计中,存在许多不确定性因素,这些因素一方面反映了客观的情况,同时它们又对基坑的可靠程度和经济适用性产生严重的影响。因此,在基坑可靠性分析中,必须对其不确定性予以充分的研究[65~67]。基坑不确定性研究的目的,就是把基坑周围土体、支护结构的性质和稳定状态的不确定性定量化,结合结构可靠度理论,把这些不确定性合理地纳入基坑支护结构的稳定分析中去。

4.1.3　不确定性的来源

我们知道,基坑工程乃至整个岩土工程都具有复杂性和多样性的特征,正是岩土工程的这些特征决定了基坑可靠性分析中不确定性的来源[40,62~64]。

第一,基坑工程是建立在巨大的天然土体和人工土体上的,场地涉及的地质体经受过长期、反复的地质作用以及人类活动的影响。天然土体的工程性质因地质起源、地质历史及环境条件而变化,常常存在地区上和地层上的差别。人工土体的工程性质也因填料选用、填筑方法和填筑质量的不同而不同。土体的工程性质只能在勘察设计或者填筑期间通过对有限数量测试点或有限数量试样的测试结果的概率统计分析来判断,因此无法对其进行比较精确的预估,更不能从本质上描述土体的工程地质特征。

第二,岩土工程性质测试中需要控制的边界条件、初始条件和加荷条件都比较复杂,实施起来比较困难,其与实际的差别就可能比较大,因此测试结果常常不能确切地反映真实情况。

第三,基坑形成以后是否会发生不允许的大变形和破坏,主要决定于基坑土体不连续面的形态、强度、变形性质、地下水压力和荷载的实际值,以及支护结构的强度等。然而,岩土工程中的各种计算方法不及其他工程结构的计算方法完善和成熟,由于计算方法不精确所可能引起的误差比较难以精确估计。因此,我们不能准确地构造工程地质模型、工程结构力学模型和数学模型。

4.1.4 不确定性的描述

由以上不确定性的来源可知,无论是什么原因产生的不确定性,终究都使各影响因素和分析结果以随机变量的形式出现。因此,对于这样一个不确定性问题,采用概率统计方法处理是非常有效的。对试验、测量的有关数据,经过统计分析,从而求出各随机变量的分布类型和数字特征。应当强调指出的是,在整个分析过程中,必须明确地把判断和地质推断引入到不确定性评价中,只有这样,才会使不确定性的概率模型更有实际意义[29]。

4.1.5 不确定性的基本类型

在基坑可靠性分析中,不确定性因素的种类很多,而这些因素之间又存在着错综复杂的关系(见图4-1)。影响基坑可靠性的主要不确定性可归纳为三类:统计不确定性、预测不确定性和模型不确定性。结合基坑工程的特点和不确定性的来源,下面仅对模型不确定性和统计不确定性进行讨论。

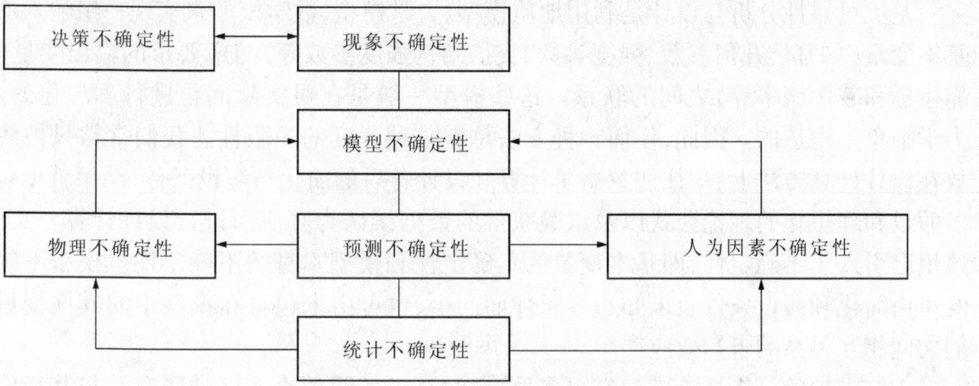

图4-1 可靠性分析中的不确定性

4.1.5.1 统计不确定性[40,62~64]

统计不确定性与由样本观察所得出的推断有关。例如,在基坑可靠度分析过程中,先要建立各个基本变量的概率模型,然后确定它的参数值。概率分布的参数值是根据样本数据估计的,样本和样本容量不同,估计的参数也不同。显然,我们能够掌握的始终是统计量,不是基坑土体和支护结构的真值,而真值是不能求得的,只能由样本从统计上推断真值。因此,对于一组已知的数据,可以认为分布参数本身也是随机变量,其不确定性依赖于样本数据总和及已有的知识。这种不确定性叫做统计不确定性(即土性参数的不确定性)。

如何恰当地对土性参数进行概率分析,是基坑工程乃至整个岩土工程最重要的问题。过去工程中只用随机变量模型来模拟是不充分的,没有完全反映岩土的概率特征。其原因在于岩土参数的随机性与空间位置有关,岩土性质的空间可变性问题一定要考虑,即某一土性参数不应看做是一个随机变量,而应作为无数个随机变量对待。岩土工程问题常常与地基土的空间平均土性相联系,如土坡的稳定性主要依赖于滑动面的平均强度等。

目前对土性参数的测定除静力触探等少数试验法具有连续测定值外,一般都是通过取若干试样来完成的,所反映的也只是土层中少数几个点的“点”特性,若以此作为基本数据进行统计,求得的只是“点”的均值或“点”的方差等概率变量特征值。即使像静力触探试验那样有连续测定值的试验结果,用一般的概率变量统计方法所得到的仍然是“点”性质的结果,难以反映土层所具有的空间平均特性。

由于地基土中点与点之间在土的矿物成分、沉积环境条件、应力历史等方面存在差别,因此地基土中点与点之间的土性均不同程度地存在一定差异,但这种差异是渐变性的,土体的这种性质称为土体的相关性。在同一土层中,某点的土性与其附近点的土性常常是相关的而不是独立的,这种相关性随着两点间距离的增大而逐渐减弱,到一定程度便可认为它们之间是独立的。若定义土层中任意两个互不相关数据点的最小距离为土层相关距离 δ,则在这个相关距离内土性指标可看做是相关的,在这个相关距离以外土性指标则可看做是相互独立的。

4.1.5.2 模型不确定性[40,62~64]

基坑可靠性分析与设计是利用地质模型、力学模型、数学模型来实现一组输入变量或基本变量(如基坑几何参数、强度参数、支护结构强度参数等)与所要求的输出变量(如可靠指标和破坏概率等)之间的联系。这些模型一般是在对实际问题进行理想化的数学、力学抽象下构造的。因此,任何一种方法总有某种程度的局限性。我们常常只把注意力放在设计计算方法上,却往往忽略了计算和设计背后的简化与假设条件,结果就把包含许多假设和理想化的理论公式以及试验获得的数据误认为真值而进行设计计算。实际上,这里已引入了不确定性,即基本变量的不确定性和模型本身的不确定性。模型不确定性既可由简化和假设条件及未知边界条件而产生,也可由未包含在模型中的其他变量和它们之间相互关系的未知效应产生。

土钉支护的分析计算模型有很多种,它们基于不同理论和试验研究并与其相应的结果一致,但目前还没有一种方法得到普遍接受。Ronold 和 Bjerager 针对桩的轴向承载力预测模型,提出了关于模型不确定性的理论表达式[69]。

对于某一工程问题,实际结果 Z(如安全储备或安全余量)与预测结果 X 之间存在如下关系

$$Z = IX \tag{4-1}$$

式中,I 为随机分析模型的不确定性因子;X 为计算模型的预测值。

对于 I,由不同的计算模型可得到不同的值,其统计特征(均值和标准差)的估计分析采用如下方法:已知 n 个实际结果 y_k 及 n 个对应的预测值 x_k(通过将统计均值代入预测模型得到),可得到 I 的均值估计值 $\hat{\mu}_Z$ 及标准差的估计值 $\hat{\sigma}_Z$,即

$$\hat{\mu}_Z = \frac{1}{n}\sum_{k=1}^{n} I_k \tag{4-2}$$

$$I_k = \frac{y_k}{x_k} \tag{4-3}$$

$$\hat{\sigma}_Z = \left[\frac{1}{n-1}\sum_{k=1}^{n}(I_k - \hat{\mu}_Z)^2\right]^{1/2} \tag{4-4}$$

式中，$\hat{\mu}_Z$ 为 I 的均值估计值；$\hat{\sigma}_Z$ 为 I 的标准差的估计值。

对于土钉这种支护形式，Z 这个功能函数值（如抗滑力矩储备或抗滑力矩安全余量）无法测出其真值，所以上述方法对土钉支护是不适用的。

刘观仕[29]认为，土钉支护结构的各种设计计算方法和计算结果虽然不能统一，不能全面地反映基坑土钉支护结构体的真实性状，但它们是目前人们对土钉支护认识的全部结果，都或多或少地反映了土钉支护结构体的真实性状。因此，选取已成功的土钉支护实例，以相同的设计参数，分别按不同的设计计算方法计算其可靠度，把用多种方法得出的功能函数值的均值作为真值的估计值。

当选取一个成功的工程实例时，第 k 种设计计算方法的不确定性因子的估计值为

$$\hat{i}_k = \frac{X_k}{\bar{Z}} = \frac{X_k}{(X_1 + X_2 + \cdots + X_n)/n} \tag{4-5}$$

式中，X_n 为第 n 种设计计算方法的计算值。

4.2 土性参数的相关性分析

土性参数的相关性又可分为两种：自相关性和互相关性。所谓自相关性即指同一土性指标在水平方向或垂直方向的相关性，而互相关性则是指不同土性指标之间的相关性。是否考虑相关性，将给工程的安全度评价带来重大的影响[35,70]。

在参数自相关性研究中，常常采用试验误差较小、样本较大的静力触探试验结果作为推求土性自相关距离的依据，应用基于随机场理论的自相关分析方法，以土层相关距离 δ 来建立土层的空间平均特性与“点”的特性之间的联系。对于土性指标间的互相关性，笔者建议采用正交变换的方法，将线性相关的变量转化为不相关的变量。

4.2.1 自相关性分析

4.2.1.1 一维齐次随机场

一维齐次随机场理论是将参数 X 的均值 $E[X(P)]$ 视为一个与 P 点坐标无关的常数，这与按随机变量理论统计的结果是完全一致的，其相关函数是一个仅依赖于向量 $\overline{PP'}$ 的函数[71]，即

$$R(P,P') = E\{[X(P) - \mu][X(P') - \mu]\} \tag{4-6}$$

式中，$R(P,P')$ 为点 P 与 P' 之间的相关函数；$X(P)$ 为该参数在 P 点的值；$X(P')$ 为该参数在 P' 点的值；μ 为该参数在某深度范围内的均值。

如果是各向同性的随机场，则相关函数仅与 $\overline{PP'}$ 的长度有关而与方向无关。

就“统计均匀”的土而言，对某土性参数 X 在深度范围 $(t, t+h)$ 内的空间均值表达为

$$X_n(t) = \frac{1}{h}\int_t^{t+h} X(t)\,\mathrm{d}t \tag{4-7}$$

其中，$X(t)\mathrm{d}t$ 为均方积分。由于 h 和 t 都可以变化，$X_n(t)$ 也可看做是一个随机过程。当工程确定后，h 和 t 为定值，$X_n(t)$ 即成随机变量。其均值与方差为

$$E[X_n(t)] = \mu \tag{4-8}$$

$$\mathrm{var}[X_n(t)] = \sigma^2\Gamma^2(h) \tag{4-9}$$

式中，μ 和 σ^2 分别为土性指标的“点”均值和方差，可通过“矩法”求得：$\mu_x = \frac{1}{n}\sum_{i=1}^{n} x_i$，$\sigma^2 = \frac{1}{n-1}\sum_{i=1}^{n}({x_i}^2 - {\mu_x}^2)$；$\Gamma^2(h)$ 称为方差折减函数，当 h 充分大时，方差折减函数 $\Gamma^2(h)$ 可用下式近似表示

$$\Gamma^2(h) = \begin{cases} 1 & (0 < h \leqslant \delta) \\ \dfrac{\delta_u}{h} & (h > \delta) \end{cases} \tag{4-10}$$

式中，δ_u 为常数，称为土性参数的相关距离。

试验得到的统计参数便可以按式(4-8)和式(4-9)，用方差折减函数 $\Gamma^2(h)$ 加以修正。若勘探孔间距大于等于 δ_u，就可保证数据之间的独立性。这样，当将随机场理论用于岩土工程可靠性分析中时，土性参数“点的特征”即转化为“空间特征”，并且只要知道 δ_u，就可以将研究范围按 δ_u 划分而取得数据，所得的数据是相互独立的。

4.2.1.2 相关距离的确定

土性的相关距离 δ_u 表示土体性质 $u(z)$ 有较密切的相关关系或各点保持连续的两点之间的最大距离，在该距离范围内，土性指标基本上是相关的。任何两点之间的距离超过了相关距离 δ_u，就视为不相关了。确定土性的相关距离，需要大量的统计资料，因而这是一项基础性的研究工作。目前常用的计算方法有空间递推平均法、试算拟合法、相关函数求积法、改进相关函数法以及平均截距法等，其中，以 Vanmarcke(1977)提出的空间递推平均法引起越来越多的研究者的重视[72]。Vanmarcke 将土性相关距离 δ_u 定义为

$$\delta_u = \lim_{\Delta z \to \infty} \Delta z \Gamma^2(\Delta z) \tag{4-11}$$

当 Δz 充分大时，有

$$\delta_u \approx \Delta z \Gamma^2(\Delta z) \tag{4-12}$$

其中，Δz 为进行空间平均的范围，将 Δz 取为取样间距 Δz_0 的倍数，即 $\Delta z = n\Delta z_0$，代入式(4-11)得

$$\delta_u = \Delta z \Gamma^2(\Delta z) = n\Delta z_0 \Gamma^2(n\Delta z_0) \quad 且 \quad \Gamma^2(\Delta z) = \frac{\mathrm{var}[u\Delta z(z)]}{\sigma^2}$$

其中，$u\Delta z(z)$ 为深度 z 处 $u\Delta z$ 范围内的土性指标 $u(z)$ 的空间均值；$\mathrm{var}[u\Delta z(z)]$ 是空间均值的方差；σ^2 是点方差；$\Gamma^2(\Delta z)$ 是方差折减函数。

空间递推平均法是根据从离散且等间距中所得到的一组土性数据 $u(z)$（目前国内外多采用连续测读的 CPT 数据）来估算土性的相关距离。其计算步骤简述如下：

(1)以同一土层中等厚度 Δz_0 获取统计样本值，计算均值 μ 和标准差 σ_1。

(2)以每相邻的 2 个样本值的均值构成一个新的样本空间，并求其新的均值及标准差，称其为空间均值和空间均值的标准差 σ_2；然后，计算标准差折减函数 $\Gamma(2) = \sigma_2/\sigma_1$，并在 $\Gamma(n) \sim n$ 坐标上点绘出 $n = 2$ 的点。

(3)以前一土性空间作为母空间，重复步骤(2)，依次取 n 为 3，4，…，依次在 $\Gamma(n) \sim n$ 坐标系上点绘出 $n = 3,4,\cdots$ 的点，直至 $\Gamma(n) \sim n$ 曲线出现稳定点。

(4)在 $\Gamma(n)\sim n$ 坐标系上找出 $\Gamma(n)$ 平稳点 n^*，根据稳定点 n^* 对应的值来计算相关距离 $\delta_u = n^*\Delta z_0\Gamma^2(n^*\Delta z_0)$。

土性的相关距离是土性随机场模型中的重要参数，考虑这一参数将使得空间均值标准差 σ_2 小于“点”的标准差 σ_1，从而使求得的可靠指标 β 值大于按一般随机变量法求得的 β 值。

采用空间递推平均法求解时，存在一个明显的缺陷，即理论上 n 增大到一定程度后 δ 将趋于平稳，出现一个相对稳定的数值。但实际计算中的数据并不完全符合理论假定的相关关系，加上分层统计使计算数据常常不足，在计算过程中，导致 δ 很难达到一个稳定的数值，给相关距离 δ_u 的确定带来一定的困难。通常实际计算中 δ 的最大值与其理论稳定值比较接近，故在实际计算中可取 δ 的最大值作为相关距离 δ_u 值[70]。针对这个问题，Damika Wickremesinghe[73]已提出了用下述方法对空间递推平均法加以改进，并将其应用于加拿大渥太华及其周围的土性相关距离分析中，而张梅等[74]对改进后的空间递推平均法从理论上作了论证。

改进后的空间递推平均法的具体计算步骤如下：

(1)以同一土层中等厚度 Δz_0 获取统计样本值，计算均值 μ 和标准差 σ_1，选取基本取样间距 Δz_0 时，当土层厚度 $h \geqslant 2.0$ m 时，若用 CTR 数据，取读数间隔 $\Delta z_0 \leqslant 10$ cm，当 $h < 2.0$ m 时，应取 $\Delta z_0 \leqslant 5$ cm。

(2)以每相邻的 2 个样本值的均值构成一个新的样本空间，并求新的均值及标准差，称为空间均值和空间均值的标准差 σ_2；然后，计算标准差折减函数 $\Gamma(2) = \sigma_2/\sigma_1$，并在 $\Gamma(n)\sim n$ 坐标上点绘出 $n=2$ 的点。

(3)以前一个土性空间作为母空间，重复步骤(2)，依次取 n 为 3，4，…，依次在 $\Delta z\Gamma^2(\Delta z)\sim\Delta z$ 坐标系上点绘出 $n=3,4,\cdots$ 的点，直至 $\Gamma(n)\sim n$ 曲线出现下降趋势。

(4)从 $\Delta Z\Gamma^2(\Delta z)\sim\Delta z$ 的对应值中找出 $\Delta Z\Gamma^2(\Delta z)$ 的最大值，即为所求的相关距离 δ_u。

4.2.2　互相关性分析

可靠度分析方法一般是建立在各随机变量相互独立的假定基础上的，而实际上，在基坑可靠度分析中，我们统计的土体抗剪强度参数 c、φ 是一对呈负相关的随机变量，如果直接采用，势必影响到基坑可靠性的分析结果。因此，如何处理 c、φ 之间的互相关性，将成为土工可靠度分析应该解决的一个重要问题。工程上通常采用正交变换法将一组相关变量经一定的数学变换，化为互不相关的随机变量，然后将这组新变量代入极限状态方程进行可靠度分析。下面介绍正交变换法的基本计算思想。

假设 c 和 φ 的相关系数为 r，则通过式(4-13)、式(4-14)就很容易把一组互相关的变量 c 和 φ 变换成一组非相关变量 c' 和 φ'，即

$$c' = c - \frac{\sigma_c}{\sigma_{\tan\varphi}} r\tan\varphi \tag{4-13}$$

$$\varphi' = \varphi \tag{4-14}$$

其中，r 为相关系数，可以通过式(4-15)求得

$$r = \frac{\mathrm{cov}(c,\varphi)}{\sigma_c \sigma_\varphi} = \frac{E[(c-\bar{c})(\varphi-\bar{\varphi})]}{\sigma_c \sigma_\varphi} \tag{4-15}$$

则 c' 和 φ' 的均值、标准差分别为

$$\overline{c'} = \bar{c} - \frac{\sigma_c}{\sigma_{\tan\varphi}} r \,\overline{\tan\varphi} \tag{4-16}$$

$$\overline{\varphi'} = \frac{1}{n}\sum_{i=1}^{n} \varphi_i \tag{4-17}$$

$$\sigma_{c'} = \sigma_c \sqrt{1-r^2} \tag{4-18}$$

$$\sigma_{\varphi'} = \sigma_\varphi \tag{4-19}$$

式中，σ_c、σ_φ 分别为黏聚力 c 和内摩擦角 φ 的标准差；$\bar{c}$、$\bar{\varphi}$ 分别为黏聚力 c 和内摩擦角 φ 的均值；$\overline{\tan\varphi}$、$\sigma_{\tan\varphi}$ 分别为 φ 的正切值的均值及标准差；$\mathrm{cov}(c,\varphi)$ 为 c、φ 的协方差。

由以上转换过程可见，只要算得相关系数 r，就不难求出非相关变量 c' 和 φ' 的均值及标准差。研究表明，正交变换法是处理 c 和 φ 互相关的较精确的方法，采用正交变换得到的统计结果，进行基坑可靠性分析将能够得出更符合实际的结果。

4.2.3 实例分析

4.2.3.1 自相关分析实例

下面以郑东新区某工程为例进行分析，该工程基坑开挖深度约 9 m，基础采用 CFG 复合地基。在勘探深度范围内，地层结构组成如下：①0 ~ 6.0 m 为素填土；②6.0 ~ 30.0 m 为第四层全新统粉土、粉细砂及中砂；③30 m 以下为第四系上更新统粉土、粉质黏土夹粉砂层。根据原位测试及室内土工试验资料，统计得到计算深度范围内各层土的物理力学参数及界面黏结强度参数、静力触探侧阻力 CPT 值，见表 4-1。

表 4-1　各土层统计参数

层号	土层名称	层厚(m)	重度(kN/m³)	黏聚力(kPa)	内摩擦角(°)	界面黏结强度(kPa)	CPT 值(kPa)
1	素填土	3.8	17	13	22	30	36
2	粉土	1.6	17	16	23	48	25
3	粉土	3.0	19	10	27	50	120
4	粉砂	4.0	20	4	30	53	180

根据该工程静力触探试验 CPT 的实测资料，取某厚度为 2.2 m 的一层土，每 10 cm 读取一次数据，将 CPT 的侧阻力 f_s 值按读取顺序列于表 4-2 中。

表 4-2　静力触探试验侧阻力统计

编号	1	2	3	4	5	6	7	8	9	10	11
f_s(km/cm²)	88	89	92	90	93	95	90	100	95	80	88
编号	12	13	14	15	16	17	18	19	20	21	22
f_s(km/cm²)	90	93	80	81	88	89	97	71	87	99	90

下面根据改进后的空间递推平均法求相关距离,计算过程如下:

(1)求原样本数据的均值和标准差。

已知土层厚度为 $h=2.2\ \text{m}$,$\Delta z_0=10\ \text{cm}$,将试验数据按照读取顺序列表。将表4-2中数据代入公式 $\mu_x=\frac{1}{n}\sum_{i=1}^{n}x_i$ 和 $\sigma^2=\frac{1}{n-1}\sum_{i=1}^{n}(x_i^2-\mu_x^2)$,计算出22个数据的均值 $\mu=89.318\ \text{km/cm}^2$,标准差 $\sigma=6.752\ \text{km/cm}^2$。

(2)对样本空间中每相邻两个数据求其空间均值和标准差,并将上一个样本空间作为下一个样本母体,依次取 $n=2,3,4,\cdots$,逐步计算每个样本空间的均值和标准差,将每一步标准差的递推结果列于表4-3。

表 4-3　平均递推样本空间的标准差计算结果

n	2	3	4	5	6	7	8	9	10	11	12
标准差 σ_i(km/cm²)	4.877	4.072	3.597	3.380	3.270	3.180	3.107	3.059	3.023	2.976	2.895
n	13	14	15	16	17	18	19	20	21	22	
标准差 σ_i(km/cm²)	2.765	2.583	2.353	2.089	1.807	1.520	1.235	0.953	0.673	0	

(3)求 $\Delta z\Gamma^2(\Delta z)$。

已知 $\Delta z=n\Delta z_0$,则根据空间递推法有

$$\Delta z\Gamma^2(\Delta z)=n\Delta z_0\Gamma^2(n\Delta z_0)=n\Delta z_0\frac{\sigma_i}{\sigma}$$

将表4-3中的标准差 σ_i 和对应的 n 值代入上式,则可求出 $\Delta z\Gamma^2(\Delta z)$,计算结果见表4-4。

表 4-4　$\Delta z\Gamma^2(\Delta z)$ 的计算结果

n	2	3	4	5	6	7	8	9	10	11	12
$\Delta z\Gamma^2(\Delta z)$	0.144	0.181	0.213	0.250	0.291	0.330	0.368	0.408	0.448	0.485	0.515
n	13	14	15	16	17	18	19	20	21	22	
$\Delta z\Gamma^2(\Delta z)$	0.533	0.536	0.523	0.495	0.455	0.405	0.348	0.283	0.209	0	

(4)绘制 $\Delta z\Gamma^2(\Delta z)\sim\Delta z$ 曲线(见图4-2),查得 $\Delta z\Gamma^2(\Delta z)$ 的最大值为0.536,即相关距离 $\delta_u=0.536$。

(5)求折减函数 $\Gamma^2(h)$。

$$\Gamma^2(h)=\frac{\delta_u}{h}=0.536/2.2=0.244$$

(6)进行参数的自相关修正。

将第(5)步求得的 $\Gamma^2(h)$ 代入式(4-8)和式(4-9),即可求得某土性参数如 γ、c 或 φ

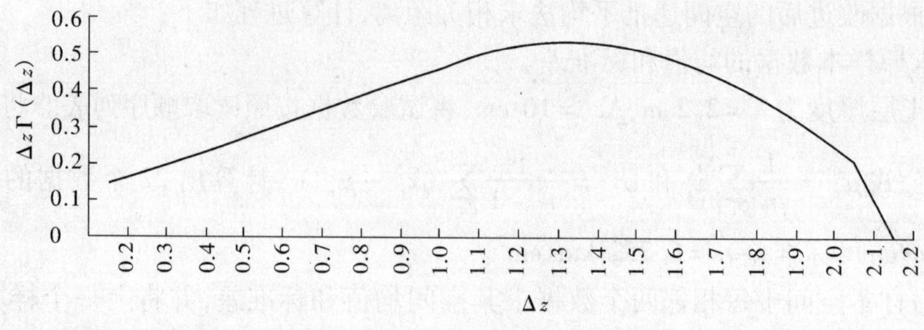

图 4-2　$\Delta z\Gamma^2(\Delta z)$ 随 Δz 变化曲线

的方差自相关修正值。

4.2.3.2　互相关分析实例

仍旧采用前文 4.2.3.1 中的工程实例资料，已知统计到 12 组土体样本资料，分别将其黏聚力 c 和内摩擦角 φ 值列于表 4-5 中。c、φ 的互相关性分析过程如下：

表 4-5　土体抗剪强度参数统计

编号	1	2	3	4	5	6	7	8	9	10	11	12
黏聚力 c (kN/m^2)	15	12	11	14	16	12	10	8	5	4	4	3
内摩擦角 φ(°)	21	22	22	23	23	26	27	28	29	30	30	31

(1)很容易求得

$$\bar{c} = \frac{1}{n}\sum_{i=1}^{n} c_i = 9.5(\mathrm{kN/m^2})$$

$$\sigma_c = \sqrt{\frac{1}{n-1}\sum_{i=1}^{n}(c_i - \bar{c})^2} = 4.602(\mathrm{kN/m^2})$$

$$\overline{\tan\varphi} = \frac{1}{n}\sum_{i=1}^{n}\tan\varphi_i = 0.490$$

$$\sigma_{\tan\varphi} = \sqrt{\frac{1}{n-1}\sum_{i=1}^{n}(\tan\varphi_i - \overline{\tan\varphi})^2} = 0.079(\mathrm{kN/m^2})$$

$$\sigma_{\varphi} = \sqrt{\frac{1}{n-1}\sum_{i=1}^{n}(\varphi_i - \bar{\varphi})^2} = 3.643(°)$$

(2)由式(4-15)求出 c、φ 的相关系数：$r = \dfrac{\mathrm{cov}(c,\varphi)}{\sigma_c\sigma_\varphi} = -0.916$。

(3)将 $\bar{c}$、σ_c、r、$\overline{\tan\varphi}$、$\sigma_{\tan\varphi}$ 代入式(4-16)，得非相关变量 c' 的均值 $\overline{c'}$

$$\overline{c'} = \bar{c} - \frac{\sigma_c}{\sigma_{\tan\varphi}} r\,\overline{\tan\varphi} = 35.646(\mathrm{kN/m^2})$$

由式(4-17)容易求得非相关变量 φ' 的均值 $\overline{\varphi'}$

$$\overline{\varphi'} = \frac{1}{n}\sum_{i=1}^{n}\varphi_i = 26(°)$$

(4)由式(4-18)和式(4-19)计算 c' 和 φ' 的标准差 $\sigma_{c'}$、$\sigma_{\varphi'}$：

$$\sigma_{c'} = \sigma_c\sqrt{1-r^2} = 4.602\times\sqrt{1-(-0.916)^2} = 1.846(\text{kN/m}^2)$$

$$\sigma_{\varphi'} = \sigma_\varphi = 3.643(°)$$

上述例子中，相关距离 $r=-0.916$，绝对值接近于1，c、φ 之间存在着强烈的互相关性，因此根据 r 求得的非相关变量 c' 的均值 $\overline{c'}=35.646$，较原相关变量 c 的均值 $\bar{c}=9.5$ 大得多，该结果在后面的可靠度分析中，将会使求出的结构可靠度偏大。实际上，笔者通过查阅大量资料发现，c、φ 之间通常存在互相关关系，相关系数 r 一般为 $-0.8\sim-0.2$。显然，算例中 r 的绝对值偏大，这可能是由试验误差造成的。尽管如此，我们仍旧能够从中得到一些规律：当考虑参数之间的互相关性时，通过正交变换，结果把 c 转换为与 φ 非相关的 c'，c 的均值将得到某种程度的提高，方差减小，而 φ 的均值和方差均不发生变化。

4.3 随机变量概型分布的假设检验

可靠指标 β 与失效概率 P_f 存在一一对应的关系，当功能函数 Z 的分布确定之后，β 与 P_f 的关系就确定了，即可由 β 算出 P_f 值。如果 Z 是正态分布，则 β 与 P_f 的关系可以通过查正态分布表得到，其中一些重要的数据列于表4-6。

表4-6 可靠度设计中一些重要的 β 与 P_f 值对应关系

β	1.00	1.64	2.00	3.00	3.09	3.71	4.00	4.26	4.50
P_f	15.87×10^{-2}	5.05×10^{-2}	2.27×10^{-2}	1.35×10^{-3}	1.00×10^{-3}	1.04×10^{-4}	3.17×10^{-5}	1.02×10^{-5}	3.40×10^{-6}

分析表明，如果 $P_f\geqslant10^{-3}(\beta\leqslant3.09)$，$F_Z(Z)$ 分布类型对 P_f 的影响不敏感，即不管假设 Z 是什么样的分布类型（当然是合理的假设），计算得到的 P_f 值大都在同一数量级，其精度已足够了。也就是说，当 $P_f\geqslant10^{-3}$ 时，可以不考虑实际的分布类型，而采用任何合理而方便的 $F_Z(Z)$ 分布类型计算 P_f 值。但是，如 $P_f<10^{-5}(\beta>4.26)$，$F_Z(Z)$ 的分布类型对 P_f 的计算结果就相当敏感。这时就不能随意采用 $F_Z(Z)$ 分布类型，必须认真仔细地去研究 $F_Z(Z)$ 的分布类型[58]。

在实际问题中，总体分布规律往往并不能事先知道。因此，为了确定总体分布，可以根据实际搜集到的资料，对总体分布作出一种假设 H_0（例如假设遵从正态或其他分布），然后检验 H_0 是否可信，这就是所谓分布类型的假设检验[53]。下面分别介绍三种常用的检验方法[53]：χ^2 法、K—S法和 A^2 法。

4.3.1 χ^2 检验法

如果参数 X 的分布函数 $F_X(x)$ 是未知的，从中取一个容量为 n 的子样 $(x_1,x_2,\cdots,x_n)$，并由子样得到的统计资料提出假设 $H_0:F_X(x)=F_0(x)$。即假设总体分布遵从某个已知的分布 $F_0(x)$。用 χ^2 检验法检验这一假设,其具体做法如下:

(1)把数据从小到大进行排列,分为 m 个区间:$(-\infty,a_1),(a_1,a_2),\cdots,(a_{m-1},+\infty)$,并求出数据落在每个区间上的频数 n_i 以及频率 $f_i=n_i/n(i=1,2,\cdots,m)$。

(2)作样本频数密度直方图,以判断总体的可能分布类型,提出假设 $H_0:F_X(x)=F_0(x)$。

(3)计算在假设 H_0 成立时,ξ 在区间 (a_{i-1},a_i) 上取值的概率

$$p_i=P(a_{i-1}\leqslant\xi<a_i)=F_0(a_i)-F_0(a_{i-1}) \tag{4-20}$$

(4)计算统计量

$$D=\sum_{i=1}^{m}\frac{(n_i-np_i)^2}{np_i} \tag{4-21}$$

式中,D 为一随机变量,当 n 充分大时,D 渐进于遵从自由度 $m-1$ 的 χ^2 分布。如果 $F_n(x)$ 中有 r 个未知参数,则 D 渐进于遵从自由度 $m-r-1$ 的 χ^2 分布。

(5)对于给定置信度 α,可按自由度 $m-r-1$,查文献[53]中 χ^2 分布表,并由观测值用式(4-21)算出置信限 $D_{m-r-1,\alpha}$:

当 $D<D_{m-r-1,\alpha}$ 时,则不能拒绝原假设 H_0;

当 $D>D_{m-r-1,\alpha}$ 时,则拒绝原假设 H_0。

在采用 χ^2 检验法时,为了使 D 能接近于 χ^2 分布,子样容量要求较大,而且一般需要子样总数至少为5组,每组有5个以上的观测值,每组的理论频数(np_i)不小于5。因此,该法一般用于子样数量较多的分布检验。由于在实际的基坑可靠度分析中,试验数据一般不多,χ^2 检验法的使用将会受到限制,所以一般采用K—S法或 A^2 法。

4.3.2 K—S检验法

K—S检验法不是分区间来检验根据子样得到的经验分布函数 $F_n(x)$ 和假设的总体分布函数 $F_0(x)$ 之间的偏差,而是对每一个点都检验 $F_n(x)$ 和 $F_0(x)$ 之间的偏差,因此K—S检验法相比 χ^2 检验法不但更加精确,而且可以解决试验数据较少,子样容量不能满足 χ^2 法进行分组检验的问题。这对工程实际问题的假设检验很有实用意义。

K—S检验法的基本思路是根据 n 个子样得到的经验分布函数 $F_n(x)$ 与原假设的总体的理论分布函数 $F_0(x)$ 作比较,建立统计量 D_n,即

$$D_n=\max_{-\infty<x<\infty}|F_n(x)-F_0(x)|=\max_{-\infty<x<\infty}D_n(x) \tag{4-22}$$

然后,在给定置信度 α 下,将计算得到的 $D_n(x)$ 的最大值与临界值 $D_{n,\alpha}$ 比较,以检验原假设是否不被拒绝:

当 $D_n<D_{n,\alpha}$ 时,则不能拒绝原假设 H_0;

当 $D_n>D_{n,\alpha}$ 时,则拒绝原假设 H_0。

K—S检验法的计算步骤如下:

(1)求出样本子样的平均值和标准差,以确立所假设的概率分布函数。

(2)草绘样本直方图,以判断总体的可能分布类型,提出假设 $H_0:F_X(x)=F_0(x)$。

(3)统计样本中每个子样出现的频数 n_i，计算累计频数 $\sum n_i$ 和累计频率 $F_n(x_i) = \sum n_i/n$，从而得经验分布函数

$$F_n(x) = F_n(x_i)$$

(4)将 x_i 代入 $F_0(x)$ 得 $F_0(x_i)$，然后求

$$D_n(x) = |F_n(x) - F_0(x)|$$

并由 $D_n = \max\limits_{-\infty<x<\infty} D_n(x_i)$ 得到最大的 D_n。

(5)设给定置信度 α，同样本容量 n 一起查文献[51]中的临界值表(科尔莫哥洛夫检验临界值 $D_{n,\alpha}$ 表)得 $D_{n,\alpha}$，并比较 D_n 与 $D_{n,\alpha}$ 的大小，以判断原假设是否成立。

4.3.3　A^2 检验法

A^2 检验法由安德森(Anderson)和达林(Darling)于 1954 年提出，因此也叫 A—D 法。同 K—S 法一样，A^2 法也是基于子样经验分布函数 $F_n(x)$ 和理论分布函数 $F_0(x)$ 比较而得到检验结果的。A^2 检验法对子样容量为 n 的变量 X，根据一个统计量 A_n^2 和相应的检验临界值 $A_{n,\alpha}^2$ 作比较以判断假定的分布是否不被拒绝。在假定分布下，统计量由公式

$$A_n^2 = -n - \frac{1}{n}\sum_{i=1}^{n}(2i-1)\{\ln F_0(x_i) + \ln[1 - F_0(x_{n+1-i})]\} \tag{4-23}$$

求出。在给定置信度 α 下，可由 A^2 法检验临界值表(见表 4-7)，查得临界值 $A_{n,\alpha}^2$，同 A_n^2 比较：

当 $A_n^2 < A_{n,\alpha}^2$ 时，则不能拒绝原假设 H_0；

当 $A_n^2 > A_{n,\alpha}^2$ 时，则拒绝原假设 H_0。

A^2 检验法的步骤如下：

(1)将数据从小到大进行排列，草绘样本直方图，以判断总体的可能分布类型，提出假设 $H_0: F_X(x) = F_0(x)$。

(2)求出样本子样的平均值和标准差，以确立所假设的概率分布函数。

(3)计算函数 $F_0(x_i)$ 和 $F_0(x_{n+1-i})$ $(i=1,2,\cdots,n)$ 的值，然后代入式(4-23)，求出 A_n^2。

(4)设给定置信度 α，结合样本容量 n 一起查 A_n^2 法检验临界值表(见表 4-7)得 $A_{n,\alpha}^2$，并比较 A_n^2 与 $A_{n,\alpha}^2$ 的大小，以判断原假设是否成立。

表 4-7　A^2 法检验临界值表

α		0.15	0.10	0.05	0.025	0.01
$A_{n,\alpha}^2$	正态或对数正态假设	$\frac{0.576}{A_1}$	$\frac{0.656}{A_1}$	$\frac{0.787}{A_1}$	$\frac{0.918}{A_1}$	$\frac{1.092}{A_1}$
	极值 I 型假设	$\frac{0.474}{A_2}$	$\frac{0.637}{A_2}$	$\frac{0.757}{A_2}$	$\frac{0.877}{A_2}$	$\frac{1.038}{A_2}$

注： 当 $F(x)$ 为正态或对数正态分布，且参数未知时，$A_1 = 1 + \frac{4}{n} - \frac{25}{n}$；当 $F(x)$ 为极值 I 型，参数未知时，$A_2 = 1 + \frac{0.2}{\sqrt{n}}$。

在 A^2 检验法中，当 n 达到 8 时，临界值一般可达到极限值的 94%，因此 A^2 检验法对小子样变量的检验是很合适的。而 K—S 法过于宽松，在工程可靠度分析中，对那些不易取得大容量的变量(如内摩擦角、黏聚力等)的概型，往往采用 A^2 检验法进行检验。根据文献[75]的做法，对于小子样变量的检验，可采用 A^2 检验法作为主要方法，用此法检验多种概型均通不过时，再使用 K—S 法；而对于统计量较大的检验，当符合 χ^2 检验法条件(如 $n>30$)时，可采用 χ^2 检验法进行检验。

4.3.4 实例分析

采用前文 4.2.3 中的工程实例资料，表 4-8 列出了土体抗剪强度参数 c_i、φ_i 的实测值。现用 A^2 检验法检验其分布类型。

表 4-8　参数 c_i、φ_i 的实测值表

i	1	2	3	4	5	6	7	8	9	10	11	12
c_i	20.3	17.5	12	6	8.7	26	30	22	29	28.3	17	20
φ_i	25.2	24	28.6	32.9	29.5	30.65	26.5	21.5	23.8	21.3	28.1	28

(1)把 c_i、φ_i 从小到大排序，c_i 分为 6 组、φ_i 分为 5 组，列于表 4-9 中。

表 4-9　频数范围统计表

c_i				φ_i			
序号	分组范围 (N/cm³)	组中值 (N/cm³)	频数	序号	分组范围 (N/cm³)	组中值 (N/cm³)	频数
1	0 ~ 8.65	6.15	1	1	19.95 ~ 22.95	21.45	2
2	8.65 ~ 13.65	11.15	2	2	22.95 ~ 25.95	24.45	3
3	13.65 ~ 18.65	16.15	2	3	25.95 ~ 28.95	27.45	4
4	18.65 ~ 23.65	21.15	3	4	28.95 ~ 31.95	30.45	2
5	23.65 ~ 28.65	26.15	2	5	31.95 ~ 34.95	33.45	1
6	28.65 ~ 33.65	31.15	2				

(2)作子样频数密度直方图(见图 4-3、图 4-4)，由直方图知，c_i、φ_i 概率分布近似为正偏态。

(3)分别假设 c_i、φ_i 服从正态、对数正态和极值Ⅰ型分布，列表计算式(4-23)中各项。

①假设 c_i、φ_i 均服从正态分布，列表计算各子样数据所对应的函数值(见表 4-10、表 4-11)，据之得统计量。

对于参数 c_i

$$A_n^2 = -n - \frac{1}{n}\sum_{i=1}^{n}(2i-1)\{\ln F(x_i) + \ln[1 - F(x_{n+1-i})]\}$$

$$= -12 - \frac{1}{12}\times(-176.992) = 2.749$$

对于参数 φ_i　　$A_n^2 = -n - \frac{1}{n}\sum_{i=1}^{n}(2i-1)\{\ln F(x_i) + \ln[1-F(x_{n+1-i})]\}$

$$= -12 - \frac{1}{12} \times (-149.330) = 0.444$$

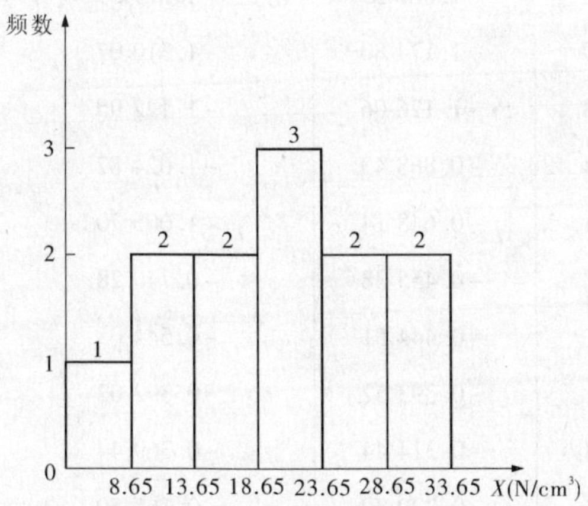

图 4-3　指标 c_i 频数密度直方图

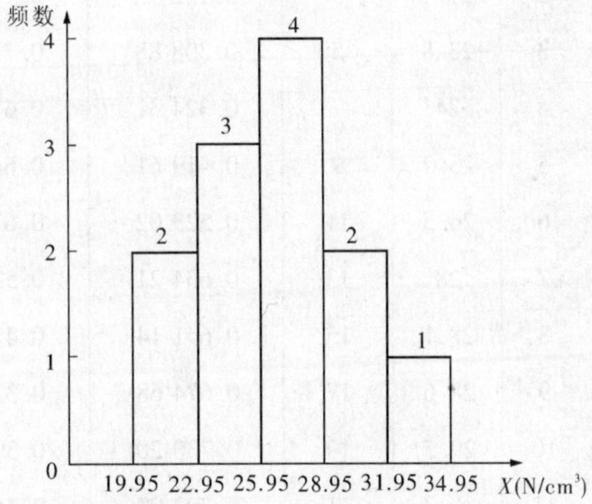

图 4-4　指标 φ_i 频数密度直方图

②分别假设 c_i、φ_i 均服从对数正态和极值Ⅰ型分布，同理，可求出相应的 A_n^2 值(见表4-12)。

表 4-10　关于 c_i 的正态假设计算列表

i	x_i	$2i-1$	$F(x_i)$	$F(x_{n+1-i})$	$\ln F(x_i)$	$\ln[1-F(x_{n+1-i})]$
1	6	1	0.000 92	0.990 38	−6.991 14	−4.643 91
2	8.7	3	0.003 19	0.982 73	−5.747 73	−4.058 78
3	12	5	0.040 06	0.974 68	−3.217 38	−3.676 16
4	17	7	0.269 73	0.923 90	−1.310 33	−2.575 71
5	17.5	9	0.308 54	0.699 42	−1.175 90	−1.202 04
6	20	11	0.527 18	0.554 23	−0.640 21	−0.807 95
7	20.3	13	0.554 23	0.527 18	−0.590 18	−0.749 04
8	22	15	0.699 42	0.308 54	−0.357 50	−0.368 95
9	26	17	0.923 90	0.269 73	−0.079 15	−0.314 34
10	28.3	19	0.974 68	0.040 06	−0.025 65	−0.040 88
11	29	21	0.982 73	0.003 19	−0.017 42	−0.003 20
12	30	23	0.990 38	0.000 92	−0.009 67	−0.000 92

表 4-11　关于 φ_i 的正态假设计算列表

i	x_i	$2i-1$	$F(x_i)$	$F(x_{n+1-i})$	$\ln F(x_i)$	$\ln[1-F(x_{n+1-i})]$
1	21.3	1	0.141 40	0.880 72	-1.956 16	-2.126 28
2	21.5	3	0.152 53	0.793 90	-1.880 39	-1.579 39
3	23.8	5	0.308 88	0.730 20	-1.174 80	-1.310 07
4	24	7	0.324 31	0.674 68	-1.126 06	-1.122 95
5	25.2	9	0.419 61	0.641 14	-0.868 43	-1.024 82
6	26.5	11	0.523 02	0.634 21	-0.648 14	-1.005 70
7	28	13	0.634 21	0.523 02	-0.455 38	-0.740 28
8	28.1	15	0.641 14	0.419 61	-0.444 51	-0.544 05
9	28.6	17	0.674 68	0.324 31	-0.393 52	-0.392 02
10	29.5	19	0.730 20	0.308 88	-0.314 44	-0.369 44
11	30.7	21	0.793 90	0.152 53	-0.230 80	-0.165 50
12	32.9	23	0.880 72	0.141 40	-0.127 02	-0.152 45

(4)设给定置信度 $\alpha=0.05$,结合样本容量 $n=12$ 一起查 A^2 法检验临界值表,得到相应的 $A^2_{n,\alpha}$,并与计算统计量 A^2_n 作比较,检验结果为 c_i 服从对数正态分布,φ_i 服从正态分布(见表 4-12)。

表 4-12　抗剪强度指标概型分布检验结果

指标类别	正态分布			对数正态分布			极值Ⅰ型			最优概型
	$A^2_{12,0.05}$	A^2_{12}	判断	$A^2_{12,0.05}$	A^2_{12}	判断	$A^2_{12,0.05}$	A^2_{12}	判断	
c_i	0.68	2.75	拒绝	0.68	0.67	接受	0.72	8.58	拒绝	对数正态分布
φ_i	0.68	0.44	接受	0.68	0.74	拒绝	0.72	14.19	拒绝	正态分布

第5章　土钉支护及极限状态函数的建立

5.1　土钉支护技术概述

5.1.1　土钉支护的概念

土钉支护是20世纪70年代发展起来的一种新的挡土技术，近年来在基坑支护中得到了广泛应用。该技术是先以一定倾角成孔，然后将钢筋置入孔内，在孔内注浆形成土钉体，随后在坡面挂钢筋网，并与土钉连接，最后在坡面喷射混凝土。天然土体通过土钉的加固并与喷射混凝土面板相结合，共同抵抗支护结构后面传来的土压力和其他荷载，保证了开挖坡面的稳定。由此定义：土钉支护是由被加固土体、放置在其中的土钉体、喷射混凝土面层和必要的排水系统共同组成的一种挡土结构（见图5-1）。它是一种比较理想的基坑开挖和边坡稳定支护形式。

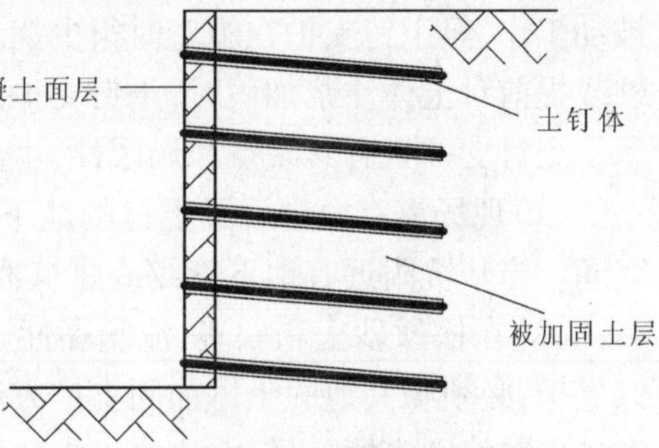

图5-1　土钉墙示意图

5.1.2　土钉支护的特点

土钉支护在设计上首先把背后土体看做是结构的一部分，在具体实践上设法加固这部分土体，使它成为一个围护结构。施工中边开挖边支护土钉及喷射混凝土面层，这种技术具有一些其他支护形式不可比拟的优越性[76]。

（1）造价低，施工速度快。土钉支护的土方开挖量和混凝土工程量较少，全部土钉连同面层钢筋的用钢量在内也甚为有限。在施工速度上，有的甚至可将工期缩短一半。根据欧洲的经验，土钉支护可比一般的背拉锚杆支护节约总造价10%～30%，也有报道说法国应用土钉支护可比别的支护方法节省1/3～1/2。美国修建的第一个土钉支护工程表明可节约总造价30%，而工时则为通常支护的50%～70%。我国由于人工费用相对低廉，机械设备的台班费用高昂，所以土钉支护比灌注桩等支护一般可节约造价1/3～2/3。

（2）施工设备轻便，操作方法简单。土钉的制作与成孔不需复杂的技术和大型机械设施，施工方法有较大灵活性，施工对环境的干扰也很小，特别适合于城市地区施工。

（3）结构轻巧，柔性大，有很好的延性。土钉支护自重小，不需做专门的基础结构，并具有非常良好的抗地震及抗车辆振动的能力。土钉支护即使破坏，一般也不至于发生彻底倒塌，并在破坏前有一个变形发展过程。在1989年美国加州7.1级地震中，震区内有8个土钉结构，估计遭到约0.4 g 水平地震加速度的作用，但没有出现任何损坏迹象，其中

3个位于震中33 km范围内。

(4)施工所需的场地较小。能紧贴已有建筑物进行基坑开挖,这是桩、墙等其他支护难以做到的。在广州地铁折返段深基坑开挖中,由于地面场地受限,土钉支护墙面甚至做成向里倾斜。

(5)安全可靠,信息化施工程度高。土钉支护施工采用边开挖边支护,安全程度较高;由于土钉数量众多并作为群体起作用,即使个别土钉出现质量问题或失效对整体也影响不大。土钉技术还有一个非常重要的优点是,随时可以根据现场开挖发现的土质情况和现场监测的土体变形数据,修改土钉的间距和长度,万一出现不利情况,也能及时采取加固措施,避免出现大的事故。土钉支护施工在与现场测量监控结合的前提下,比其他支护有更高的安全度。

支护的变形性能对城市地区基坑开挖至关重要。现场实测表明,土钉支护的最大位移量与撑式桩墙支护相当,但比预应力锚杆支护略大。虽然土钉需要土体发生变形才能被动工作,但土钉支护在施工时很少扰动土体并能快速给土体以支护。当联合使用微型桩或提前对土体注浆加固时,土钉支护的最大位移可以控制得很小。

土钉支护也有其缺点和局限性,主要是:

(1)现场需有允许设置土钉的地下空间。如为永久性土钉,则需长期占用这些地下空间。当基坑附近有地下管线或建筑物基础时,则在施工时有相互干扰的可能。

(2)在松散砂土和软塑、流塑黏性土以及有丰富地下水源的情况下,不能单独使用土钉支护,必须与其他的土体加固支护方法相结合。尤其在饱和黏性土及软土中设置土钉支护更需特别谨慎,土钉在这些土中的抗拔力低,需要有很长很密的土钉,软土的蠕变还可使支护位移量显著增加。在国外,不建议在软土中设置土钉支护。

(3)土钉支护只适用于地下水位低于土坡开挖段或经过降水使地下水位低于开挖层的情况。

5.1.3 土钉支护的作用机理

土钉支护作为一种新的支护技术,其作用机理与设计计算方法一直吸引着人们去探索和研究,到目前为止,国内外已经做了大量的现场试验和模型试验以及理论研究。比较有名的是,法国国家建筑与公共工程中心(CEBTP)进行的三个大型土钉墙试验和德国在Karlsruhe大学岩土力学研究所进行的七个大型足尺土钉墙试验。这些研究结果认为,土钉支护机理是以新奥法理论为基础,在土钉体作用下,把潜在滑裂面之前主动区的复合土体视为具有自承能力的稳定土体,以阻止土体侧向位移,支撑未加筋域土体的侧压力,保证土坡的稳定性,即认为经过加筋的土体形成了类重力式挡土墙——土钉墙,土钉的作用机理类似于挡土墙的机理。这种观点对于解释土钉支护结构的外部整体稳定性(抗滑、抗倾覆、支护结构底部土体极限承载力)是合理的,然而却无法解释支护结构内部稳定性与钉土相互作用有关的许多问题。

实际上,土钉支护机理极其复杂,它与许多因素有关,例如土体的物理力学指标,土钉本身的强度、几何尺寸、布置方式等,因此仅将土钉支护结构当做“土钉墙”来研究是远远不够的。岳建光[31]试图从摩擦加筋机理、增强机理和土拱效应机理等方面进行研究,在理论上,均给出了较合理的解释。尽管目前人们对土钉支护工作机理的认识尚不十分清楚,但通过大量的室内剪切试验、模型试验及现场的土钉抗拔试验,这些理论研究已经能够逐渐被工程界所接受。现将人们目前对土钉支护机理的认识概括如下。

土体的抗剪强度较低,抗拉强度几乎可以忽略,但土体具有一定的结构整体性。在基坑开挖时,存在使边坡保持直立的临界高度,在超过这个深度或超载等其他因素影响下将发生突发性整体破坏。一般护坡措施均基于支挡护坡的被动制约机制,以挡土结构承受后面的土侧压力,防止土体整体稳定性破坏。土钉支护技术则是在土体内放置一定长度和分布密度的土钉体,与土共同作用,弥补土体自身强度的不足。因此,通过以增强边坡土体自身稳定性的主动制约机制为基础的复合土体,不仅有效地提高了土体整体刚度,而且弥补了土体抗拉、抗剪强度低的弱点。通过土钉和土体界面的相互作用,土体自身结构强度潜力得到充分发挥,改变了边坡变形和破坏性状,显著提高了整体稳定性,这已为模拟试验所证实[76,77](见图5-2)。

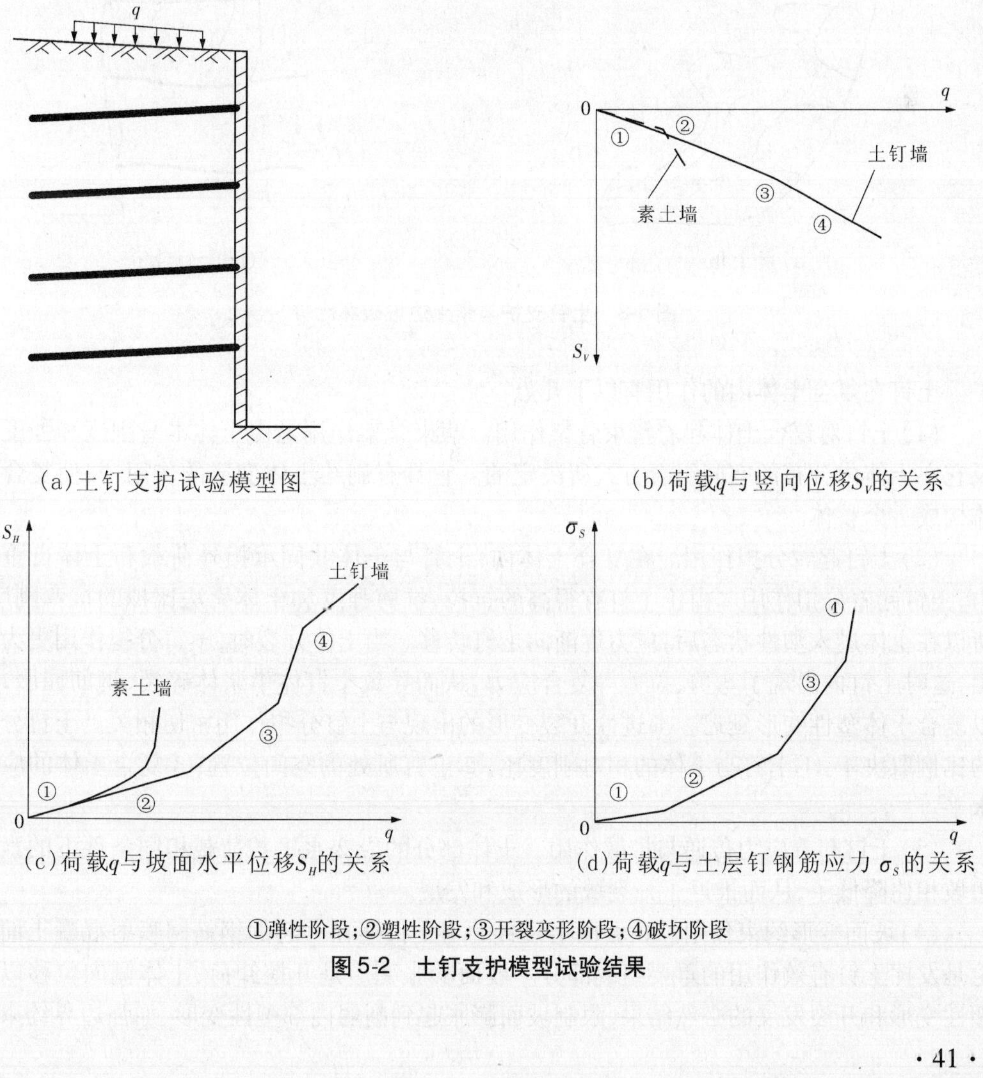

(a)土钉支护试验模型图　　(b)荷载q与竖向位移S_V的关系

(c)荷载q与坡面水平位移S_H的关系　　(d)荷载q与土层钉钢筋应力σ_S的关系

①弹性阶段;②塑性阶段;③开裂变形阶段;④破坏阶段

图5-2　土钉支护模型试验结果

试验表明,直立土钉支护坡顶比素土边坡承载力提高1倍以上,更为重要的是,土钉支护在受荷载过程中不会发生像素土边坡那样的突发性塌滑。它不仅延迟了塑性变形发展阶段,而且具有明显的渐进性变形和开裂破坏并存且逐步扩展,直至丧失承受更大荷载的能力,但仍不会发生整体塌滑。土钉支护与素土边坡破坏比较如图5-3所示。例如,北京某深基坑土钉支护工程因管道漏水而发生大变形,当地表沉降达到1.0 m时,边坡仍基本保持为整体。

土钉支护的这些性状是通过土钉与土体相互作用实现的,这种作用一方面体现为土钉与土界面间摩阻力的发挥程度;另一方面,由于土钉与土体的刚度相差很大,所以在土钉支护进入塑性变形阶段后,土钉自身作用逐渐增强,从而改善了复合土体塑性变形和破坏性状。

(a)素土坡　　(b)土钉支护

图5-3　土钉支护与素土边坡破坏比较

土钉在复合土体内的作用有以下几点:

(1)土钉对复合土体起着箍束骨架作用。箍束骨架作用是由土体本身刚度和强度以及它在土体内分布的空间组合方式所决定的。它具有制约土体变形的作用,并使复合土体构成一个整体。

(2)土钉起着分担作用。在复合土体内,土钉与土体共同承担外荷载和土体自重应力,土钉起着分担作用。由于土钉有很高的抗拉、抗剪强度和土体无法比拟的抗弯刚度,所以在土体进入塑性状态后,应力逐渐向土钉转移。当土体开裂时,土钉分担作用更为突出,这时土钉内出现了弯剪、拉剪等复合应力,从而导致土钉体中浆体碎裂、钢筋屈服,所以复合土体塑性变形延迟。渐进性开裂变形的出现与土钉分担作用密切相关。土钉分担的比例取决于:①土钉与土体的相对刚度比;②土钉所处的空间位置;③复合土体的应力水平。

(3)土钉起着应力传递与扩散作用。土体部分的应变水平与荷载相同条件下的素土边坡相比降低了,从而推迟了开裂域的形成和发展。

(4)坡面变形约束作用。在坡面上设置的与土钉连在一起的钢筋网喷射混凝土面板也是发挥土钉有效作用的重要组成部分。坡面膨胀变形是开挖卸荷、土体侧向位移以及塑性变形和开裂发展的必然结果,限制坡面膨胀起到削弱内部塑性变形、加强边界约束的作用,在开裂变形阶段尤为重要。面板提供的约束作用取决于土钉表面与土的摩阻力,当复合土体开裂域扩大并连成片时,摩阻力仅由开裂域后的稳定复合土体提供。

5.2 土钉支护结构稳定性分析

5.2.1 破坏形式和基本假设

5.2.1.1 破坏形式

分析土钉支护结构的稳定性,首先需要分析其可能发生的破坏形式,而土钉支护结构的可靠度计算,就是针对其可能发生的不同形式的破坏,然后根据其受力情况,建立极限平衡函数,从而进行概率预测。从整体稳定性角度分析,土钉支护的失稳破坏可分为体外破坏和体内破坏。

根据国内外的模型试验及理论研究成果,土钉支护就是用土钉就地加固土体,密集的土钉与原位土体组成复合结构体,在土钉加固范围内形成一个“土墙”,它的作用机理类似于重力式挡土墙。因此,可以用重力式挡土墙的稳定性分析方法对土钉墙进行分析,将其视为刚性重力式挡土墙结构,土钉支护结构可能像传统的挡土墙一样发生沿基坑底面的水平滑动,或者绕墙趾倾覆,或者连同基底一定深度范围内的土体被挤滑而出。这类破坏形式则称为体外破坏,体外破坏形式又可分为三类(见图5-4):

(1)沿基坑底面的水平滑动,即平移破坏,见图5-4(a)。

(2)支护结构发生倾倒的破坏,即倾覆破坏,见图5-4(b)。

(3)支护结构连同基底一定深度范围内的土体产生整体挤滑破坏,即挤滑坡坏,见图5-4(c)。

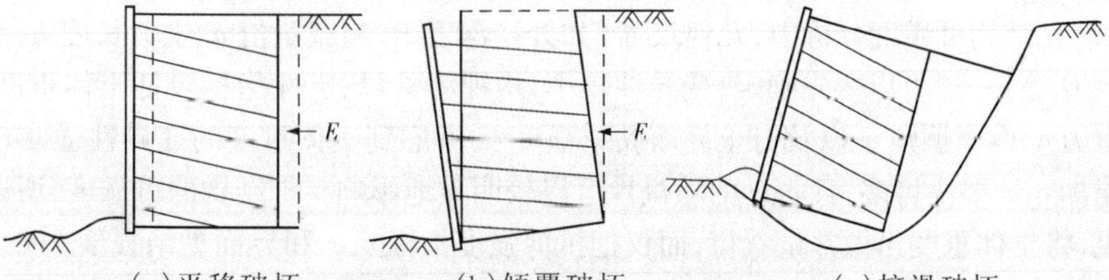

(a)平移破坏　　(b)倾覆破坏　　(c)挤滑破坏

图5-4　三种可能的体外破坏

破坏时,土体破坏面穿过加固了的土体内部,则称此种破坏形式为体内破坏。体内破坏的表现形式很多,主要有:由于土钉设计尺寸、布置方式不合理等原因可能造成内部整体稳定性破坏(见图5-5(a)),土钉在稳定区内因抗拔力不足而可能发生拔出破坏(见图5-5(b)),或者由于土钉自身强度不足导致在最大拉力处出现拉断破坏(见图5-5(c)),以及土钉端头与面板连接处破坏或面板破坏(见图5-5(d))等。

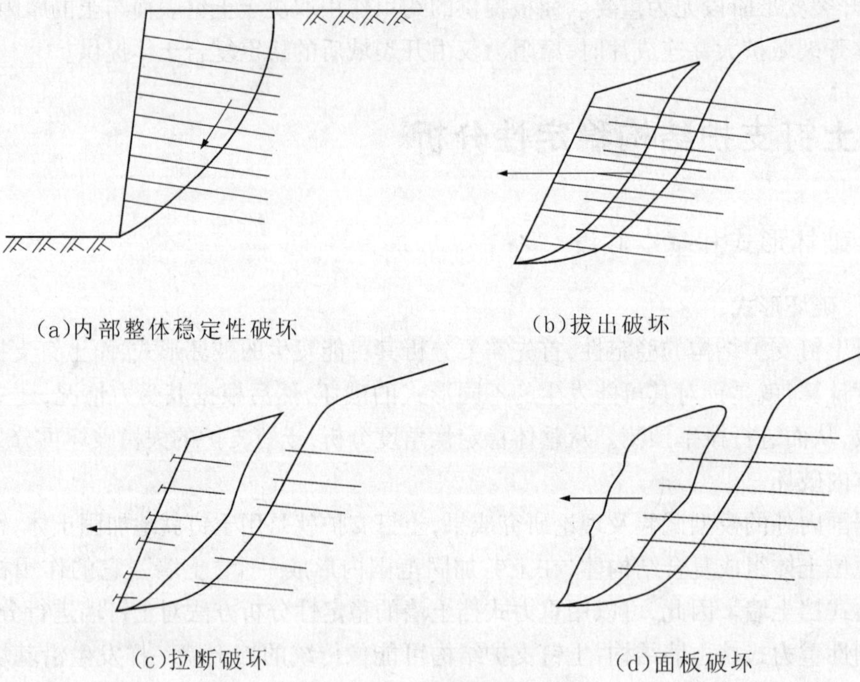

图 5-5　可能的体内破坏类型

5.2.1.2　基本假设

为简化复杂的数学运算,方便编写计算机程序,又能在足够的精度范围内方便工程的实际应用,笔者作如下假定:

(1)研究地下水位以上的均质土体的垂直开挖基坑,土钉为等间距等倾角布置,水平和垂直间距分别为 S_x 和 S_y,土钉倾角为 β。

(2)在结构可靠度分析中,几何尺寸(如开挖深度 H、超载量值 q、土钉长度 L、土钉钻孔直径 D 等)一般可以事先确定,变异性较小,均视为常量;土性指标包括土体重度 γ、土的黏聚力 c、内摩擦角 φ 以及钉土界面黏结强度 τ,考虑到土体重度的变异性通常较抗剪强度指标 c、φ 要小得多,且 c、φ 的随机性可以较明显地影响支护结构的可靠度,所以为简便起见,将土体重度当做常量看待,而仅把抗剪强度指标 c、φ 和界面黏结强度 τ 视为随机变量。

5.2.2　外部稳定性验算

土钉支护结构的三种体外破坏形式(平移破坏、倾覆破坏和挤滑坡坏)中,前两种与重力式挡土墙在主动土压力作用下失稳相同,作用在支护结构背面的是主动土压力(有地下水时还有水压)。第三种沿深部弧面滑动破坏只有在基底为软弱土体的情况下才有可能发生,且这类破坏和普通边坡的滑动破坏形式一样,可参照普通边坡稳定的方法进行抗挤滑验算。不过,一般重力式挡土墙与土钉墙的结构并非完全相同,土钉支护结构是否真的会发生一般挡土墙那样的倾覆,并引起基底土压力增加而发生深部挤滑破坏还缺乏必要的论证。但这种外部稳定性验算至少可以为支护的总体尺寸,如土钉的最小长度,提供一种保证,所以还是值得采用的[78]。

5.2.2.1 土钉墙厚度的确定

土钉墙的厚度不能简单地按土钉的长度来计算,只能考虑被土钉加固成整体的那一部分(见图 5-6)。考虑到土钉摩阻力的枣形分布及压力注浆的密实度不易控制等因素,陈肇元等[76]将土钉加固的土体分三部分考虑来确定挡土墙厚度,取为 $11L/12$(L 为土中平均钉长)。第一部分为钢筋网喷射混凝土支护的厚度,土钉间土体由喷射混凝土面板稳定,通过局部稳定性验算保证土钉间土体的稳定,喷射混凝土支护作用区厚度一般为 $L/6$。第二部分为加强体的均匀压缩加固带,它的厚度为 $2L/3$。第三部分为土钉尾部非均匀压缩带,厚度为 $L/6$,由于该部分加固体的不均匀性,不能全部作为土钉墙厚度考虑,取其 1/2 值作为土钉墙的计算厚度,即 $L/12$。因而,得土钉墙的有效厚度为三部分之和,即为

$$B = 11L/12 \tag{5-1}$$

当土钉倾斜时,土钉墙厚度为

$$B = 11L\cos\alpha/12 \tag{5-2}$$

式中,α 为土钉与水平面间的夹角(°);L 为土中平均钉长,m;B 为土钉墙的有效厚度,m。

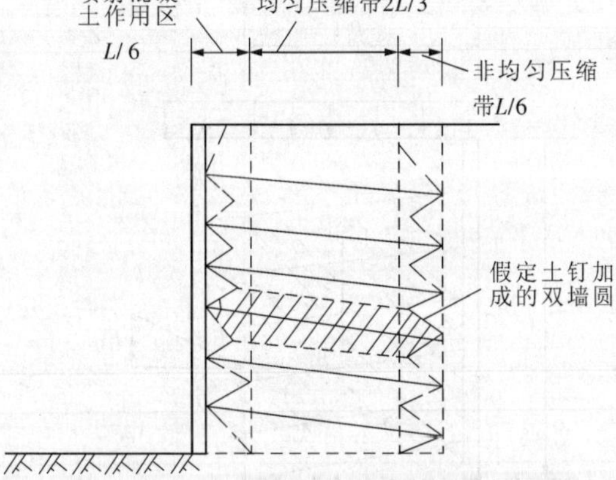

图 5-6 土钉支护结构计算厚度的确定简图

5.2.2.2 土压力的计算

目前,支护结构稳定性计算一般用极限状态理论,即朗肯或库仑土压力理论公式。笔者在计算土钉墙后主动土压力时,采用目前常用的朗肯土压力理论公式。对于黏性土层,有

$$\sigma_a = (q + \sum \gamma h) K_a - 2c\sqrt{K_a} \tag{5-3}$$

则墙后主动土压力计算公式为

$$E_a = (\frac{1}{2}\gamma H^2 + qH) K_a - 2cH\sqrt{K_a} \tag{5-4}$$

式中,σ_a 为计算点处的主动土压力,kPa,在高度 0 处忽略 $-2c\sqrt{K_a}$ 项;q 为地面均布荷载,kPa;γ 为计算点以上土层的重度,kN/m^3;h 为计算点以上土层的厚度,m;K_a 为计算点

处的主动土压力系数，$K_a = \tan^2(45° - \frac{\varphi_0}{2})$，其中 φ_0 为计算点处的内摩擦角(°)；c 为计算点处的黏聚力，kPa；H 为挡土墙高度，m；E_a 为墙后主动土压力，Pa，土压力的合力作用点高度近似于$\frac{1}{3}H$。

5.2.2.3 极限状态函数的建立

支护结构稳定性极限状态函数是在结构破坏时，通过分析其受力状态，根据极限平衡理论建立的。对于土钉墙可能发生的平移破坏和倾覆破坏，参照《建筑地基基础设计规范》(GBJ 7—89)中规定的重力式挡土墙的稳定性验算方法，分别进行简化土钉墙的抗平移(抗滑)验算、抗倾覆验算。当基底为软弱土体时，参照边坡稳定的方法进行抗深层挤滑验算。

1)整体抗滑极限状态函数及中值安全系数

因为土钉墙是一个被加固的整体，所以最可能的滑动面为通过墙趾的水平滑移面。根据极限平衡理论，当滑动力等于抗滑力时，土钉墙达到滑移破坏的极限状态。按图 5-7 进行受力分析，土钉墙受墙后主动土压力 E_a、墙体自重 W 及墙顶均布荷载 q 的作用，其中 E_a 的水平分力 E_{ax} 为滑动力，由 W 和 q 引起的摩擦力 F_f 为抗滑力。沿土墙的纵向取单位长度进行计算，滑动力为

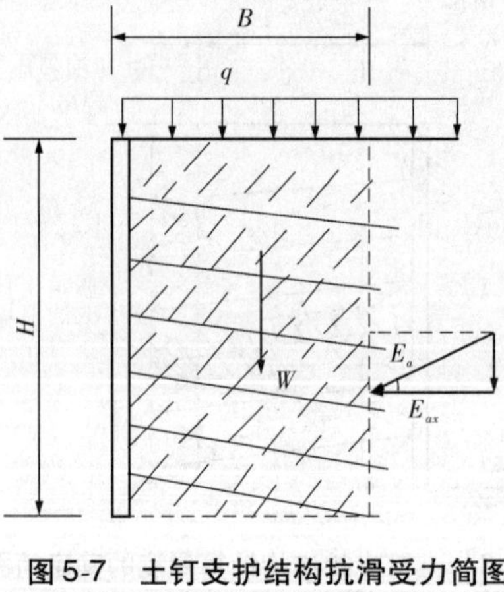

图 5-7　土钉支护结构抗滑受力简图

$$E_{ax} = (\gamma H^2/2 + qH)\tan^2(45° - \varphi/2) - 2cH\tan(45° - \varphi/2)$$

抗滑力为

$$F_f = B(\gamma H + q)\tan\varphi + cB$$

在土钉支护结构可靠度分析中，若将 c、φ 视为随机变量，E_{ax} 即变为荷载效应函数 S，F_f 为抗力函数 R，从而建立整体抗滑极限状态函数

$$\begin{aligned} Z &= R - S = F_f - E_{ax} \\ &= B(\gamma H + q)\tan\varphi + cB - \\ &\quad [(\gamma H^2/2 + qH)\tan^2(45° - \varphi/2) - 2cH\tan(45° - \varphi/2)] \end{aligned} \tag{5-5}$$

而该类失稳形式的中值安全系数即为抗滑力与滑动力的比值

$$F_0 = \frac{F_f}{E_{ax}} = \frac{B(\gamma H + q)\tan\varphi + cB}{(\gamma H^2/2 + qH)\tan^2(45° - \varphi/2) - 2cH\tan(45° - \varphi/2)} \tag{5-6}$$

式中，γ、c、φ 分别为土的容重、黏聚力和内摩擦角；q、H 分别为墙顶均布荷载和土钉墙高度；B 为 11/12 的土钉长度。

2）整体抗倾覆极限状态函数及中值安全系数

土钉墙为一个加固的整体，我们可认为可能的破坏面位于被加固土体的后面。当土钉墙达到倾覆破坏极限状态时，根据极限平衡理论，需满足力矩平衡条件，此时倾覆力矩和抗倾覆力矩构成一对平衡力矩。按图 5-8 进行受力分析，墙后主动土压力的水平分力 E_{ax} 构成倾覆力矩 M_e 中的作用力，力的作用点位于土钉墙后中点处。土体自重 W 及墙顶均布荷载 q 的合力构成抗倾覆力矩 M_w 中的作用力，因为 q 较 W 小得多，所以力的作用点约位于土钉墙的中心处，即 1/2 土钉墙高度处。因而，可以求得倾覆力矩 M_e 和抗倾覆力矩 M_w

$$M_e = [H(\gamma H^2/2 + qH)\tan^2(45° - \varphi/2) - 2cH^2\tan(45° - \varphi/2)]/3$$

$$M_w = B^2(\gamma H + q)/2$$

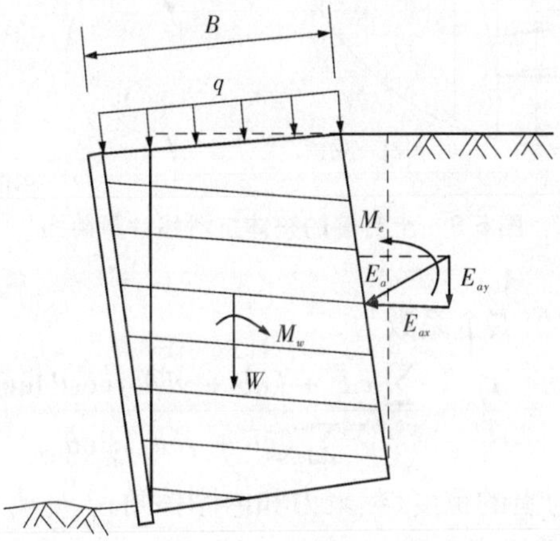

图 5-8　抗倾覆破坏受力简图

在进行土钉支护结构可靠度分析时，c、φ 视为随机变量，M_e 即为荷载效应函数 S，M_w 为抗力函数 R，从而建立整体抗倾覆限状态函数

$$\begin{aligned} Z &= R - S = M_w - M_e \\ &= B^2(\gamma H + q)/2 - \\ &\quad [H(\gamma H^2/2 + qH)\tan^2(45° - \varphi/2) - 2cH^2\tan(45° - \varphi/2)]/3 \end{aligned} \tag{5-7}$$

则该类破坏形式的中值安全系数为抗倾覆力矩 M_w 与倾覆力矩 M_e 的比值

$$F_0 = \frac{M_w}{M_e} = \frac{B^2(\gamma H + q)/2}{[H(\gamma H^2/2 + qH)\tan^2(45° - \varphi/2) - 2cH^2\tan(45° - \varphi/2)]/3} \tag{5-8}$$

以上各式中，γ、c、φ 分别为土的容重、黏聚力和内摩擦角；q、H 分别为墙顶均布荷载和土钉墙高度；B 为 11/12 的土钉长度。

3）土钉墙抗深层挤滑破坏极限状态函数及中值安全系数

通常，对于土钉墙深层挤滑稳定性，只有在深部存在薄弱土层时，才需要进行验算[79]。验算方法可采用瑞典条分法,该方法假定滑裂面为圆弧形,滑弧圆心为 O,土条为等宽 b。取第 i 个土条进行如图 5-9 所示的受力分析,得滑动力 T 和阻滑力 T_f 分别为

$$T = \sum (qb + \gamma bh_i)\sin\theta_i$$

$$T_f = \sum c\,\hat{l}_i + (qb + \gamma bh_i)\cos\theta_i\tan\varphi$$

将 c、φ 视为随机变量,T 即变为荷载效应函数 S,T_f 为抗力函数 R,从而建立深层抗挤滑破坏极限状态函数

$$Z = R - S = T_f - T$$

$$= \sum [c\,\hat{l}_i + (qb + \gamma bh_i)\cos\theta_i\tan\varphi - (qb + \gamma bh_i)\sin\theta_i] \tag{5-9}$$

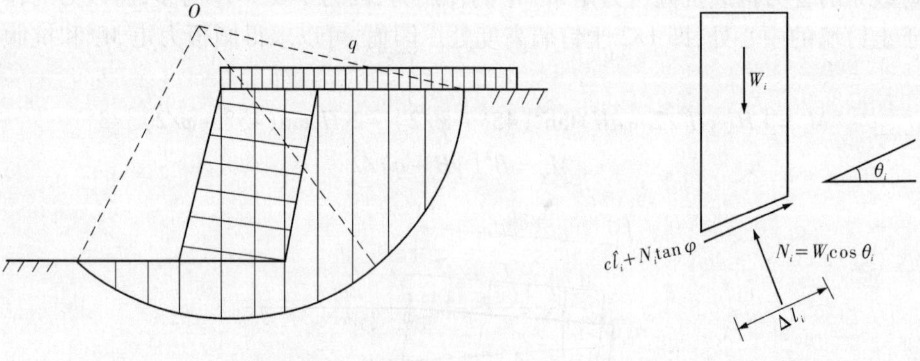

图 5-9　土钉墙的整体抗滑移计算简图

深层抗挤滑破坏的中值安全系数为

$$F_0 = \frac{T_f}{T} = \frac{\sum c\,\hat{l}_i + (qb + \gamma bh_i)\cos\theta_i\tan\varphi}{\sum (qb + \gamma bh_i)\sin\theta_i} \tag{5-10}$$

以上各式中,γ、c、φ 分别为土的重度、黏聚力和内摩擦角;q、h_i、$\hat{l}_i$ 分别为墙顶均布荷载、土条 i 的高度和土条 i 的滑弧长度。

5.2.3　内部稳定性验算

5.2.3.1　假定破裂面的确定

内部稳定性分析采用简化计算方法,这是一种非常方便工程技术人员应用的方法,该方法的关键是正确确定破裂面的形状。土钉复合体潜在破裂面的理论确定十分复杂。综合目前国内外的土钉计算方法,破裂面的形状主要有以下几种:①朗肯破裂面;②圆弧形破裂面;③对数螺旋线破裂面;④双直线破裂面。

朗肯破裂面假定(见图 5-10)是最简单的一种假定。该方法认为加固土体沿与水平面成 $45° + \varphi/2$ 的夹角产生平面破裂,这种假定是根据重力式挡土墙背后土体为楔形破坏的特点类比得到的。但是,这一倾角搬到土钉支护中并不合适,因为土钉支护即使作为挡土墙也是指整个加固了的土钉墙体而非支护面层。根据德国 Karlsruhe 大学岩土力学研究所的大型土钉墙试验数据,这一假定高估了破坏面与地面交点离开面层的距离 S 值,使设计出的上部土钉长度增加,设计偏于保守。

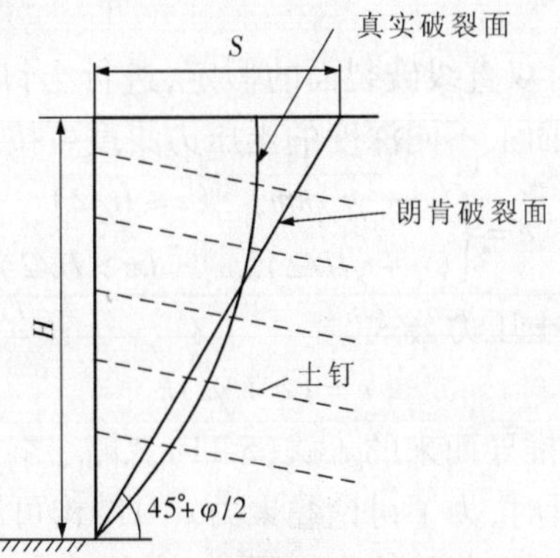

图 5-10　朗肯破裂面简图

由土钉的作用特点知道，土体加入土钉后将会构成复合体，破坏块体的下滑力和水平推力有相当大的一部分由与土体黏结在一起的土钉承受，或者说是由一种等效黏结力比原土体大的新材料来承担，土钉墙内的破裂面应该是曲线而不是直线。因此，圆弧形破裂面假定（如瑞典条分法和毕肖普法）或对数螺旋线破裂面假定较为合理，而且瑞典条分法或毕肖普法已成为目前工程中常用的边坡稳定性分析方法。实际上，根据试验数据和实测结果，目前最好的滑移面假定为陈惠发提出的对数螺旋线假定[71]。但因对数螺旋线破裂面计算起来比较复杂，很少被采用。

为了用简单的算法逼近这种边坡稳定的极限平衡状态，一些专家提出了双直线滑动面的设计方法，即认为破裂土体的滑动面由两条直线构成。我国太原煤炭设计院的王步云等通过对土钉支护进行原位试验和分析，提出了双直线破裂面的假定，认为破坏面与地面交点离开面层的距离为 $S=0.3H$（见图 5-11）。王步云结合土钉支护的现场监测成果，找出土压力分布规律并提出了相应的设计计算方法，目前在国内工程界得到了广泛应用，并将其设计计算方法称为王步云法[80]。图 5-12 为作用于土钉墙面层上的土压力和土钉复合体破裂面的王步云法简化模型。

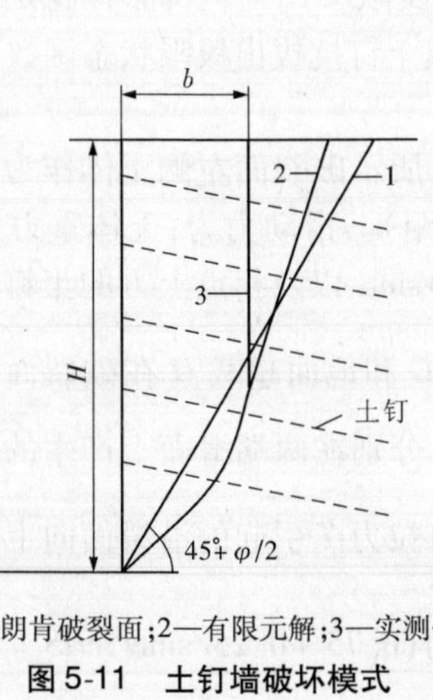

1—朗肯破裂面；2—有限元解；3—实测值

图 5-11　土钉墙破坏模式

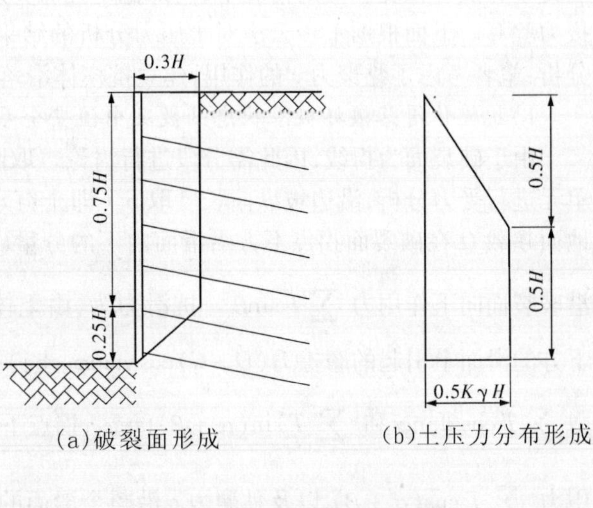

(a)破裂面形成　　(b)土压力分布形成

图 5-12　王步云法简化模型

5.2.3.2 土压力的确定

笔者采用王步云法中对双直线破裂面的假定,进行土钉支护结构内体内整体稳定性分析。根据王步云法,破裂面上不同深度的土压力集度可按式(5-11)确定

$$e=\begin{cases}(q+\gamma z)km_e & (z\leqslant H/2)\\(q+\gamma H/2)km_e & (z>H/2)\end{cases}\tag{5-11}$$

显然,这是由朗肯主动土压力公式

$$e=(q+\gamma z)k\tag{5-12}$$

增加了工作条件因数 m_e 后推导而来的。式(5-11)忽略了黏聚力 c,适于计算无黏性土压力。笔者在进行可靠度分析时,为了讨论黏聚力 c 对结构可靠度的影响,参照黏性土朗肯土压力理论,考虑了黏聚力所引起的拉力。因此,笔者对式(5-11)作了如下修改

$$e=\begin{cases}(q+\gamma z)km_e-2c\sqrt{k}m_e & (z\leqslant H/2)\\(q+\gamma H/2)km_e-2c\sqrt{k}m_e & (z>H/2)\end{cases}\tag{5-13}$$

式中,q 为坡顶均布荷载,kPa;γ、c、φ 分别为土的天然重度、黏聚力和内摩擦角;z 为土坡垂直高度,m;m_e 为工作条件因数,对使用期不超过两年的临时工程,$m_e=1.1$,对于永久工程,$m_e=1.2$;k 为土压力系数,$k=\frac{1}{2}(k_0+k_a)$,k_0 为静止土压力系数,$k_0=1-\sin\varphi$,k_a 为主动土压力系数,$k_a=\tan^2(45°-\varphi/2)$。

因而,可得整个面层所受土压力为

$$\begin{aligned}E_a&=\int_0^H eS_x\,\mathrm{d}z=\int_0^{\frac{H}{2}}[(q+\gamma z)k-2c\sqrt{k}]m_eS_x\,\mathrm{d}z+\int_{\frac{H}{2}}^{H}[(q+\gamma H/2)k-2c\sqrt{k}]m_eS_x\,\mathrm{d}z\\&=km_eHS_x(q+3\gamma H/8)-2c\sqrt{k}Hm_eS_x\end{aligned}\tag{5-14}$$

5.2.3.3 极限状态函数的建立

在体内破坏的几种主要的破坏类型(楔体滑落破坏、土钉拔出破坏、拉断破坏和面板破坏)中,拉断破坏和面板破坏是由土钉本身强度不足引起的,属于局部破坏。因此,在土钉本身设计强度满足的情况下,内部稳定性验算应包括:抗楔体滑落破坏验算和土钉抗拔力验算。下面根据王步云法对土压力分析的结果,基于文献[31]对内部整体稳定性的分析,笔者考虑了黏聚力 c 的作用,建立抗楔体滑落破坏及土钉抗拔出极限状态函数。

1)抗楔体滑落破坏极限状态函数及中值安全系数

由于破裂面为折线,因此需分段进行讨论。取图5-13所示破裂面左侧土体作为楔体单元进行受力分析,沿边坡纵向长度取 S_x(即土钉水平间距)。滑动力为:土体重力 G 和地面超载 Q 在破裂面拐点下方沿滑面向下的分量 $(Q+G)\sin\alpha$ 以及拐点上方的土钉拉力沿破裂面向下作用力 $\sum_{i=1}^{m}T_i\sin\beta$。抗滑力为:由土体重力 G 和地面超载 Q 在破裂面拐点下方的滑面上引起的摩擦力 $(Q+G)\cos\alpha\tan\varphi$、土钉拉力 T 分别在两端滑面上产生的摩擦力 $\sum_{i=1}^{m}T_i\cos\beta\tan\varphi$ 和 $\sum_{i=m+1}^{n}T_i\sin(\alpha+\beta)\tan\varphi$、拐点下方土钉拉力 T 引起的沿滑面向上的作用力 $\sum_{i=m+1}^{n}T_i\cos(\alpha+\beta)$ 以及黏聚力 c 沿整个滑面的作用力 $(0.75+0.25/\sin\alpha)cHS_x$。

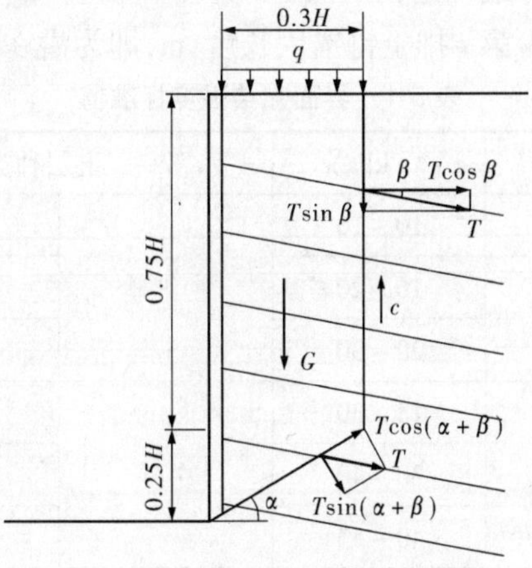

图 5-13　内部楔体滑落受力简图

因而,得滑动力 S 为

$$S = (Q + G)\sin\alpha + \sum_{i=1}^{m} T_i \sin\beta$$

抗滑力 R 为

$$R = (Q + G)\cos\alpha\tan\varphi + (0.75 + 0.25/\sin\alpha)cHS_x + \sum_{i=1}^{m} T_i\cos\beta\tan\varphi + \sum_{i=m+1}^{n} T_i\sin(\alpha+\beta)\tan\varphi + \sum_{i=m+1}^{n} T_i\cos(\alpha+\beta)$$

将 c、φ 等视为随机变量,S 即为荷载效应函数,R 为抗力函数,从而建立抗楔体滑落破坏极限状态函数

$$Z = (Q + G)\cos\alpha\tan\varphi + (0.75 + 0.25/\sin\alpha)cHS_x + \sum_{i=1}^{m} T_i\cos\beta\tan\varphi + \sum_{i=m+1}^{n} T_i\sin(\alpha+\beta)\tan\varphi + \sum_{i=m+1}^{n} T_i\cos(\alpha+\beta) - (Q+G)\sin\alpha - \sum_{i=1}^{m} T_i\sin\beta \tag{5-15}$$

则抗楔体滑落破坏的中值安全系数为

$$F_0 = \frac{R}{S} \tag{5-16}$$

式中,Q 为超载在单元上的合力,kN,$Q = 0.3HS_xq$;G 为单元重力,kN,$G = 0.262\,5\gamma H^2 S_x$;$\gamma$、$c$、$\varphi$ 分别为土的天然重度、黏聚力和内摩擦角;T_i 为第 i 根土钉的锚固力,$T_i = \pi D\tau L_{ei}\cos\beta$;$\tau$ 为土钉体的界面黏结强度,该强度值要通过试验或参照《建筑基坑支护技术规程》(JGJ 120—99)相关规定来确定(见表 5-1),而不能用一般库仑定律所表达的剪切强度;D 为土钉钻孔直径;S_x 为土钉横向间距,m;β 为土钉与水平面的夹角(°);α 为滑裂面底部与水平线夹角(°),$\alpha = \arctan\dfrac{0.25H}{0.3H} = 39.81°$;$m$ 为土钉与破裂面的交点在破裂面拐点上

方的土钉排数，可由下列不等式确定，$H-h_m \geqslant 0.3H(\tan\alpha+\tan\beta)$ 且 $H-h_{m+1}<0.3H(\tan\alpha+\tan\beta)$；$n$ 为土钉总排数；L_{ei} 为第 i 排土钉锚固长度，m，即为潜在滑裂面后的土钉长度。

表 5-1　界面黏结强度标准值

土层种类		τ（kPa）	土层种类		τ（kPa）
淤泥		10～16	粉细砂	稍密	20～40
淤泥质土		16～20		中密	40～60
填土		20～30		密实	60～80
黏性土	$I_L>1$	18～30	中砂	稍密	40～60
	$0.75<I_L\leqslant 1$	30～40		中密	60～70
	$0.50<I_L\leqslant 0.75$	40～53		密实	70～90
	$0.25<I_L\leqslant 0.50$	53～65	粗砂	稍密	60～90
	$0<I_L\leqslant 0.25$	65～73		中密	90～120
	$I_L\leqslant 0$	73～80		密实	120～150
粉土	$e>0.90$	20～40	砾砂	中密、密实	130～160
	$0.75<e\leqslant 0.90$	40～60			
	$e\leqslant 0.75$	60～90			

注：表中数据作为低压注浆时的极限黏结强度标准值。

根据图 5-14，L_{ei} 可由式（5-17）的分段函数确定

$$L_{ei}=\begin{cases} L_i-0.3H/\cos\beta & (H-h_i\geqslant 0.3H(\tan\alpha+\tan\beta)) \\ L_i-(H-h_i)\dfrac{\cos\alpha}{\sin(\alpha+\beta)} & (H-h_i<0.3H(\tan\alpha+\tan\beta)) \end{cases} \tag{5-17}$$

式中，h_i 为第 i 根土钉到坡顶的距离；L_i 为第 i 根土钉的长度。

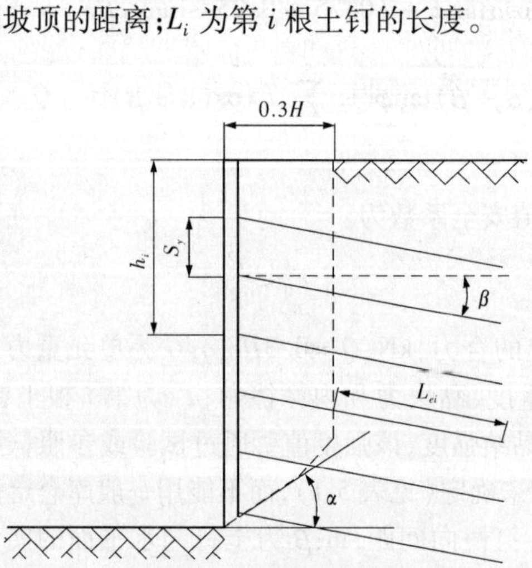

图 5-14　L_{ei} 的确定

2）土钉整体抗拔出极限状态函数和中值安全系数

土钉墙内的土钉通过界面摩阻力向土体提供拉力的同时，潜在滑裂面后的土压力对土体也施加了压力作用，因此还需要验算土钉抗拔出的能力。土钉的抗拔力即为土钉所提供的界面摩阻力的合力 T，即

$$T = \sum_{i=1}^{n} (\pi D \tau L_{ei} \cos\beta)$$

拔出力为潜在滑裂面后的土压力 E_a，即

$$E_a = km_e HS_x(q + 3\gamma H/8) - 2c\sqrt{k}m_e HS_x$$

将 c、φ 等视为随机变量，T 即为荷载效应函数 S，E_a 为抗力函数 R，从而建立土钉整体抗拔出破坏极限状态函数

$$Z = R - S = T - E_a = \sum_{i=1}^{n} (\pi D \tau L_{ei} \cos\beta) - km_e HS_x(q + 3\gamma H/8) + 2c\sqrt{k}m_e HS_x \tag{5-18}$$

则土钉整体抗拔出中值安全系数为

$$F_0 = \frac{T}{E_a} = \frac{\sum_{i=1}^{n} (\pi D \tau L_{ei} \cos\beta)}{km_e HS_x(q + 3\gamma H/8) - 2c\sqrt{k}m_e HS_x} \tag{5-19}$$

式中，各符号意义同式（5-13）和式（5-16）中符号说明。

3）土钉单根抗拔出破坏功能函数

在面层土压力作用下，土钉墙内部潜在滑裂面后的有效锚固段应具有足够的界面摩阻力而使土钉不被拔出，除了要满足整体抗拔稳定性，为了优化设计，还需进行单根土钉抗拔力验算。设第 i 根土钉锚固力为 T_i，第 i 根土钉支撑范围内面层上的土压力为 E_i，则求解可靠度的抗力函数可表示为

$$R_i = T_i = \pi D \tau L_{ei} \cos\beta \quad (i = 1, 2, \cdots, n)$$

荷载作用效应函数表示为

$$S_i = E_i$$

因而，土钉单根抗拔出极限状态函数为

$$Z = T_i - E_i \tag{5-20}$$

则单根土钉抗拔出安全系数

$$F_0 = \frac{T_i}{E_i} \tag{5-21}$$

式中，各符号意义同式（5-13）和式（5-16）中符号说明。

根据王步云法的土压力的分布形式，在基坑的 $\frac{H}{2}$ 深度范围内土压力呈三角形分布，在 $\frac{H}{2}$ 深度范围外土压力呈矩形分布，因此 E_i 可按下列方法确定：

（1）若第 1 根土钉的支撑范围未超过 $\frac{H}{2}$ 深度，即 $h_1 + \frac{1}{2}S_y \leqslant \frac{H}{2}$，则

$$E_i = \int_0^{h_1+\frac{1}{2}S_y} m_e S_x[k(q+\gamma z)-2c\sqrt{k}]\mathrm{d}z$$
$$= m_e k S_x\left(h_1+\frac{1}{2}S_y\right)\left[q+\frac{1}{2}\gamma\left(h_1+\frac{1}{2}S_y\right)\right]-2cm_e S_x\left(h_1+\frac{1}{2}S_y\right)\sqrt{k}$$

(2)若第 1 根土钉的支撑范围超过$\frac{H}{2}$深度,即 $h_1+\frac{1}{2}S_y>\frac{H}{2}$,则

$$E_i = \int_0^{\frac{H}{2}} m_e S_x[k(q+\gamma z)-2c\sqrt{k}]\mathrm{d}z+\int_{\frac{H}{2}}^{h_1+\frac{1}{2}S_y} m_e S_x\left[k\left(q+\frac{1}{2}\gamma H\right)-2c\sqrt{k}\right]\mathrm{d}z$$
$$= m_e k S_x\left[q\left(h_1+\frac{1}{2}S_y\right)+\frac{1}{2}\gamma H\left(h_1+\frac{1}{2}S_y-\frac{1}{4}H\right)\right]-2cm_e S_x\left(h_1+\frac{1}{2}S_y\right)\sqrt{k}$$

(3)若第 i 根土钉的支撑范围未超过$\frac{H}{2}$深度,即 $h_i+\frac{1}{2}S_y\leqslant\frac{H}{2}(i<n)$,则

$$E_i = \int_{h_i-\frac{1}{2}S_y}^{h_i+\frac{1}{2}S_y} m_e S_x[k(q+\gamma z)-2c\sqrt{k}]\mathrm{d}z$$
$$= m_e S_x S_y[k(q+\gamma h_i)-2c\sqrt{k}]$$

(4)若第 i 根土钉的支撑范围一部分在$\frac{H}{2}$深度内,而另一部分在$\frac{H}{2}$深度外,即 $h_i-\frac{1}{2}S_y<\frac{H}{2}$,且$h_i+\frac{1}{2}S_y>\frac{H}{2}$,有

$$E_i = \int_{h_i-\frac{1}{2}S_y}^{\frac{H}{2}} m_e S_x[k(q+\gamma z)-2c\sqrt{k}]\mathrm{d}z+\int_{\frac{H}{2}}^{h_i+\frac{1}{2}S_y} m_e S_x\left[k\left(q+\frac{1}{2}\gamma H\right)-2c\sqrt{k}\right]\mathrm{d}z$$
$$= m_e k S_x\left\{qS_y+\frac{1}{2}\gamma\left[H\left(h_i+\frac{1}{2}S_y-\frac{1}{4}H\right)-\left(h_i-\frac{1}{2}S_y\right)^2\right]\right\}-2cm_e S_x S_y\sqrt{k}$$

(5)若第 i 根土钉的支撑范围超过$\frac{H}{2}$深度,即 $h_i-\frac{1}{2}S_y>\frac{H}{2}$,则

$$E_i = \int_{h_i-\frac{1}{2}S_y}^{h_i+\frac{1}{2}S_y} m_e S_x\left[k\left(q+\frac{1}{2}\gamma H\right)-2c\sqrt{k}\right]\mathrm{d}z$$
$$= m_e S_x S_y\left[k\left(q+\frac{1}{2}\gamma H\right)-2c\sqrt{k}\right]$$

(6)对于第 n 根土钉,其支撑范围为从 $h_n-\frac{1}{2}S_y$ 一直到坡底,则有

$$E_n = \int_{h_n-\frac{1}{2}S_y}^{H} m_e S_x\left[k\left(q+\frac{1}{2}\gamma H\right)-2c\sqrt{k}\right]\mathrm{d}z$$
$$= m_e S_x\left[k\left(q+\frac{1}{2}\gamma H\right)-2c\sqrt{k}\right]\left(H-h_n+\frac{1}{2}S_y\right)$$

归纳起来 E_i 可表示为下式

$$
E_i=\begin{cases}
m_e k S_x\left(h_1+\frac{1}{2}S_y\right)\left[q+\frac{1}{2}\gamma\left(h_1+\frac{1}{2}S_y\right)\right]-2cm_eS_x\left(h_1+\frac{1}{2}S_y\right)\sqrt{k}, \\
\qquad i=1,\text{且 } h_1+\frac{1}{2}S_y\leqslant\frac{H}{2}; \\
m_e k S_x\left[q\left(h_1+\frac{1}{2}S_y\right)+\frac{1}{2}\gamma H\left(h_1+\frac{1}{2}S_y-\frac{1}{4}H\right)\right]-2cm_eS_x\left(h_1+\frac{1}{2}S_y\right)\sqrt{k}, \\
\qquad i=1,\text{且 } h_1+\frac{1}{2}S_y>\frac{H}{2}; \\
m_eS_xS_y\left[k(q+\gamma h_i)-2c\sqrt{k}\right],1<i<n,\text{且 } h_i+\frac{1}{2}S_y\leqslant\frac{H}{2}; \\
m_e k S_x\left\{qS_y+\frac{1}{2}\gamma\left[H\left(h_i+\frac{1}{2}S_y-\frac{1}{4}H\right)-\left(h_i-\frac{1}{2}S_y\right)^2\right]\right\}-2cm_eS_xS_y\sqrt{k}, \\
\qquad 1<i<n,\text{且 } h_i-\frac{1}{2}S_y<\frac{H}{2},\text{且 } h_i+\frac{1}{2}S_y>\frac{H}{2}; \\
m_eS_xS_y\left[k\left(q+\frac{1}{2}\gamma H\right)-2c\sqrt{k}\right],1<i<n,\text{且 } h_i-\frac{1}{2}S_y>\frac{H}{2}; \\
m_eS_x\left[k\left(q+\frac{1}{2}\gamma H\right)-2c\sqrt{k}\right]\left(H-h_n+\frac{1}{2}S_y\right),i=n
\end{cases} \tag{5-22}
$$

式中,各符号意义同式(5-13)和式(5-16)中符号说明。

5.3 土钉支护结构体系稳定性可靠度分析

5.3.1 支护结构体系极限状态函数

土钉支护结构的破坏形式主要有:平移、倾覆、沿基底挤滑、内部整体失稳、土钉拔出等破坏。只要其中的一种破坏发生,则整个基坑工程结构即宣告失稳。因此,基坑稳定性是一个多元模式的稳定问题[81]。每一种破坏形式都用一个极限状态函数 $g(R,S)$ 表示,对于第 i 种基坑破坏形式,其极限状态函数为

$$g_i(R_i,S_i)=R_i-S_i \quad (i=1,2,\cdots,m) \tag{5-23}$$

式中,R_i 为结构抗力;S_i 为荷载效应。

当 $g_i(R_i,S_i)>0$ 时,则支护结构安全;当 $g_i(R_i,S_i)=0$ 时,则结构处于极限平衡状态;当 $g_i(R_i,S_i)<0$ 时,则支护结构破坏。对于每一种破坏形式,结构破坏的概率就是其状态函数 $g_i(R_i,S_i)<0$ 出现的概率,用 P_{fi} 表示其破坏概率,其表达式为

$$P_{fi}=P[g_i(R_i,S_i)<0]=\Phi(-\beta_i)=1-\Phi(\beta_i) \tag{5-24}$$

式中,β_i 为第 i 种失稳模式下的可靠指标;$\Phi(\beta_i)$ 为概率分布函数。

当一个支护结构具有 m 种破坏形式时,由概率理论可知,它的破坏概率为

$$P_f=P[(g_1<0)\cup(g_2<0)\cup\cdots\cup(g_m<0)] \tag{5-25}$$

5.3.2 支护结构体系破坏概率的计算方法

直接利用式(5-25)进行结构体系破坏概率计算一般很困难,因此常采用一些实用的近似计算方法。目前用于计算结构体系可靠度的方法很多,常用的有 Stevenson - Moses 法、Monte - Carlo 法、Gorman - Moses 法、Ditleven 法、近似计算法、随机有限元法等[82]。其中,Stevenson - Moses 法是一种利用塑性铰机构求解结构体系可靠度的方法;Monte - Carlo 法是目前常用的一种高速计算方法;Gorman - Moses 法是在简化的基础上,认为在同等条件下,功能函数值最小的机构首先发生破坏,从而引起结构体系的破坏;Ditleven 法是针对一般结构体系失效概率界限过宽的情况,提出结构体系失效概率的窄界范围;近似计算法是利用条件概率理论和数值分析法,提出一种能够较好地考虑失效机构之间相关性的结构体系失效率的点值近似估算方法;随机有限元法是目前用于结构分析的精确方法。

针对基坑支护结构体系可靠度的计算,下面简要介绍文献[81]中的 Stevenson - Moses法及 Slope/W 边坡分析软件采用的 Monte - Carlo 法。

5.3.2.1 Stevenson - Moses 法

按 Stevenson - Moses 法,当 m 种破坏形式完全统计相关时,有

$$P_f = \max P_{fi} \quad (i = 1, 2, \cdots, m) \tag{5-26}$$

当 m 种失稳模式完全统计独立时,有

$$P_f = 1 - \prod_{i=1}^{m} (1 - P_{fi}) \tag{5-27}$$

A. H - S. Ang 等认为,由于结构体系之间通常既不完全统计相关,也不完全统计独立,而是处于两者之间,所以可以用这两种极端情况作为基坑支护结构体系破坏概率的界限范围,可由下式求得,即

$$\max P_{fi} \leqslant P_f \leqslant 1 - \prod_{i=1}^{m} (1 - P_{fi}) \tag{5-28}$$

笔者对土钉支护结构的稳定性验算的同时考虑了外部稳定和内部稳定。其中,外部稳定性分析包括抗水平滑移、抗倾覆、墙下地基承载力验算;内部稳定性分析包括土钉抗拔出稳定性和内部整体稳定性验算。因此,土钉支护结构多元体系失效概率的界限范围可由下式求得

$$\max P_{fi} \leqslant P_f \leqslant 1 - \prod_{i=1}^{5} (1 - P_{fi}) \tag{5-29}$$

其中,$P_{fi}(i = 1, 2, \cdots, 5)$分别指水平滑移、倾覆、墙下地基承载力不足、土钉拔出和沿破裂面整体滑落的失效概率。

5.3.2.2 Monte - Carlo 法

笔者采用的 Monte - Carlo 法是基于一种软件产品——Slope/W 来完成的。Slope/W 是一种利用极限平衡理论计算土质边坡和岩质边坡安全系数的计算软件。采用 Slope/W 的 Monte - Carlo 法进行概率分析时,对于输入的基本参数,需考虑其均值和标准差。其基本思想是:基于极限平衡理论,假设基本参数服从正态分布,首先由基本参数的均值确定

临界滑动面,然后在该临界滑动面上进行概率分析。每一次 Monte – Carlo 试验的进行,都需要通过规格化的随机数输入更新一次输入参数,然后基于这些被更新的输入参数计算一次安全系数。通过假设安全系数也为正态分布,确定安全系数的均值和标准差。最后的概率分析结果可以通过正态曲线表示出来。

Slope/W 采用 Monte – Carlo 法进行概率分析的特点可归纳为:

(1)采用基本参数的均值和标准差。

(2)假设基本参数均服从正态分布。

(3)最后的分析结果能够给出结构的体系可靠度和平均安全系数。

第6章 可靠度程序设计及实例分析

6.1 可靠度程序设计

运用第3章介绍的实用分析法进行结构可靠度计算,有必要借助计算机程序来完成。笔者在 Windows 2000/XP 操作系统下,基于 Visual Basic 6.0 语言,编制了基坑土钉支护结构可靠度计算程序。该程序主要有以下三个基本功能:

(1)能够根据输入的土性参数和土钉支护结构的设计参数,计算出整体滑动、整体倾覆、土钉整体拔出、土钉单根抗拔和楔体滑落五种破坏形式下的可靠指标、失效概率、中值安全系数以及黏聚力 c、内摩擦角 φ、界面黏结强度 τ 的灵敏系数。

(2)能够根据安全系数进行土钉支护结构设计。

(3)可以进行土层黏聚力 c 和内摩擦角 φ 实际分布情况下的可靠度分析,例如可分别考虑 c、φ 服从正态分布、对数正态分布以及极值 I 型分布。界面黏结强度 τ 只考虑其正态分布。

该计算程序是按照第3章实用分析法的计算步骤,根据第5章基坑支护结构在各破坏形式下所建立的极限状态函数编制的。现将程序计算流程图及所依据的极限状态函数简要介绍如下。

6.1.1 程序流程图

程序共600多句,具有界面清晰、可操作性强的特点,并通过工程实例分析验证了采用实用分析法进行土钉支护结构的可行性。如图6-1所示为可靠度程序设计的流程图。

6.1.2 编程依据

6.1.2.1 整体抗滑动稳定性验算

根据第5章5.2.3节的整体抗滑破坏极限状态函数

$$Z = B(\gamma H + q)\tan\varphi + cB - [(\gamma H^2/2 + qH)\tan^2(45° - \varphi/2) - 2cH\tan(45° - \varphi/2)] \tag{6-1}$$

将 c、φ 等作为随机变量,按照实用分析法的计算步骤分别求其偏导数,计算整体抗滑动破坏的可靠指标 β 和失效概率 P_f。

根据中值安全系数的表达式

$$F_0 = \frac{B(\gamma H + q)\tan\varphi + cB}{(\gamma H^2/2 + qH)\tan^2(45° - \varphi/2) - 2cH\tan(45° - \varphi/2)} \tag{6-2}$$

计算支护结构整体抗滑动中值安全系数 F_0。

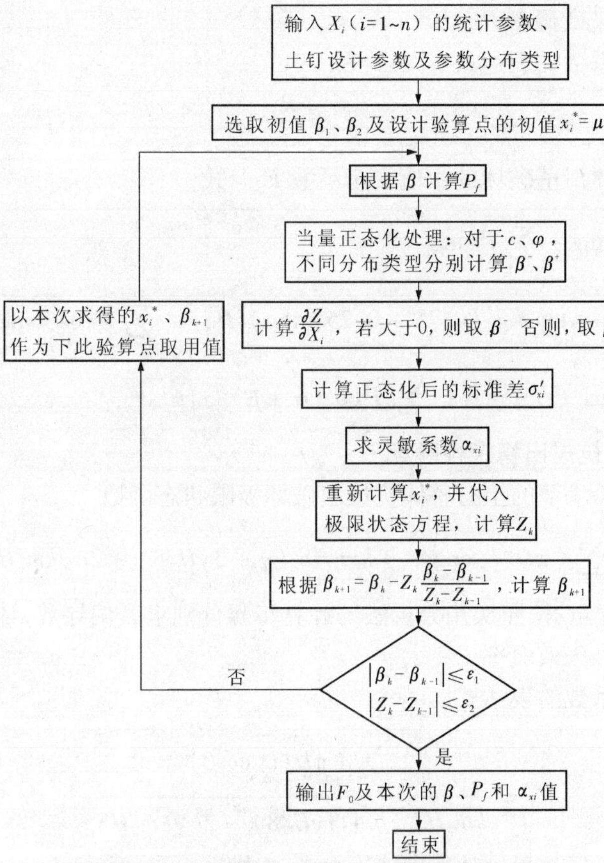

图6-1　实用分析法可靠度计算程序流程图

6.1.2.2　整体抗倾覆稳定性验算

根据第5章5.2.3节的抗倾覆破坏限状态函数

$$Z=B^2(\gamma H+q)/2-[H(\gamma H^2/2+qH)\tan^2(45°-\varphi/2)-2cH^2\tan(45°-\varphi/2)]/3 \quad (6\text{-}3)$$

将c、φ等作为随机变量，按照实用分析法的计算步骤分别求其偏导数，计算整体抗倾覆破坏的可靠指标β和失效概率P_f。

根据中值安全系数的表达式

$$F_0=\frac{B^2(\gamma H+q)/2}{[H(\gamma H^2/2+qH)\tan^2(45°-\varphi/2)-2cH^2\tan(45°-\varphi/2)]/3} \quad (6\text{-}4)$$

计算支护结构抗倾覆破坏的中值安全系数F_0。

6.1.2.3　抗楔体滑落稳定性验算

根据第5章5.2.4节的抗楔体滑落极限状态函数

$$Z=(Q+G)\cos\alpha\tan\varphi+(0.75+0.25/\sin\alpha)cHS_x+\sum_{i=1}^{m}T_i\cos\beta\tan\varphi+$$

$$\sum_{i=m+1}^{n}T_i\sin(\alpha+\beta)\tan\varphi+\sum_{i=m+1}^{n}T_i\cos(\alpha+\beta)-(Q+G)\sin\alpha-\sum_{i=1}^{m}T_i\sin\beta \quad (6\text{-}5)$$

将c、φ等作为随机变量，按照实用分析法的计算步骤分别求其偏导数，计算抗楔体滑落破

坏的可靠指标 β 和失效概率 P_f。

根据中值安全系数的表达式

$$F_0 = \frac{R}{S} \tag{6-6}$$

计算支护结构抗楔体滑落破坏的中值安全系数 F_0。式中

$$S = (Q + G)\sin\alpha + \sum_{i=1}^{m} T_i \sin\beta$$

$$R = (Q + G)\cos\alpha\tan\varphi + (0.75 + 0.25/\sin\alpha) cHS_x + \sum_{i=1}^{m} T_i \cos\beta\tan\varphi + \sum_{i=m+1}^{n} T_i \sin(\alpha + \beta)\tan\varphi + \sum_{i=m+1}^{n} T_i \cos(\alpha + \beta)$$

6.1.2.4　土钉整体抗拔出稳定性验算

根据第5章5.2.4节的土钉整体抗拔出破坏极限状态函数

$$Z = \sum_{i=1}^{n} (\pi D\tau L_{ei}\cos\beta) - km_e HS_x (q + 3\gamma H/8) + 2c\sqrt{k}m_e HS_x \tag{6-7}$$

将 c、τ 等作为随机变量，按照实用分析法的计算步骤分别求其偏导数，计算土钉整体抗拔破坏的可靠指标 β 和失效概率 P_f。

根据中值安全系数的表达式

$$F_0 = \frac{\sum_{i=1}^{n} (\pi D\tau L_{ei}\cos\beta)}{km_e HS_x (q + 3\gamma H/8) - 2c\sqrt{k}m_e HS_x} \tag{6-8}$$

计算支护结构土钉整体抗拔破坏的中值安全系数 F_0。

6.1.2.5　土钉单根抗拔出稳定性验算

根据第5章5.2.4节的土钉单根抗拔出破坏的极限状态函数

$$Z = \pi D\tau L_{ei}\cos\beta - E_i \tag{6-9}$$

将 c、τ 等作为随机变量，按照实用分析法的计算步骤分别求其偏导数，计算土钉单根抗拔破坏的可靠指标 β 和失效概率 P_f。

根据中值安全系数的表达式

$$F_0 = \frac{\pi D\tau L_{ei}\cos\beta}{E_i} \tag{6-10}$$

计算单根土钉抗拔出破坏的中值安全系数 F_0。

以上各式中各符号意义如下：q 为坡顶均布荷载，kPa；γ、c、φ 分别为土的天然重度、黏聚力和内摩擦角；z、H 分别为计算点深度和基坑深度，m；m_e 为工作条件因数，对使用期不超过两年的临时工程，$m_e = 1.1$，对于永久工程，$m_e = 1.2$；k 为土压力系数；Q、G 分别为地面超载在单元上的合力和单元重力，kN；D 为土钉钻孔直径，m；S_x 为土钉横向间距，m；β 为土钉与水平面的夹角(°)；α 为滑裂面底部与水平线夹角(°)；m、n 分别为土钉与破裂面的交点在破裂面拐点上方的土钉排数和土钉总排数；T_i 为第 i 根土钉的锚固力，kN；τ 为土钉体的界面黏结强度，kPa；L_{ei}为第 i 排土钉锚固长度，m，即为潜在滑裂面后的土钉长度；E_i 为第 i 根土钉支撑范围内面层上的土压力，kN。

6.2 工程实例

6.2.1 工程概况

下面仍以本书第 4 章 4.2.3 节中介绍的郑东新区某工程为例，为方便计算，将该工程场地土层简化为理想的均质土层，其物理力学指标为：土的重度均值 $\gamma = 18.25\ kN/m^3$；黏聚力的均值 $c = 11\ kPa$，标准差 $\sigma = 5.13\ kPa$；内摩擦角的均值 $\varphi = 26°$，标准差 $\sigma = 3.7°$；超载 $q = 20\ kPa$；界面黏结强度的均值 $\tau = 45.25\ kPa$，标准差 $\sigma = 10\ kPa$。

土钉支护设计坡高 9.0 m，坡顶均布荷载 20.0 kPa，地下水埋深为 10.0 m，共设置 6 排土钉，土钉水平间距 1.5 m，垂直间距 1.4 m，首排埋深 1.4 m，钻孔直径 0.15 m，土钉长 8.0 m，倾角 10°。

根据第 4 章的分析结果，各变量的分布类型：c 为对数正态分布，φ、τ 为正态分布。

6.2.2 计算结果分析

由于本例基坑深部不存在薄弱土层，不需作地基承载力稳定性验算。将 6.1 节中的物理力学参数和土钉支护设计参数输入实用分析法可靠度计算程序，分别进行支护结构的整体抗滑、整体抗倾覆、土钉整体抗拔、土钉单根抗拔和抗楔体滑落验算，即可得出各种破坏形式下的失效概率 P_f、可靠度指标 β 和中值安全系数 F_0（见表 6-1）。

表 6-1 基坑土钉支护结构稳定可靠性验算结果

验算类别		可靠指标 β	失效概率 P_f	中值安全系数 F_0
整体抗滑		3.260	5.563×10^{-4}	3.080
整体抗倾覆		12.493	0	6.780
土钉整体抗拔		5.238	8.138×10^{-7}	2.168
抗楔体滑落		5.103	1.676×10^{-7}	1.866
土钉单根抗拔	第 1 排	6.336	1.182×10^{-10}	2.281
	第 2 排	6.854	3.598×10^{-12}	2.694
	第 3 排	3.523	2.135×10^{-4}	1.662
	第 4 排	2.799	2.566×10^{-3}	1.508
	第 5 排	3.713	1.024×10^{-4}	1.718
	第 6 排	5.776	3.828×10^{-9}	2.285

（1）由表 6-1 知，抗倾覆中值安全系数 $F_0 = 6.78 > 1.5$，其他各安全系数 $F_0 > 1.3$，因此表 6-1 中的中值安全系数计算结果均满足要求。参照表 3-2、表 3-3，该工程安全等级为二级，目标可靠指标应取 $\beta_0 = 2.9$。在整体稳定性验算中，以整体抗滑可靠度最小，可靠指标 $\beta = 3.260 > \beta_0$，所以判断整体稳定性设计满足要求，且设计较为保守。在单根土钉

抗拔出验算中，除了第 4 排 $\beta = 2.799 < \beta_0$ 外，其余各排均满足要求。但是考虑到土钉是依靠群体起作用的，可允许个别土钉 β 值略小于 β_0，因此该土钉支护结构达到安全设计要求。

（2）从上述判断可知，各项中值安全系数均满足要求，而个别可靠指标却出现不满足（如第 4 排土钉抗拔验算）或偏小（如整体抗滑验算）现象。这体现了可靠度计算中变异系数起作用的结果，从而说明了传统安全系数法的不足。

（3）由土钉单根抗拔验算结果可以看出，第 1、2 排和最后一排中值安全系数 F_0 值较大，第 3、4 排 F_0 值较小，而且可靠指标 β 也表现出了同样的规律，这为基坑土钉支护设计时，上部和下部土钉通常较短，而中间较长提供了依据。同时，也体现了可靠度与传统的定值法评价基坑稳定性的一致性。

（4）从表 6-2 中我们发现，参数 c、φ、τ 的灵敏系数存在着这样的规律：φ 的灵敏系数比较大，为对应 c 的灵敏系数的几十倍；τ 的灵敏系数较小，介于对应 c 的灵敏系数的 2 ~ 4 倍；c 的灵敏系数最小。那么，各参数的灵敏系数的大小与结构的可靠度是否存在着一定的关系，有什么样的影响？抗剪强度及钉土界面黏结强度参数的均值、变异性、分布类型以及参数之间的相关性对可靠指标有何影响？可靠指标与变异系数的关系如何？这些问题尚需进一步讨论。

表 6-2　各参数的灵敏系数

验算类别		c 的灵敏系数	φ 的灵敏系数	τ 的灵敏系数
整体抗滑		6.2609×10^{-3}	0.999 979	—
整体抗倾覆		1.6307×10^{-3}	0.999 999	—
土钉整体抗拔		1.0382×10^{-2}	0.999 086	4.1454×10^{-2}
抗楔体滑落		6.6717×10^{-3}	0.999 907	1.1889×10^{-2}
单根抗拔	第 1 排	2.0902×10^{-2}	0.995 429	9.3193×10^{-2}
	第 2 排	1.0149×10^{-2}	0.998 841	4.7051×10^{-2}
	第 3 排	1.1329×10^{-2}	0.999 453	3.1077×10^{-2}
	第 4 排	1.3639×10^{-2}	0.999 165	3.8522×10^{-2}
	第 5 排	1.1762×10^{-2}	0.998 844	4.6617×10^{-2}
	第 6 排	1.1584×10^{-2}	0.998 285	5.7376×10^{-2}

6.2.3　多元支护结构体系可靠度分析

6.2.3.1　Slope/W 模拟计算体系可靠度

Slope/W 为结构的概率分析提供了一种独立的计算方法——Monte - Carlo 法。利用该方法进行土钉支护结构稳定性分析时，将土钉墙失稳破坏看做类似普通边坡的破坏，各变量均服从正态分布，从分析结果中可得到支护结构总的安全系数、失效概率和可靠指标。

现采用 Slope/W 对上述工程实例进行二维数值模拟，破坏面为圆弧滑裂面，其他条件不变。模拟试验时，设定抽样试验 50 000 次，精确到 0.01，计算得：

平均安全系数：$F_0 = 1.889$；

可靠指标：$\beta = 3.307$；

失效概率：$P_f = 0.046\ 9\%$。

圆弧形临界破裂面（见图 6-2）通过坡脚，与基坑顶部交点距基坑边缘约 5.5 m。

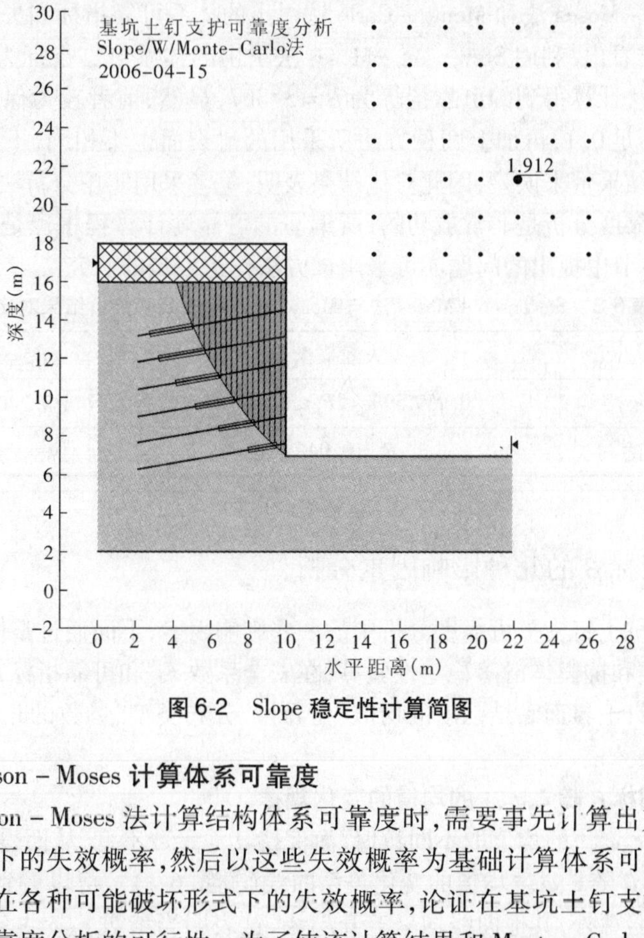

图 6-2　Slope 稳定性计算简图

6.2.3.2　Stevenson－Moses 计算体系可靠度

采用 Stevenson－Moses 法计算结构体系可靠度时，需要事先计算出支护结构在各种可能的破坏形式下的失效概率，然后以这些失效概率为基础计算体系可靠度。笔者利用实用分析法计算在各种可能破坏形式下的失效概率，论证在基坑土钉支护结构中采用实用分析法进行可靠度分析的可行性。为了使该计算结果和 Monte－Carlo 法的计算结果具有可比性，将程序中输入的各随机变量均设为正态分布，从而得：

土钉整体滑动破坏概率：$P_{f1} = 5.959 \times 10^{-4}$，$\beta_1 = 3.240\ 8$；

土钉整体倾覆破坏概率：$P_{f2} \approx 0$，$\beta_2 = 12.431$；

土钉整体拔出破坏概率：$P_{f3} = 2.063 \times 10^{-7}$，$\beta_3 = 5.063$；

土钉墙内部楔体滑落破坏概率：$P_{f4} = 2.481 \times 10^{-7}$，$\beta_4 = 5.027\ 7$。

按照本书 5.3.2 节介绍的 Stevenson－Moses 法，计算结构体系的失效概率界限范围。

假设这几种破坏形式完全统计相关，则结构体系破坏概率为

$$P_f = \max P_{fi} = P_{f1} = 5.959 \times 10^{-4} = 0.059\ 59\%$$

假设这几种破坏形式完全统计独立，则结构体系破坏概率为

$$1-\prod_{i=1}^{4}(1-P_{fi}) = 1-(1-5.959\times10^{-4})\times(1-0)\times(1-2.063\times10^{-7})\times(1-2.481\times10^{-7}) = 0.059\,64\%$$

从而得体系可靠度的界限范围为

$$0.059\,59\% \leqslant P_f \leqslant 0.059\,64\%$$

6.2.3.3 两种方法计算结果对比分析

将 Stevenson－Moses 法和 Monte－Carlo 法得出的体系可靠指标和失效概率计算结果列入表6-3。不难看出，利用 Stevenson－Moses 法求出的体系可靠指标为 $\beta=3.241$，而利用 Monte－Carlo 法计算得到的可靠指标为 $\beta=3.307$，显然，前者较为保守。但是由于两者相差甚微，尚不足0.1，再加上两种方法所采用的滑裂面也不相同，不同的滑裂面假定也必然会为计算结果带来误差，因此对比结果表明，笔者采用实用分析法对深基坑土钉支护结构进行的可靠度分析是非常成功的，所编写的可靠度计算程序也是十分有效的。因此，对于第6.2.2节中提出的问题亦可采用该方法作进一步的研究。

表6-3 Stevenson－Moses 法与 Monte－Carlo 法概率分析结果对比

分析方法	失效概率 P_f	可靠指标 β
Stevenson－Moses 法	$0.059\,59\% \leqslant P_f \leqslant 0.059\,64\%$	$3.240\,6 < \beta < 3.240\,8$
Monte－Carlo 法	$P_f = 0.046\,9\%$	$\beta = 3.307$

6.2.4 可靠指标 β 的几种影响因素分析

为了研究基坑土钉支护可靠度分析中的一些影响因素，下面通过整体抗滑、整体抗倾覆、土钉整体抗拔和抗楔体滑落稳定性验算，在安全系数 F_0 和可靠指标 β 的计算中，寻找抗剪强度指标和钉土界面黏结强度的均值、变异性、分布类型、参数的相关性等因素的影响规律。

6.2.4.1 可靠指标 β 随 c、φ、τ 的均值的变化规律

分别令参数 c、φ、τ 的均值取不同数值，而保持其他参数不变，从而得到一系列的可靠指标 β，分别作出 β 随 c、φ、τ 均值的变化关系曲线（见图6-3）。可以看到，除了图6-3(b)中的整体抗倾覆验算外，其他曲线均呈上升趋势，这表明当参数 c、φ、τ 分别逐渐增大时，四种验算中的可靠指标 β 基本均表现出增大的趋势。

6.2.4.2 可靠指标 β 随 c、φ、τ 的变异系数的变化规律

分别令参数 c、φ、τ 的变异系数 δ_c、δ_φ、δ_τ 取不同数值，而固定输入的其他参数不变，得到一系列的可靠指标 β，作 β 随 δ_c、δ_φ、δ_τ 的变化关系曲线（见图6-4）。显而易见，各验算指标 β 均随参数 c、φ、τ 的变异系数的增大均呈递减趋势。其中，图6-4(a)显示，可靠指标 β 随 c 的变异系数 δ_c 的变化曲线几乎水平，这说明黏聚力 c 的变异性对支护结构的可靠度影响非常小，因此 c 的变异性对 β 的影响几乎可以忽略不计；图6-4(b)显示，可靠指标 β 随 φ 的变异系数 δ_φ 的增大而呈凹向下的近似抛物线的形状递减，其递减速度尤其是抗倾覆验算相对较快，表明内摩擦角 φ 的变异性对支护结构的可靠度影响比较大，且

随 φ 的变异系数的增大，结构可靠度减小，故 φ 的变异性对 β 的影响不容忽视；图 6-4(c)显示，可靠指标 β 随 τ 的变异系数 δ_τ 的增大而呈凸向上的近似抛物线的形状递减，这表明支护结构可靠度随钉土黏结强度的增加呈增大趋势。另外，根据曲线的递减速度，我们很容易判断出：φ 的变异性对结构可靠的影响比较大；τ 的变异性的影响次之；而 c 的变异性

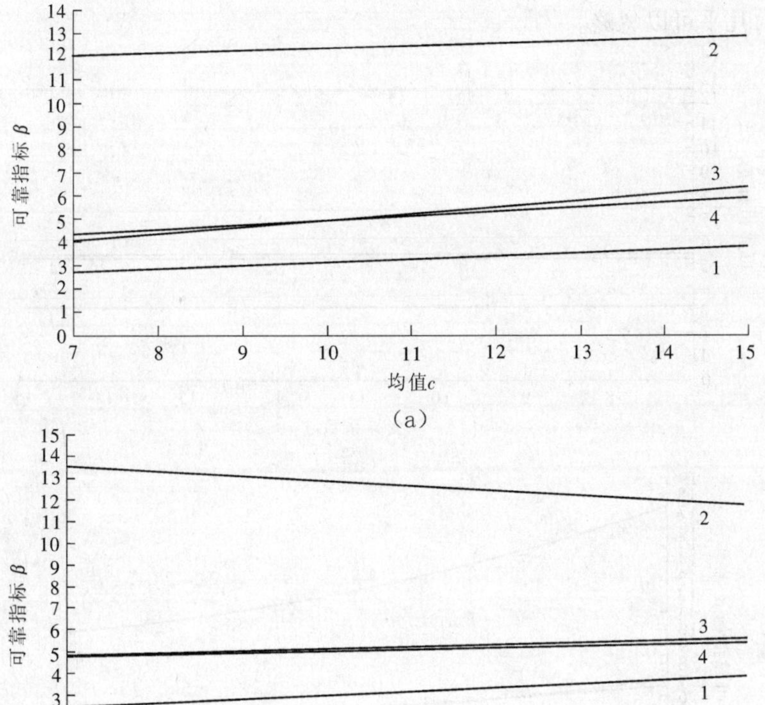

1—整体抗滑；2—整体抗倾覆；3—土钉整体抗拔；4—抗楔体滑落

图 6-3　可靠指标 β 随 c、φ、τ 的均值变化关系曲线

的影响最小，几乎可以忽略。

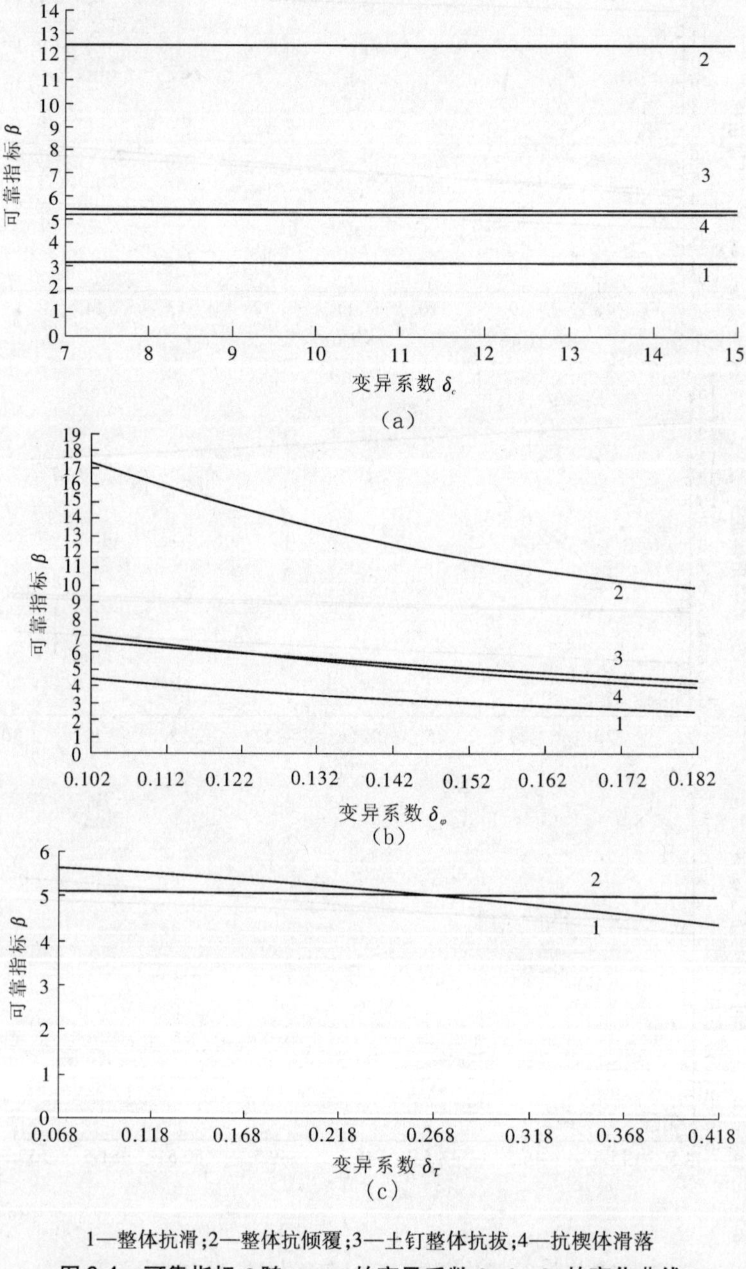

1—整体抗滑；2—整体抗倾覆；3—土钉整体抗拔；4—抗楔体滑落

图6-4　可靠指标 β 随 c、φ、τ 的变异系数 δ_c、δ_φ、δ_τ 的变化曲线

6.2.4.3　参数的灵敏性分析

根据前面讨论的结果，c、φ、τ 的变异性和分布类型对可靠度的影响程度存在很大的差异，而这种差异要归因于它们的灵敏系数。这一点从表6-2中能够明显地看出，c 的灵敏系数最小，τ 的灵敏系数稍大，为 c 的几倍，而 φ 的灵敏系数最大，为对应 c 的灵敏系数的几十倍。因而，可以概括出，参数的灵敏系数决定着参数的变异性对可靠度的影响程度，φ 的灵敏系数最大，它的变异性对可靠度的影响就最大，c 的灵敏系数最小，它的变异性对可靠度的影响也最小。

6.2.4.4　抗剪强度指标 c、φ 的分布类型对可靠指标 β 的影响

令黏聚力 c 和内摩擦角 φ 分别取正态分布、对数正态分布和极值Ⅰ型分布，可得到不同的可靠指标 β 值，从而绘出各种破坏形式下可靠指标 β 在 c、φ 的不同分布类型下的柱状图（见图6-5）。从图6-5中我们发现，对于 c 的不同分布类型，当服从对数正态分布时，可靠指标 β 最大，当服从正态分布时，可靠指标 β 最小，但总的来说，c 的分布类型对 β 的影响相对较小，且 β 的变化率在0.5% ~1.5%；对于 φ 的不同分布类型，当服从正态分布时，可靠指标 β 值较小，而当其服从对数正态或极值Ⅰ型分布时，计算出的可靠指标 β 值较大，并且对于 φ 的三种不同分布，可靠指标 β 值的变化是比较大的，也就是说，φ 的分布类型对 β 的影响相对较大，β 可随 φ 的分布的不同而发生一个甚至几十个单位数值的变化。因此，φ 的分布类型的选取至关重要，而 c 的分布类型可以忽略，计算时可按计算起来比较简单的正态分布考虑。

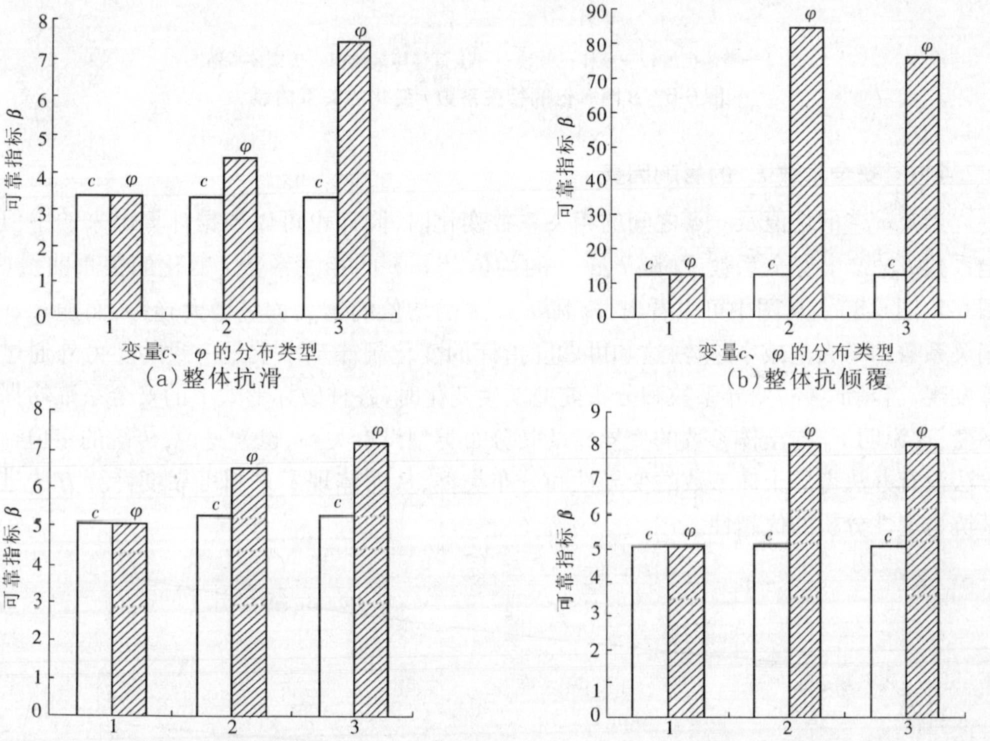

横坐标：1—正态分布；2—对数正态分布；3—极值Ⅰ型分布

图6-5　可靠指标 β 在 c、φ 的不同分布类型下的柱状图

6.2.4.5　相关系数 r 对可靠指标 β 的影响分析

我们知道，土性参数 c、φ 之间一般呈互相关性，这种相关性将会对结构的可靠度造成

一定的影响，而这种影响也存在一定的规律性。c、φ 之间的相关性可以采用相关系数 r 表示，令 r 取不同值，通过第 4 章介绍的正交变换法，求出一系列相应的独立变量 c'、φ'，输入可靠度计算程序，从而得到一系列的可靠指标 β，绘出 β 随 c、φ 的相关系数 r 变化的关系曲线（见图 6-6）。很明显，对于各破坏形式，β 均随 r 的增大呈增大趋势。因此，当考虑土性参数的相关性时，可靠指标 β 为什么会偏大一些在此也得到了合理的解释。

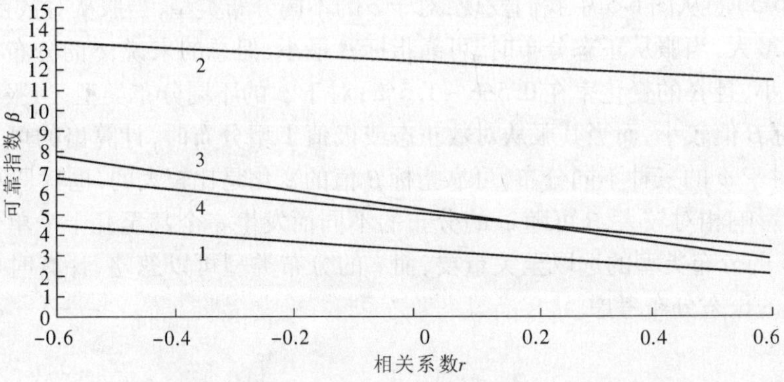

1—整体抗滑；2—整体抗倾覆；3—土钉整体抗拔；4—抗楔体滑落

图 6-6　β 随 c、φ 的相关系数 r 变化的关系曲线

6.2.4.6　安全系数 F_0 的影响因素

当 c、φ、τ 的均值及 c、φ 之间的相关系数变化时，同样也可以根据计算出来的中值安全系数 F_0，绘出安全系数 F_0 随 c、φ、τ 的均值及 c、φ 的相关系数 r 变化的关系曲线（见图 6-7、图 6-8）。从图中可以看出，F_0 随 c、φ、τ 的均值的增大均呈增大趋势，而随 c、φ 的相关系数的增大呈减小趋势，这和可靠度指标的变化规律基本上是一致的。另外通过计算发现，当 c、φ、τ 的变异系数和分布类型发生变化时，各种破坏形式下的安全系数均保持不变，这说明 F_0 与土体参数的变异性及其分布类型没有关系，也就是说，传统的定值计算方法没有办法考虑土体参数的变异性和分布类型，从而体现了采用可靠度计算方法进行基坑稳定性分析的优越性。

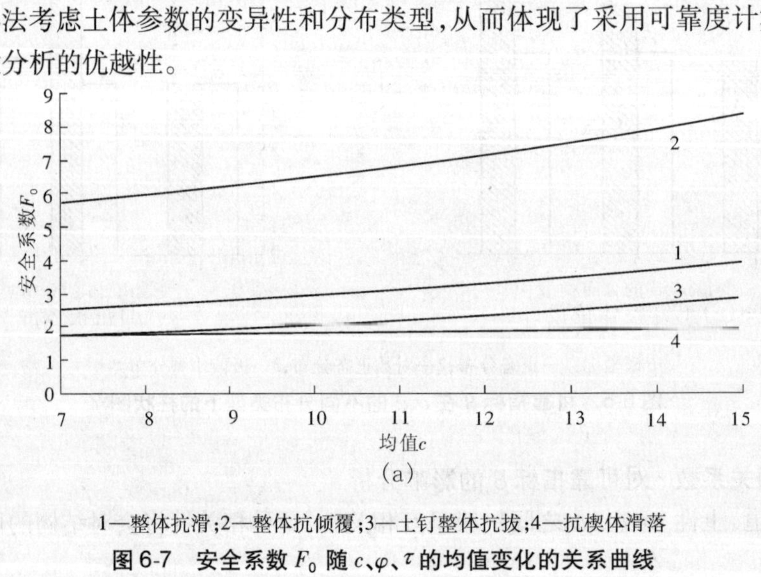

（a）

1—整体抗滑；2—整体抗倾覆；3—土钉整体抗拔；4—抗楔体滑落

图 6-7　安全系数 F_0 随 c、φ、τ 的均值变化的关系曲线

1—整体抗滑;2—整体抗倾覆;3—土钉整体抗拔;4—抗楔体滑落

图 6-8 安全系数 F_0 随 c、φ 的相关系数 r 变化的关系曲线

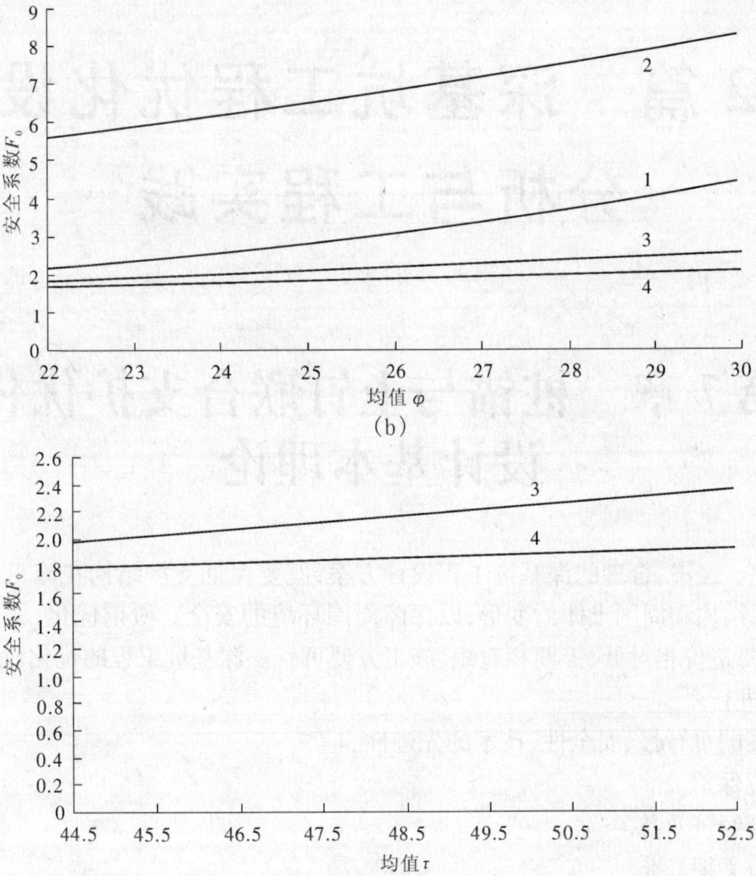

(b)

(c)

续图 6-7

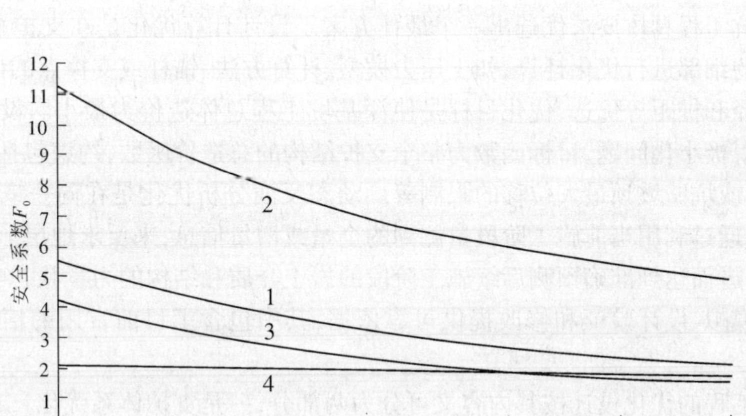

1—整体抗滑;2—整体抗倾覆;3—土钉整体抗拔;4—抗楔体滑落

图 6-8 安全系数 F_0 随 c、φ 的相关系数 r 变化的关系曲线

第2篇　深基坑工程优化设计分析与工程实践

第7章　桩锚与土钉联合支护优化设计基本理论

一个安全、经济、合理的深基坑工程设计方案，既要保证支护结构在施工过程中的安全，又要控制结构和周围土体的变形，以保障周围环境的安全。所谓优化，就是在安全的前提下设计要造价相对低、工期相对短、施工方便可行。深基坑工程的优化设计主要从以下四个方面进行[83]。

(1)方案的可行性、安全性，技术的先进性。

(2)环境保护。

(3)提高经济效益。

(4)缩短工期。

深基坑工程的优化设计按其阶段不同又可分为三级优化：系统优化、设计计算优化和动态反演分析优化(包括信息化施工)[84]。系统优化，也即方案优化，是指根据国家规范及某一深基坑工程具体要求优选出一个最佳方案。设计计算优化是在支护系统确定后，对具体方案的细部进行优化计算，如土压力模型、计算方法、锚杆或支撑点的位置和层数、支护桩的桩径和桩距等优选，优化目标是使深基坑工程总体造价为最小。设计计算优化问题是有约束极小化问题，目标函数为整个支护结构的总造价函数，约束包括支撑位置的限定、桩顶端或坑壁坡顶最大位移的限制等。动态反演分析优化是在同一或类似工程及地层条件下，通过利用当前施工阶段量测到的全量或增量信息，来反求地层形态参数和初始应力状态，进而达到准确预测后续施工阶段的岩土介质和结构的力学状态响应，为施工过程的实时模拟、设计验证和修改提供可靠依据，其中包含了目前常用的信息化施工方法。

深基坑工程的优化设计按其内容又可分为两部分，一是支护体系优化；二是截排水优化。两部分内容同时考虑是优化设计的必要条件。根据多年的施工经验以及国家现行的有关规范和规程，在优化设计过程中将二者有机结合、共同考虑，特拟定出以下深基坑工程优化设计流程。

7.1 系统优化

深基坑工程系统优化包括深基坑工程的概念设计、支护结构和地下水处理以及周边环境保护等方案的优选。概念设计是整个深基坑工程优化设计的第一步,也是最重要的一步。着眼于概念设计,即着眼于可行方案的筛选与优化,是深基坑工程的一种整体设计思想,也是面向问题的方案设计方法。从深基坑工程定性的概念分析入手,根据某个具体深基坑工程的特点和所要面对的关键问题,然后进行支护结构、降水方案的筛选和优化[84]。

7.1.1 收集资料

为满足主体结构及深基坑工程的要求,从勘察、设计到施工及检测,都应该满足待建工程的具体要求。这就要求我们首先详知该具体基坑的特点。因此,要收集以下资料:

(1)基坑的几何尺寸,即基坑形状、长度、宽度及深度等。

(2)支护结构承受的荷载,包括坡顶基坑影响范围内的均布荷载、动荷载、振动荷载、地面超载等。

(3)基坑影响范围内的工程地质和水文地质情况,包括勘察资料所提供的数据及类似工程的经验数据等。

(4)环境条件,基坑所在地理位置,周围建筑物结构功能、基础形式及抗变形能力、地下构筑物及管线布置、周边水系及排水条件等。

(5)国家和地区现行有关的设计、施工、验收规范及规程。

(6)同区域类似工程的成功经验等。

7.1.2 根据资料确定方案

(1)根据基坑特点,依据国家和地区现行有关的设计、施工、验收规范及规程,确定基坑安全等级。

(2)根据基坑等级及周边环境变形要求,确定支护方案。

不同的基坑等级和周边环境变形要求,就应该有一特定的支护形式,即最优方案,以满足和达到安全、经济、合理的要求。

7.2 设计计算优化

设计计算优化是在支护系统确定后,对具体方案计算的参数选取、计算模型的选择、支护结构细部进行优化计算,如锚杆长度、间距,支撑点的位置和层数,支护桩的桩径和桩距等优选,优化目标是使深基坑支护工程的总体造价最小。设计计算优化问题即数学中有约束极小化问题,目标函数为整个支护工程的总造价最小函数,约束包括支护结构强度、稳定性和桩顶或坑壁坡顶位移的要求等。

7.2.1 参数选取

一个支护结构的内力和稳定性计算，首先决定于参数的选取。影响支护结构稳定性计算的参数较多，诸如地面超载；围护桩长度、直径、间距，钢筋含量，桩身混凝土强度；锚杆的长度、直径、间距及锚杆的位置；土层的重度、黏聚力、内摩擦角、压缩模量等。而在众多对支护结构稳定性计算影响较敏感的参数中，一些参数是已定且没有取值争议的，诸如地面超载、基坑深度等；一些参数是可在优化设计过程中优化选取的，诸如桩径、桩长、桩身强度、锚杆参数等；还有一些参数是出自勘察报告的，且可以根据现场情况合理调整的参数。比如土体的抗剪强度指标 c、φ 值，土层的重度及压缩模量等。特别是土体的抗剪强度指标 c、φ 值的选取，决定着结构受力计算是否体现或更接近边坡土体的真实性状。

根据现场的实际情况适当调整这类参数，也是做到合理优化的必要条件。显然，天然地基经过打桩和降水后土的内摩擦角和黏聚力均有所增大。在桩墙两侧井点降水范围内，视降水时间长短和效果，c、φ 值可乘以 1.1 ~ 1.3 的调整系数；有桩基的板桩墙内侧，特别是有静压桩或在密集群桩深度范围内，φ 值可乘以 1.2 ~ 1.4 的系数[85]。

7.2.2 土压力模型选择

土压力计算主要有三种理论：库仑理论和朗肯理论、极限平衡理论。库仑（C. A. Coulomb，1776）理论考虑了墙背与土的内摩擦角，而未考虑土的黏聚力对土压力的影响；朗肯（W. J. M. Rankine，1857）理论虽考虑了土的黏聚力，但没考虑墙背与土的摩擦对土压力的影响[86]；极限平衡理论是苏联学者索科洛甫斯基用极限平衡理论求出的理论解，是比较严格的土压力理论。对于计算主动土压力系数，三种理论的计算结果差别不大；当计算被动土压力系数时，朗肯理论的计算结果偏小[87]。根据目前国家、行业及地方规范的使用情况，均采用了朗肯理论进行土压力计算，但在计算被动土压力时可适当调整。

常用的土压力模型有两种：经典法土压力模型（见图 7-1）和弹性法土压力模型（见图 7-2）。根据《建筑基坑支护技术规程》（JGJ 120—99）和郑州市区地质条件，笔者认为选用弹性法土压力模型的矩形分布计算较为合理。

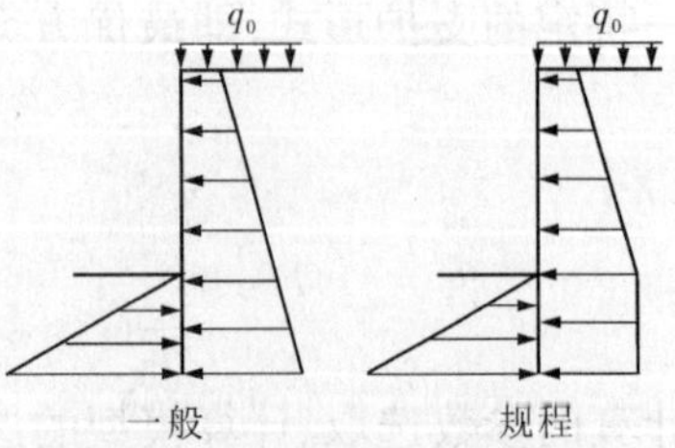

图 7-1　经典法土压力模型

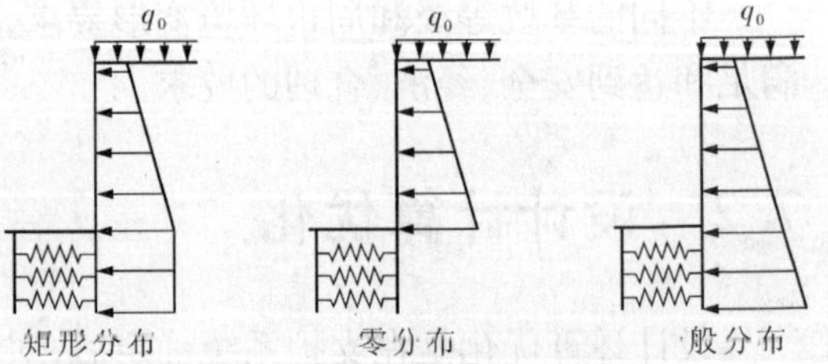

图 7-2　弹性法土压力模型

7.2.3 土压力计算模式选取

基坑外侧竖向应力标准值 σ_{ajk} 采用《建筑基坑支护技术规程》（JGJ 120—99）计算模

式计算，计算简图如图 7-3 所示，计算公式为

$$\sigma_{ajk} = \sigma_{rk} + \sigma_{0k} + \sigma_{1k} \tag{7-1}$$

式中，σ_{rk} 为计算点深度处的自重应力标准值，kPa；σ_{0k} 为基坑外侧任意深度均布荷载产生的竖向应力标准值，kPa；σ_{1k} 为基坑外侧任意深度局部荷载产生的竖向应力标准值，kPa。

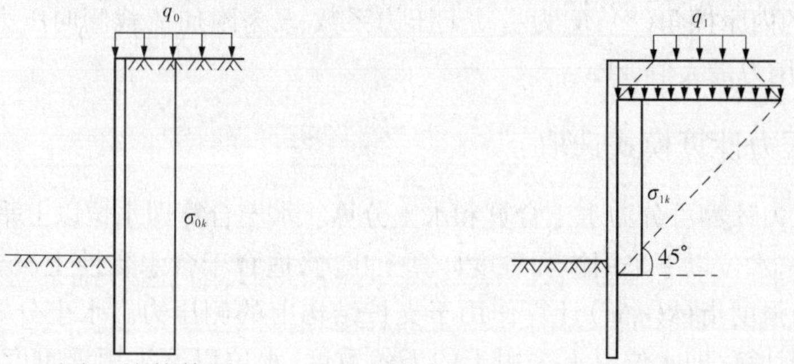

(a) σ_{0k} 计算简图　　(b) σ_{1k} 计算简图

图 7-3　各应力计算简图

应用以上计算模式得出的基坑外侧竖向应力标准值 σ_{ajk} 根据朗肯理论计算作用于支护结构上的侧压力标准值。

当坡顶地面或地面以下有相邻条形基础荷载时，可以按线荷载 Q_L（kN/m）考虑，计算出对支护结构产生的附加侧向压力标准值，加入以上总侧压力标准值。

计算简图如图 7-4 所示。

计算公式如下[88]

当 $m \leqslant 0.4$ 时
$$\Delta P_H = \frac{Q_L}{H}\frac{0.203n}{(0.16+n^2)^2} \tag{7-2}$$

当 $m > 0.4$ 时
$$\Delta P_H = \frac{4Q_L}{\pi H}\frac{m^2 n}{(m^2+n^2)^2} \tag{7-3}$$

式中，ΔP_H 为附加侧向压力，kPa；H 为相邻基础地面以下的围护墙高度，m；m、n 为分别为 a/H、Z/H 的比值；a 为集中荷载距支护的距离，m；Z 为相邻基础地面至计算点的深度，m。

为计算简便，也可采用近似计算方法计算线荷载下的主动土压力。计算简图如图 7-5

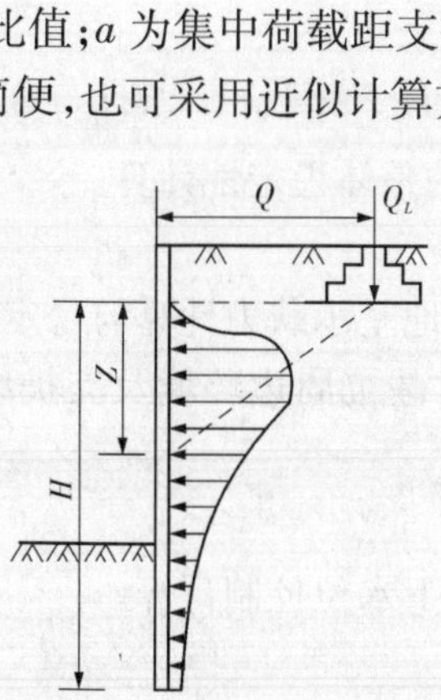

图 7-4　线荷载引起的侧压力计算简图[88]

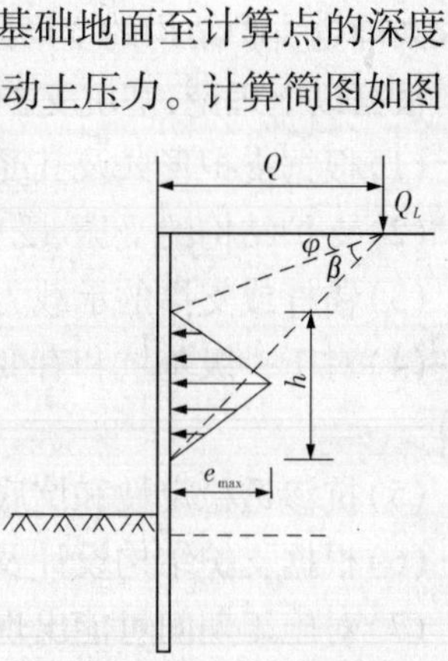

图 7-5　近似计算简图

所示,计算公式如下[88]

$$E_a = Q_L K_a \tag{7-4}$$

$$e_{a\max} = 2Q_L K_a / h \tag{7-5}$$

$$\beta = 45° + \varphi/2 \tag{7-6}$$

式中,φ 为土的内摩擦角(°);K_a为主动土压力系数;h 为附加荷载侧向压力分布范围,m;$e_{a\max}$为主动土压力最大值,kPa。

7.2.4 水压力计算模式选取

地下水压力计算可分为水土合算和水土分算。水土合算即水位以上采用土的天然重度计算土压力,水位以下采用饱和重度计算土压力,适合于含水黏性土层土压力计算,采用总应力抗剪强度指标(c、φ)计算作用于支护结构上的侧压力。水土分算,则是水压力与土压力分别计算,即水位以上采用土的天然重度,水位以下采用浮重度(γ')产生的土压力加上地下水产生的水压力,适合于含水粉质土层和砂性土层土压力计算,采用有效应力抗剪强度指标(c'、φ')计算作用于支护结构上的侧压力。

水土分算可根据水压力分布的不同分别选用无渗流水压力模式、倒梯形渗流水压力模式和倒三角形渗流水压力模式,做到选择合理、计算准确。

7.2.5 支护结构强度、稳定性验算及变形计算

7.2.5.1 计算内容

根据极限状态理论可知,基坑支护的极限状态可分为两种,一种是承载能力极限状态;另一种是正常使用极限状态。当支护结构达到最大承载能力或土体失稳、过大变形导致支护结构或基坑周边环境破坏的状态即为承载能力极限状态;当支护结构的变形已达到妨碍地下结构或影响周边环境的正常使用功能的状态即为正常使用极限状态。

因此,支护结构设计应考虑支护结构本身的变形和地下水的变化对周边环境的水平和竖向变形的影响。对于一级基坑和有变形要求的二级基坑,应根据周边环境对变形的要求来确定支护结构的变形限值。

根据以上理论,基坑支护应进行以下计算和验算[33,89]:

(1)根据支护形式及其受力特点进行支护体系的整体稳定性计算。

(2)支护结构的受压、受剪、受弯承载力计算。

(3)锚杆或支撑的承载力、支护桩和挡墙基础的地基承载力计算与稳定性验算。

(4)对于一级基坑和有变形要求的二级基坑,对基坑周边环境及支护结构变形进行验算。

(5)抗渗透稳定性和坑底抗突涌稳定性验算。

(6)根据支护结构设计及基础施工要求,进行地下水位控制计算。

(7)对施工期间可能出现的不利工况进行验算。

地下水的妥善处理是支护结构设计成功的基本条件,水压力指标是侧向荷载计算中的重要指标之一。

7.2.5.2 计算方法

目前多支撑围护结构的计算方法较多,经典法主要有等值梁法(连续梁法)、支撑荷载的1/2分担法等,弹性法有弹性抗力法、弹性增量法、有限元法等[88]。

等值梁法[90,91]就是将围护桩当做一端弹性嵌固(或胶结),另一端简支的梁,在弯矩等于零处将梁断开以简支梁计算,则此段梁的弯矩图同整梁计算时一样,此断梁即称为整梁中该段的等值梁。这种分段计算达到平衡的方法即为等值梁法。两段等值梁可以相联为连续梁,故这种简化算法也可称连续梁法。等值梁法计算原理简单,但没有考虑在开挖过程中桩身初变位及对应力的影响,计算结果常与实测值相差较大。

支撑荷载的1/2分担法[92,93]简单地认为每道支撑或拉锚所承受的力相当于相邻两个半跨的土压力荷载值。此法显然对开挖过程中应力重分布、桩身的初位移及对支撑内力的影响没有考虑,但此法对于用实测支撑力反算经验包络图、估算支撑轴力有一定的实用价值。

以上经典法在计算浅基坑或者无变形要求支护结构中应用比较广泛,但对于深基坑,特别是软土中的深基坑支护结构设计,就难以考虑更为复杂的条件和难以分析支护结构的整体性状。例如,墙体变形对侧压力及周围环境的相互影响,基坑开挖和支锚结构设置过程中墙体结构内力和位移的变化,坑底加固及降水效果对土压力的影响,冠梁的作用与设计,复合式结构的受力分析,空间效应分析等。而这些问题又是影响深基坑工程支护效果的主要因素。

弹性抗力法是针对以上经典力学方法,认为基坑内侧土体应力已达到完全的被动状态而提出来的。在对支护结构有变形要求的基坑,基坑内侧土体不可能达到完全的被动状态,土体仍在弹性抗力阶段。将外侧主动土压力作为施加在墙体上的水平荷载,用弹性地基梁的方法计算墙体的变位与内力,用弹性支点法计算支撑点刚度及土体变形与应力状态,然后用 m 法计算选取合理的基床系数,从而达到精确计算墙体的内力与变位。

弹性增量法是按基坑开挖—支护—开挖的施工步骤,分步计算每一工况应力应变的增量。当墙体刚度不发生变化时,与前一施工阶段完成后的墙体已产生的位移和内力叠加,即可得到当前施工阶段完成后支护体系的实际位移和内力。本章将凭借北京理正深基坑支护结构设计软件以此法进行支护体系的强度及稳定性验算。

数值模拟法是目前对岩土体应力和应变分析中应用较为普遍的方法[17~19]。数值模拟方法较多,诸如有限元法(FEM)、有限差分法(FDM)、边界单元法(BEM)、离散元法(CEM)、刚体有限元(RFEM)以及正在国内外岩土工程界广为应用的快速拉格朗日分析法(FLAC)等。

7.2.6 优化模型原理

在结构优化设计中,选择设计变量,确定目标函数,列出约束条件,称为制定优化设计的数学模型[94~96]。一般桩锚与土钉联合支护工程的优化模型可按以下步骤建立。

7.2.6.1 设计变量的选取

(1)土钉墙参数。包括土钉墙面积,土钉的长度、钢筋规格、孔径、间距等,面层的钢筋含量、混凝土强度及厚度等。

(2)桩锚参数。包括桩的桩径、桩距、桩长,嵌固深度,混凝土强度等级,配筋量等;锚杆的位置,锚杆长度与孔径,预应力的大小,水平间距,锚杆倾角等;锚具的数量及规格等;冠梁的截面尺寸,混凝土强度,钢筋含量等;腰梁的材料、规格、数量等。

(3)定额参数。以上各部件的定额直接费或市场价格,例如土钉墙面层、土钉(锚杆)、桩、梁、钢筋等的定额单价。

7.2.6.2 目标函数的确定

目标函数即为桩锚与土钉联合支护工程总造价函数。当按定额直接费计算时,目标函数可按如下形式表达

$$\min f(X) = M_1 + M_2 + M_3 + M_4 + M_5 \tag{7-7}$$

式中,M_1 为支护桩成桩定额直接费;M_2 为锚杆定额直接费;M_3 为冠梁及腰梁定额直接费;M_4 为泥浆外运定额直接费;M_5 为土钉墙定额直接费。M_1、M_2、M_3、M_4、M_5 均为设计变量的造价函数。

7.2.6.3 相关约束条件

约束条件有两类:设计变量取值约束和设计准则约束。

(1)设计变量取值约束,例如钻孔灌注桩的直径一般选取0.6 m、0.8 m、1.0 m等。

(2)设计准则约束,主要有以下方面:①基坑变形要满足规范要求的变形监控值;②支护结构强度验算和锚杆的承载力验算满足规范要求等;③支护结构整体稳定性验算满足规范要求等。

7.2.6.4 优化模型建立[13,97,98]

一般桩锚与土钉联合支护优化模型的简单形式可表示为

$$\begin{aligned} &\min f(X), X \in E^n \\ &\text{s.t. } h_u(u) = 0, u = 1,2,3,\cdots \\ &\quad g_v(v) \geqslant 0, v = 1,2,3,\cdots \end{aligned} \tag{7-8}$$

式中,$\min f(X)$为目标函数,是一个最优方案所对应的以支护工程总造价的定额直接费最小为目标的函数;X 是由 $x_1, x_2, \cdots, x_n$组成的 n 维向量;s. t. 表示满足约束条件;$h_u(u)$指等式约束条件;$g_v(v)$指不等式约束(即规范约束)条件。

7.3 反演分析优化

常用的反演分析方法是根据现场施工时实测到的位移和应力,利用选择的力学模型反算原始的应力参数。反演分析方法主要分为正反分析和逆反分析两类:正反分析是借助由正分析计算过程所得的结果建立的正反分析计算法;逆反分析是依据矩阵求逆原理建立的逆反分析计算法[88]。

在弹性地基梁法中,基坑的支护结构被视为一竖直的弹性地基梁,用弹性支点法(弹簧)模拟支撑结构的作用,用 m 法计算土应力,则可利用正反分析计算法,根据实测数据及力学模型反算反映土体实际工作性状的 m 值[99]。

具体做法如下:

(1)将弹簧的刚度系数记为 K,则 K 的表达式为 $K = 2\alpha EA/(LS)$。其中,α 为支撑松

弛折减系数,钢筋混凝土支撑取1.0,钢支撑取0.7 ~1.0;A 为支撑的截面积;L 为支撑的长度;S 为支撑的水平间距。

(2)用 m 法计算土应力,则 $\sigma = K_n x_i = m(h_0 - z_i)x_i$。其中,$K_n$ 为土体水平向基床系数;m 为地基反力系数;h_0 为支护结构的入土深度;z_i 为参考点到支护结构底部的距离;x_i 为参考点的水平位移。

(3)建立目标函数并使目标函数最小化。将上述 K、σ 的表达式及非线性优化相结合,建立地基土 m 值的直接位移反分析方法,通过不断修正给定的初始值,使实测值和计算值的差异达到最小(即两者的偏差的平方和最小),从而获得与实际情况吻合的反映土体实际工作性状的 m 值。目标函数可写为 $f(m_i) = \sum_{i=1}^{n}(u_i - u_i')^2 \rightarrow \min$。其中,$u_i$、$u_i'$ 分别为支护结构上测点 i 的水平位移计算值和实测值;n 为测点总数。用单纯形法求其最小值,则所求土层参数 m_i 即为待求的参数。

同理,当将泊松比 μ、内摩擦角 φ、黏聚力 c 等参数视为已知时也可反算土层的弹性模量 E 等。

7.4 降水优化设计

降水优化设计即是在一定的约束条件下做到降水成本最低。降水优化设计的约束条件是沉降变形要保证基坑开挖和基础施工期间基坑边坡安全,保证底板不发生突涌,确保沉降量小于周围建筑物的允许沉降量和允许不均匀沉降量;降水工程成本最低就是选择合理的截水、降水及排水措施,在尽量短的时间内满足以上降水要求。要做到降水优化设计,可从以下几方面考虑:

(1)根据场地水文地质条件、基坑降水要求及周边环境要求,选择合适的地下水控制方法。如表7-1[33,96,100]所示,各种方法可单独使用也可组合使用。一般来说,采用降水措施要比采用截水措施经济,但必要时做到降、截联合并回灌配合,可有效控制坑外地下水的水力坡度和水位降深,确保周边环境安全。

(2)根据降水方案和水文地质特征选择正确的计算方法。根据水文地质特征及降水井的特点分别选用潜水完整井和非完整井及承压水完整井和非完整井涌水量的计算公式等;根据基坑距离边界条件分别选用不同的涌水量计算公式等。

(3)选择合理的降水开始时间。实施早期降水,可有效控制桩基施工对基坑边坡及周边环境的不利影响;可在基坑整体刚度形成之前有效利用基质吸力减小坡顶的侧移量;可较早形成支护结构的整体空间刚度,有效减小基坑的水平侧移。但提前降水施工必然导致费用增加,二者需权衡比较,做到降水工期的合理经济。

(4)合理控制水位降深。降水深度一般控制在基坑开挖面以下0.5 ~1.0 m或者确保承压水头降至基坑开挖到坑底后不至产生坑底突涌现象,并有一定安全储备。水位降低过深,一者造成经济浪费,再者可能会因水力坡度过大产生较大差异沉降,给周围环境带来不利的影响。

表 7-1　地下水控制方法使用条件

控制方法		渗透系数(m/d)	降水深度(m)	适用条件
集水明排		5 ~ 20	<5	降水范围不大,主要降上层滞水或水量不大的潜水
降水	轻型井点	0.1 ~ 50	3 ~ 12	粉土、粉砂、粉质黏土
降水	电渗井点	$\leqslant 10^{-3}$	根据阴极井点确定	淤泥质粉质黏土、淤泥质黏土
降水	喷射井点	$1 \sim 10^{-3}$	10 ~ 20	粉土、粉砂、粉质黏土、含薄层粉砂层的淤泥质土
降水	管井	>5	>5	各种砂土或砂质粉土
截水		不限	根据截渗墙深度确定	水源近且渗透系数较大或周边建筑物要求水位降深小
截水回灌		0.1 ~ 200	根据截渗墙深度确定	截渗墙可进入隔水层,周边建筑物要求水位降深小

注:以上仅为一般情况下的要求和选择,特殊情况可酌情使用。

第8章　桩锚与土钉联合支护优化设计实例研究

8.1　工程概况

楷林国际大厦基坑支护工程位于郑州市东部金水路与英协路交叉口。系河南省楷林置业有限公司投资开发，由加拿大宝佳建筑设计公司进行建筑方案总体规划设计，郑州大学综合设计研究院负责施工图设计。楷林国际大厦建筑面积88 000 m^2，地上22层，地下2层，建筑总高度112.7 m，框架剪力墙结构。拟建建筑基坑周长约328 m，基坑深度约10.0 m。基坑重要性等级为一级。

8.2　工程地质与水文地质条件

本工程的勘探深度范围较深，共揭露土层16层，为第三系沉积地层。各地层地质特性分别描述如下：

第1层：杂填土，褐黄—黄褐色，成分主要为粉土，土质不均匀，含有较多灰渣、砖块等建筑垃圾。层底埋深0.4～1.4 m，平均厚度0.66 m。

第2层：粉土，黄褐色，稍湿，中密—密实，干强度低，无摇震反应，无光泽反应，韧性低，土质不均匀，可见黑色斑点。层底埋深2.5～3.8 m，层厚1.9～2.8 m，平均厚度约2.22 m。

第3层：粉质黏土，褐黄—浅黄色，湿—饱和，稍密—中实，干强度低，无摇震反应，无光泽反应，韧性低，土质不均匀，砂粒含量较高，偶见蜗牛壳碎片，见有粒径一般小于0.5 cm的钙质结核。层底埋深3.98 m，平均厚度约1.11 m。

第4层：粉质黏土，褐色—红褐色，饱和，可塑，无摇震反应，干强度低，无光泽反应，韧性中等，土质不均匀，见有蜗牛壳碎片，含有粒径0.5 cm左右的钙结核，有铁锰质侵染，黏粒含量较高。层底埋深4.3～5.5 m，层厚0.8～2.5 m，平均厚度约0.85 m。

第5层：粉质黏土，褐黄色，饱和，无摇震反应，干强度中等，无光泽反应，韧性中等，土质不均匀，砂粒含量较高，见有蜗牛壳碎片，含有粒径0.5 cm左右的钙结核。层底埋深6.0～7.1 m，层厚1.0～2.2 m，平均厚度约1.52 m。

第6层：粉土，褐黄色，稍湿，中密状，矿物成分主要为石英、长石，次为暗色矿物，可见少量云母片，含有少量钙质结核，粒径一般小于1.5 cm，砂粒不均匀，砂质不纯，局部夹有粉土。层底埋深7.0～9.6 m，层厚1.0～2.5 m，平均厚度约2.06 m。

第7层：粉质黏土，褐黄色，饱和，无摇震反应，干强度中等，无光泽反应，韧性中等，土质不均匀，砂粒含量较高，见有蜗牛壳碎片。层底埋深9.01 m，层厚0.5～1.0 m，平均厚度约0.69 m。

第8层:粉土,褐黄色,稍湿,中密状,干强度低,矿物成分主要为石英、长石,次为暗色矿物,可见少量云母片,含有少量钙质结核,粒径一般小于1.5 cm,砂粒不均匀,砂质不纯,局部夹有粉土。层底埋深10.2 m,层厚0.5~2.0 m,平均厚度约1.21 m。

第9层:粉质黏土,褐黄色,饱和,可塑,无摇震反应,干强度中等,无光泽反应,韧性中等,土质不均匀,含少量有机质。层底埋深11.27 m,层厚0.5~2.0 m,平均厚度约1.08 m。

第10层:粉土,褐黄色—灰色,湿,中密状,干强度低,矿物成分主要为石英、长石,次为暗色矿物,可见少量云母片。层底埋深12.2~13.7 m,层厚1.2~2.7 m,平均厚度约1.74 m。

第11层:粉土,灰褐色—灰色,湿,中密状,干强度低,摇震反应中等,韧性低,矿物成分含有有机质,局部为黏土。层底埋深15.5~17.4 m,层厚1.0~2.7 m,平均厚度约1.46 m。

第12层:粉质黏土,褐黄色,饱和,可塑,无摇震反应,干强度中等,无光泽反应,韧性中等,土质不均匀,含较多有机质。层底埋深15.5~17.4 m,层厚1.0~2.7 m,平均厚度约1.46 m。

第13层:粉土,灰褐色—灰色,饱和,密实状,干强度低,摇震反应中等,韧性低,矿物成分主要为长石、石英、云母,颗粒级配一般。层底埋深19.7~21.5 m,层厚1.4~3.5 m,平均厚度约2.33 m。

第14层:粉砂,灰褐色,饱和,密实,矿物成分主要为长石、石英、云母,颗粒级配一般。层底埋深28.7~31.5 m,层厚9.7~11.5 m,平均厚度约11.03 m。

第15层:粉质黏土,褐黄色,饱和,可塑—硬塑,无摇震反应,干强度高,无光泽反应,韧性中等,土中含少量姜石、铁锰质结核。层底埋深34.1~37.4 m,层厚5.0~7.4 m,平均厚度约6.54 m。

第16层:粉土,灰褐色—灰色,饱和,密实状,干强度低,摇震反应中等,韧性低,矿物成分主要为长石、石英、云母,颗粒级配一般。层底埋深38.7~40.5 m,层厚3.4~4.3 m,平均厚度约3.81 m。

场地地下水类型为第四系松散层孔隙潜水,其补给来源主要为大气降水及径流补给,通过地下径流排泄。勘察期间地下水位埋深一般为6.0~6.5 m,水位年变幅1.2 m,最近3~5年来最高水位3.0 m,水质对混凝土无腐蚀性。

8.3 土层参数选取

土体本构模型采用Mohr-Coulomb弹塑性模型,按照勘察报告分为16层土层,其中粉砂层以下,离坑底较远,按弹性模型考虑,各土层的物理力学参数如表8-1所示。

表 8-1　土层的计算参数

层号	土类名称	平均层厚（m）	重度（kN/m^3）	浮重度（kN/m^3）	黏聚力（kPa）	内摩擦角（°）
1	杂填土	0.66	17.2	—	11.00	16.00
2	粉土	2.22	17.2	—	15.00	27.00
3	粉质黏土	1.11	18.2	—	18.00	17.00
4	粉质黏土	0.85	18.5	—	19.00	21.00
5	粉质黏土	1.52	18.8	9.0	15.00	16.00
6	粉土	2.06	18.6	8.8	14.00	28.00
7	粉质黏土	0.69	18.6	8.8	16.00	17.00
8	粉土	1.21	18.6	8.8	23.00	19.00
9	粉质黏土	1.08	18.7	8.9	17.00	15.00
10	粉土	1.74	18.4	8.6	—	—
11	粉土	1.46	18.5	8.7	—	—
12	粉质黏土	1.46	18.7	8.9	—	—
13	粉土	2.33	20.2	10.4	—	—
14	粉砂	11.03	20.2	10.4	—	—
15	粉质黏土	6.54	20.2	10.4	—	—
16	粉土	3.81	20.5	10.7	—	—

8.4　周边环境条件

基坑东侧为待建的兴亚东街，距离基坑边 2.5 m，作为场地内主要材料运输通道；南侧距离基坑边 11.9 m 左右为建筑红线，其外为金水路，距离基坑较远，但坡顶需用来做施工场地；西侧有两幢高层住宅，分别为 16 层和 18 层，采用 CFG 桩复合地基，距离基坑边约 10.62 m，建筑红线（院墙）距离基坑边 2.0 ~ 5.0 m；北侧为一幢 6 层住宅楼，天然地基，距离基坑边 9.29 m，建筑红线（院墙）距离基坑边约 2.0 m 。

从距离基坑的远近及所采用基础形式看，基坑的西侧和北侧边坡受基坑施工影响显著，需进行变形控制，是本基坑工程保护的重点。基坑平面布置图见图 8-1。

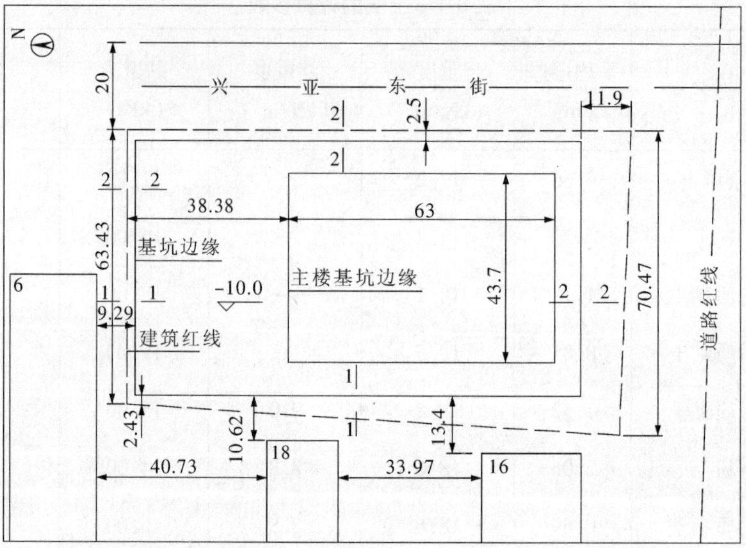

图 8-1　基坑平面布置图　（尺寸单位:m）

8.5　方案的优化设计

8.5.1　方案的初步设计

基坑具有以下特点:①深度较深,裙楼基坑深度为 10 m,主楼基坑深度约 11.5 m;②基坑边长较长,长度约 105 m,宽度约 60 m,施工时空间效应明显;③需降低地下水位,局部需配合截水措施控制水位降深及水力坡度;④土方量较大,且需穿插桩基施工,因此施工周期长,时间效应明显;⑤距离周边建筑物较近,需配合水位观测及变形观测等,属一类基坑工程。由于场地所限,四周均无放坡条件,根据距离周边建筑物的远近和影响程度以及变形要求,把基坑边坡划分为两个剖面,分别采用不同的支护方案,以达到安全可靠、经济合理、缩短工期的目的。经初步计算综合比较和方案优化,采用以下方案对该基坑边坡进行有效支护。

基坑西部和西北部距离高层住宅较近,虽然原有建筑物采用 CFG 桩复合地基形式,主体结构刚度较大,但对基坑变形要求较严,需要严格控制水位降深和水力坡度,定为1—1 剖面,采用桩锚支护与土钉联合护坡,并外嵌高压旋喷桩止水帷幕;东部兴亚东街为待建,南部距离金水路较远,东北部无重要建筑物,定为 2—2 剖面,单纯采用桩锚支护与土钉联合支护。

经初步计算,设计方案如下:

(1)确定土钉墙高度为 4.0 m,两排土钉,长度均为 6.0 m,横、竖向间距均为 1.5 m,面层厚度为 80 mm,网片筋采用双向 ϕ8@200,加强筋为双向 ϕ12@1 500,混凝土强度 C20。

(2)在 1—1 剖面计算中,围护桩的嵌固深度既要满足整体稳定性的安全要求,又要达到外嵌高压旋喷桩截水帷幕的截渗要求,桩底应进入第 12 层粉质黏土层 500 mm 以上,因此选择嵌固深度为 6.0 m。桩顶标高为 -4.0 m,支护方案如图 8-2 所示。

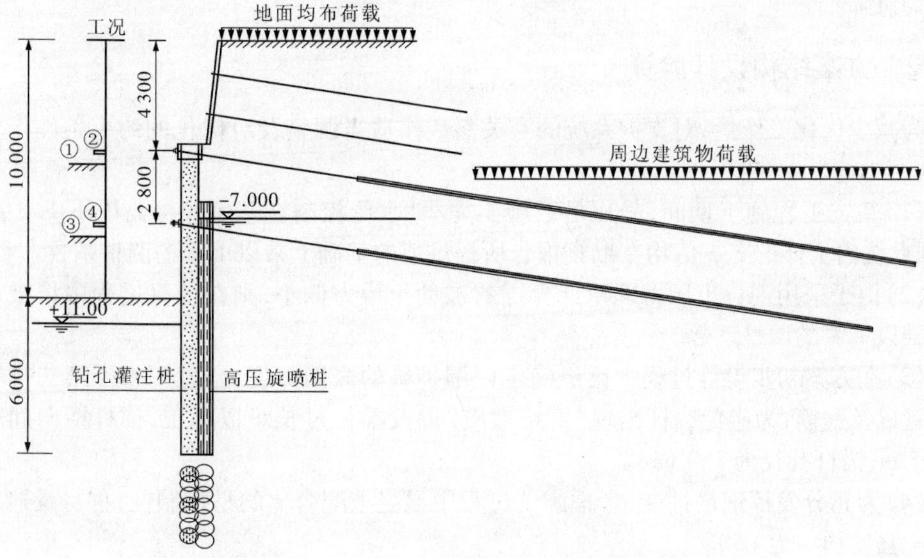

图 8-2　1—1 剖面支护剖面图　(尺寸单位:mm)

(3)在 2—2 剖面计算中,由于变形要求较低,坑内外水位可大致相同,这样嵌固深度满足整体稳定性的安全要求即可。经验算,桩的嵌固深度为 5.0 m,桩顶标高为 -4.0 m,支护方案如图 8-3 所示。

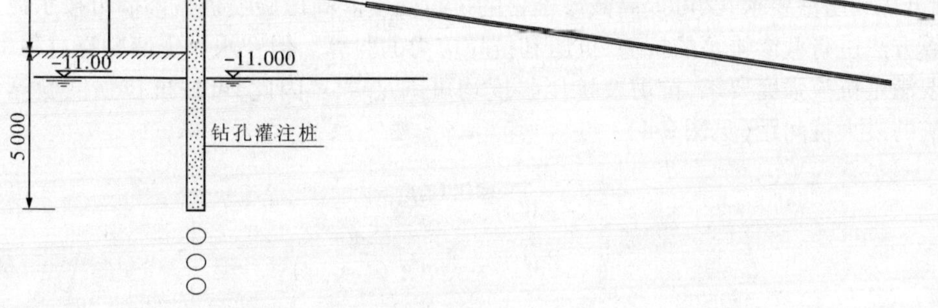

图 8-3　2—2 剖面支护剖面图　(尺寸单位:mm)

(4)降水方案采用深井降水。为控制周边建筑物不均匀沉降,在 1—1 剖面挡土墙外侧设置回灌井点及观测孔，控制地下水位在地面以下 7.0 m 左右，即枯水期的水位；在 2—2 剖面基坑外侧设置观测孔，控制观测孔内的水位降低速度，以免对远处建筑物产生不均匀沉降。

8.5.2　方案结构设计验算

为减少优化工作量，对支护系统的有关参数作适当调整及对优化的约束条件作如下简化：

(1)基坑工程施工期间，静压桩已施工完毕，水位控制在基坑底标高以下 1.0 m 左右，因此坑内土体的 c、φ 值均在勘察报告所提供值的基础上乘以 1.1 的调整系数。

(2)由于采用朗肯土压力理论计算土的被动土压力偏小，则在计算过程中将被动土压力乘以 1.1 的调整系数。

(3)在方案初步设计过程中已经确定好围护桩的嵌固深度，合理调整了第二排锚杆的位置以及配筋；为避免锚杆出现"群锚效应"以及锚杆过长难以施工，锚杆横向间距定为 1.5 m；锚杆孔径为 150 mm。

(4)为充分发挥钢筋性能，考虑施工过程中混凝土配合比的易控制性，桩身及冠梁的混凝土强度均定为 C30。

(5)根据初算结果及工作经验，为控制围护桩的刚度，桩径优化比较范围为 400 mm、600 mm、800 mm、1 000 mm，由于受高压旋喷桩强度的约束，每一种桩径的围护桩只有一个最大桩间距。

验算过程采用北京理正深基坑支护结构设计软件中的弹性法。根据以上参数和约束优化结果以及前一章提到的基坑工程设计中需要计算和验算的项目，分别计算并均应满足强度和变形要求。设计准则约束为，基坑重要性系数按 γ_0 取 1.1 时，强度及变形控制标准分别按以下标准控制[101]：①整体稳定性系数≥1.3；②抗倾覆安全系数≥1.2；③抗隆起安全系数≥1.10～1.25；④抗管涌稳定安全系数≥1.5；⑤承压水验算≥1.05；⑥支护结构最大位移量≤30 mm。另外，还需对截渗墙的强度进行验算[88]。

在截渗墙设计过程中，高压旋喷桩若只布置于钻孔灌注桩之间，往往因高压旋喷桩与钻孔灌注桩结合不好而出现渗水现象，且抗拉强度较低。因此，一般另加一排高压旋喷桩，既可达到防渗要求，又可提高截渗帷幕的抗拉强度。高压旋喷桩截渗墙可按水泥土墙的验算方法进行截渗帷幕的抗剪、抗压和抗拉应力的验算。但在水泥土墙验算过程中，一般只要满足抗拉强度要求，抗剪及抗压强度均可满足[88]。因此，可按抗拉强度验算计算围护桩的最大桩间距（见图 8-4）：

$$\frac{M_{\max}}{KW_{拉}} \leqslant 0.06f_{cs} \tag{8-1}$$

$$M_{\max} = \frac{1}{2}ql^2 \tag{8-2}$$

$$W_{拉} = b^2/6 \tag{8-3}$$

式中，$M_{\max}$ 为截面最大弯矩，kN·m；q 为作用于截渗墙上的均布荷载，kPa，即基坑底部土的主动土压力，$q = \frac{1}{2}\gamma H\tan^2(45° - \varphi/2)$；$l$ 为桩间距，m；$W_{拉}$ 为截面抵抗矩，m^3；K 为截面

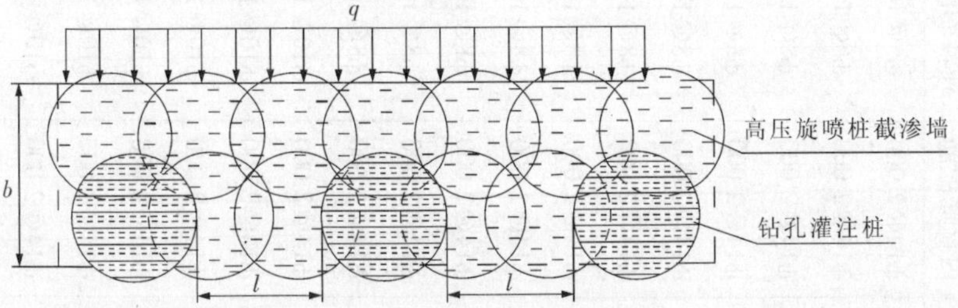

图 8-4 计算示意图

刚度的折减系数，一般可取 0.85；b 为截渗墙有效厚度，m。

当 $\gamma=19\ kN/m^3$，$H=10$ m，$\varphi=20°$，$b=1.0$ m，$f_{cs}=10$ MPa 时，计算出桩的最大桩间距 l 为 1 862 mm。当钻孔桩桩间距大于此值时，应考虑对截渗墙加固。

由于 1—1 剖面较具代表性，本章主要选择此剖面进行验算及优化计算。根据以上理论，分别对不同桩径和桩间距的方案进行验算，在表 8-2 中将满足结构强度、变形及稳定性要求的方案结果列出，以便优化过程的计算比较。

8.5.3 方案优化

8.5.3.1 优化模型简化

根据工程的具体情况，对支护结构的优化设计模型作以下简化。

1）设计变量的选取

根据方案的初步设计可知，具体工程的桩锚与土钉联合支护设计的优化只对桩锚支护部分优化即可，土钉墙及腰梁参数因在各方案中不变，可不参与优选。经过综合分析，优化模型的建立简化如下：

（1）参数选取。参与优选的参数有：桩径，桩心距，配筋量，锚杆长度，预应力的大小，锚具的数量及规格等，冠梁的截面尺寸，钢筋含量。

（2）定额参数。根据定额直接费单价：锚杆 80 元/m，桩单价为 669.73 元/m^3（桩径 400 mm、600 mm）、591.831 元/m^3（桩径 800 mm）、536.778 元/m^3（桩径 1 000 mm），梁 862 元/m^3，钢筋费用 3 868.5 元/m^3，泥浆外运 116.64 元/m^3。

2）目标函数的确定

目标函数即为桩锚与土钉联合支护工程总造价函数。当按定额直接费计算时，目标函数可按如下形式表达

$$\min f(X)=M_1+M_2+M_3 \tag{8-4}$$

式中，M_1 为支护桩成桩定额直接费；M_2 为锚杆定额直接费；M_3 为冠梁定额直接费。M_1、M_2、M_3 均为设计变量的造价函数。

3）相关约束条件

设计变量取值约束见表 8-2，设计准则约束见本章 8.5.2 节。

表 8-2 设计变量取值约束

方案	桩径（mm）	桩心距（mm）	预应力锚杆长度（m）		冠梁截面（m）		坑内最大弯矩（kN·m）	坑外最大弯矩（kN·m）	最大剪力（kN）	围护桩配筋（mm）		
			第一排	第二排	宽度	高度				纵筋配筋	内箍筋配筋	外箍筋配筋
1	400	600	22.5	28.5	0.6	0.6	124.63	85.90	108.12	8Φ25	φ14@2 000	φ6@150
2	600	1 000	23.0	25.5	0.8	0.8	274.77	130.09	185.19	14Φ22	φ14@2 000	φ6@150
3	600	1 200	23.0	26.0	0.8	0.8	312.24	163.61	220.80	12Φ25	φ14@2 000	φ8@150
4	600	1 400	23.5	26.0	0.8	1.0	357.70	190.84	255.83	12Φ28	φ14@2 000	φ8@150
5	600	1 600	23.5	26.5	0.8	1.0	403.71	213.20	288.74	13Φ28	φ14@2 000	φ8@100
6	600	1 800	23.5	27.0	1.0	1.0	449.65	234.74	321.27	12Φ32	φ14@2 000	φ8@100
7	800	1 600	24.5	23.5	1.0	1.0	502.28	160.58	292.99	21Φ20	φ14@2 000	φ8@100
8	800	1 800	24.5	24.0	1.0	1.0	560.22	176.85	326.50	20Φ22	φ14@2 000	φ8@100
9	800	2 000	25.0	24.5	1.0	1.0	620.68	192.12	360.51	17Φ25	φ14@2 000	φ8@100
10	800	2 200	26.0	24.5	1.0	1.0	690.71	200.66	394.76	19Φ25	φ14@2 000	φ8@100
11	800	2 400	26.0	25.0	1.0	1.0	751.20	214.67	428.28	21Φ25	φ14@2 000	φ8@100
12	800	2 600	26.0	25.0	1.0	1.1	811.76	228.35	461.69	20Φ28	φ14@2 000	φ10@150
13	800	2 800	26.0	25.5	1.0	1.1	871.79	241.64	495.05	20Φ28	φ14@2 000	φ10@150
14	800	3 000	26.0	25.5	1.0	1.1	931.78	254.79	533.79	17Φ32	φ14@2 000	φ10@100
15	1 000	1 800	26.0	23.0	1.2	0.8	635.56	160.14	326.89	24Φ18	φ14@2 000	φ10@150
16	1 000	2 000	26.5	23.5	1.2	0.8	720.39	177.94	367.23	23Φ20	φ14@2 000	φ10@150
17	1 000	2 200	27.0	22.5	1.2	0.8	795.82	195.73	403.49	25Φ20	φ14@2 000	φ10@150
18	1 000	2 400	27.0	23.5	1.2	0.8	869.74	213.53	438.99	23Φ22	φ14@2 000	φ10@150
19	1 000	2 600	27.0	23.5	1.2	1.0	943.82	231.32	474.38	25Φ22	φ14@2 000	φ10@150
20	1 000	2 800	27.5	22.5	1.2	1.0	1017.88	249.11	509.65	27Φ22	φ14@2 000	φ10@150

4）优化模型建立

简化后桩锚支护优化模型表示为

$$\min f(X)=M_1+M_2+M_3 \tag{8-5}$$

其中

$$M_1=\left(\frac{L}{S}+1\right)(M_{11}+M_{12}+M_{13}) \tag{8-6}$$

$$M_{11}=\frac{\pi d^2 l m_{11}}{4} \tag{8-7}$$

$$M_{12}=\frac{\pi d^2 l m_{12}}{4} \tag{8-8}$$

$$M_{13}=0.006\ 17\frac{m_{13}}{1\ 000}\left[\phi_1^2 n(l+0.04\phi_1)+\phi_2^2\left(\frac{1\ 000l}{s}+1\right)\times\sqrt{\pi^2\left(d-\frac{2c}{1\ 000}\right)^2+\left(\frac{s}{1\ 000}\right)^2}+\pi\phi_3^2\left(\frac{l}{2}+1\right)\left(d-\frac{2c+2\phi_1}{1\ 000}\right)\right] \tag{8-9}$$

$$M_2=\frac{(l_2+l_3)Lm_2}{1.5} \tag{8-10}$$

$$M_3=bhLm_3 \tag{8-11}$$

式中，m_{11}为桩的成桩定额单价，元/m^3；m_{12}为桩的泥浆外运定额单价，元/m^3；m_{13}为桩的钢筋笼定额单价，元/t；m_2为锚杆定额单价，元/m；m_3为梁定额单价，元/m^3；n 为钢筋笼主筋根数；ϕ_1、ϕ_2、ϕ_3 分别为钢筋笼主筋、外箍筋、内箍筋的直径，mm；L 为基坑计算边长，m；S 为桩心距，m；l 为桩身有效长度，m；d 为桩直径，m；s 为外箍筋间距，mm；c 为钢筋的混凝土保护层厚度，mm。

8.5.3.2 方案优选的程序实现

依据简化模型，用 Visual Basic 6.0 编制支护方案优化选择程序，以便将方案造价进行快速计算及比较，优选出造价最低方案。程序含有四个简单的交互界面，分别为启动界面、工程名称输入界面、数据录入计算界面及结果显示界面。在数据录入计算界面中，点击"继续录入"即完成计算及比较过程。具体界面如图 8-5 ~ 图 8-8 所示。当录入每一方案的相关参数后，程序将进行逐个计算并相互比较，最终输出最小方案的造价及有关参数。

应用支护方案优化选择程序从众多方案中优选出造价最低方案的过程，可按以下具体步骤执行：

（1）双击 cost.exe 文件，即弹出启动界面（见图 8-5），此过程为程序启动过程。运行完毕后进入优化程序界面。

（2）点击"工程名称"按钮，弹出工程名称输入界面（见图 8-6），输入工程名称后确定，最后在结果显示界面中此工程名称可以显示出来。

（3）点击"数据录入"按钮，开始输入方案参数，每输完一种方案参数后点击"继续录入"按钮，各方案输入完毕后点击"录入结束"按钮，完成数据录入。

图 8-5　启动界面

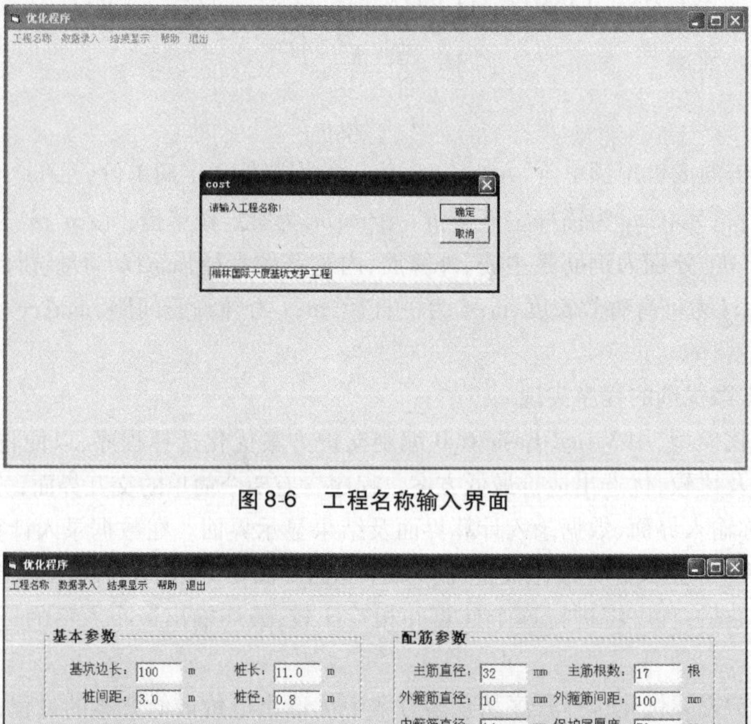

图 8-6　工程名称输入界面

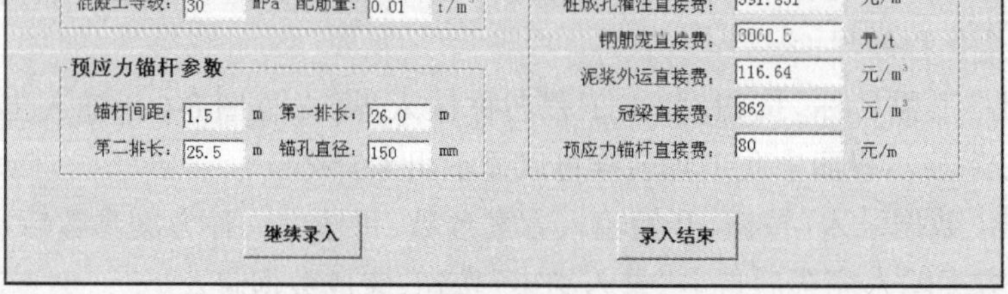

图 8-7　数据录入计算界面

（4）点击“结果显示”按钮，在结果显示窗口中显示造价最小的方案的造价和相关信息，完成程序使命。

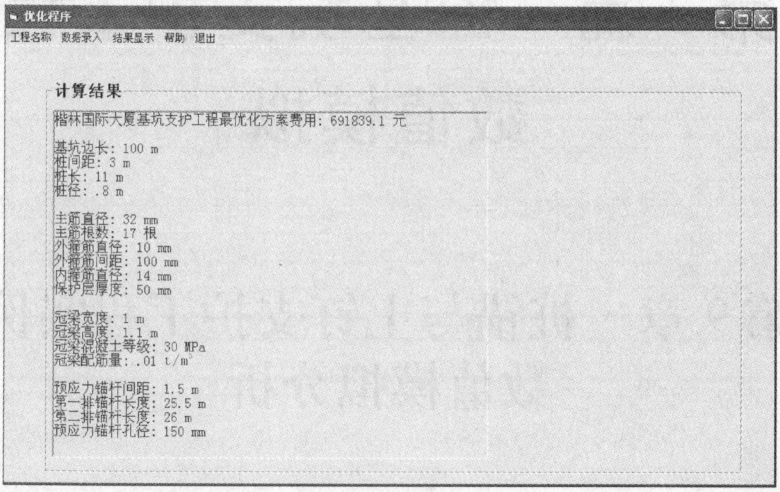

图 8-8　结果显示界面

8.5.3.3　优选结果与分析

经计算比较，最终确定表 8-2 中方案 14 为最优方案。此方案的结构及变形验算结果如下：

（1）稳定验算均满足要求。

（2）桩体最大位移为 22.17 mm，发生在第二排预应力锚杆以下至坑底之间，桩顶最大位移为 0.38 mm。

（3）第一、二排预应力锚杆所承受的拉力分别为 279.90 kN 和 287.33 kN。

（4）坑顶地面最大沉降量为 30 mm（三角形法计算），基坑底部隆起量为 16 mm。

从优选结果可以看出，并非桩径越大或越小而使得造价越高或越低，造价一方面与定额参数有关，另一方面与支护结构的合理性有关。

第3篇　深基坑支护工程数值模拟

第9章　桩锚与土钉支护工程实例数值模拟分析

9.1　概论

目前,对岩土体应力和应变分析的数值模拟方法较多,诸如有限元法(FEM)、有限差分法(FDM)、边界单元法(BEM)、离散元法(CEM)、刚体有限元法(RFEM)、快速拉格朗日分析法(FLAC)等。常用的数值模拟方法有有限元法(FEM)、有限差分法(FDM)等[102]。有限元法应用较早,随着计算机的发展其应用较为广泛。而有限差分法是近40年来随着计算机的广泛应用而发展起来的一种数值模拟方法,因其具有极大的通用性和灵活性,可以较圆满地解决许多工程问题,近年来被许多国内外学者研究和应用。

岩土工程结构的数值解是在满足基本方程(平衡方程、几何方程、本构方程)和边界条件下推导的。由于基本方程和边界条件多以微分方程的形式出现,因此将基本方程微分法改用差分方程(代数方程)表示,把求解微分方程的问题改换成求解代数方程的问题,这就是所谓的差分法。在岩土工程特别是基坑工程中,人们往往在分析中要面对复杂的土质条件、加荷过程和边界条件(包括位移边界条件和排水边界条件)等问题,而有限差分法无疑是解决基坑工程问题的一种有效的分析方法。但差分法需要求解高阶代数方程组,只有借助计算机手段才能得以实施和进一步的发展。

9.2　FLAC 3D程序介绍

FLAC是连续介质快速拉格朗日差分分析方法[103](Fast Lagrangian Analysis of Continua)的英文缩写。美国Itasca Consulting Group公司率先将此方法应用于岩土体的工程力学计算中,并于1986年开发出应用软件。目前该软件已从二维平面分析拓展到三维空间分析,成为处理功能强大的基于拉格朗日差分法的新一代软件FLAC 3D(Fast Lagrangian Analysis of Continua 3D)。目前,FLAC有二维和三维计算程序两个版本,二维计算程序

V2.0以前的版本为DOS版本，V2.5版本仅仅能够使用计算机的基本内存（64kB），所以程序求解的最大节点数仅限于2 000个以内。1995年，FLAC 2D已升级为V3.3版本，其程序能够使用扩展内存，因此大大发展了计算规模。FLAC 3D是一个三维有限差分程序，目前已发展到V3.3版本。

FLAC软件的基本原理即是拉格朗日差分法[102,103]。首先将模型进行网格划分，形成很多节点和区域，对于任一节点而言，在每一时刻它受到来自其周围区域的合力的影响。根据牛顿定律，合力不为零就要产生运动。由于节点上集中有该节点的质量，节点就要产生加速度，进而求得在一个时步中节点速度和位移的增量。对于任一区域而言，可以根据其周围节点的运动速度求得它的应变率，然后根据材料的本构关系求得应力的增量。由应力增量求出 t 和 $t+\Delta t$ 时刻各个节点的不平衡力和各个节点在 $t+\Delta t$ 时的加速度。对加速度进行积分，即可得节点的新的位移值。如此循环，直至不平衡力为零或很小（即满足时步要求的稳定）。

FLAC 3D采用了显式有限差分格式来求解场的控制微分方程，并应用了混合单元离散模型，以准确地模拟材料的屈服、塑性流动、软化直至大变形，尤其在材料的弹塑性分析、大变形分析以及模拟施工过程等领域。

FLAC 3D的输入和一般的数值分析程序不同，可以用交互的方式从键盘输入各种命令，也可以写成命令（集）文件，类似于批处理，由文件来驱动。因此，采用FLAC 3D程序进行计算，必须了解各种命令关键词的功能，然后按照计算顺序，将命令按先后依次排列，形成可以完成一定计算任务的命令文件。

FLAC 3D能够进行土质、岩石和其他材料的三维结构受力特性模拟及塑性流动分析，调整三维网格中的多面体单元来拟合实际的结构，单元材料可采用线性或非线性本构模型，在外力作用下，当材料发生屈服流动后，网格能够相应发生变形和移动（大变形模式），FLAC 3D采用的显式拉格朗日算法和混合－离散分区技术能够非常准确地模拟材料的塑性破坏和流动。由于无须形成刚度矩阵，因此基于较小内存空间就能够求解大范围的三维问题。FLAC 3D采用ANSI C_{++}语言编写。

一般情况下，在基坑工程中考虑土体、支护结构以及支护结构—土接触面等因素共同作用的分析过程中，获得土体位移、地表沉降、支护结构变形及其内力的解析解。在FLAC 3D中，有11种内置的材料本构模型，如Elastic本构模型、Orthotropic elastic本构模型、Double－yield本构模型、Mohr－Coulomb本构模型等。尤其Mohr－Coulomb本构模型适合于土体这类弹塑性材料，并且能够比较实际地反映土体发生剪切变形破坏的力学机理。

本章采用三维快速拉格朗日差分分析方法（Fast Lagrangian Analysis of Continua 3D，简称FLAC 3D）对第8章工程实例优化设计后的深基坑桩锚支护工程进行模拟，全面清晰地对土与支护结构的位移场和应力场进行分析。

9.3 基本假设

（1）土体假定为均匀、各向同性弹塑性体。

(2)在开挖前,土体在自重状态下固结,开挖以前土体原位应力和性状的改变不予考虑。

(3)不考虑施工过程对土体力学指标的影响,不考虑渗流影响。

9.4 计算模型的建立及有关参数的选取

9.4.1 建立模型

由于建立整个基坑支护模型将使网格和节点太多,软件计算速度缓慢,故本章在建立模型时选取具有代表性的一段进行模拟,该段西邻18层商住楼,距离基坑边最近。模拟时在Y方向选取6 m的边坡长度(即二根桩的影响范围)来进行分析。在基坑中距离坑底边为6 m的位置为$X=0.0$的点,自然地面的坐标为+39.8 m,取全部模型计算长度为45 m,宽度(垂直于纸面方向)为6.0 m,深度39.8 m(见图9-1)。

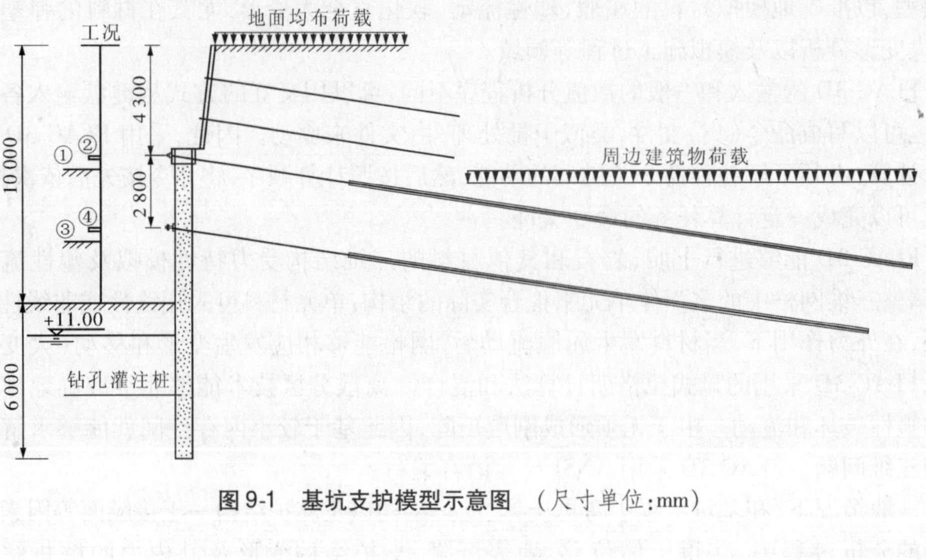

图9-1 基坑支护模型示意图 (尺寸单位:mm)

为了提高计算效率和计算精度,采用在桩和锚杆附近单元网格划分较密,向远处逐渐变稀的划分方式,具体网格划分如图9-2所示,共划分了21 996个单元、26 544个节点,并且设置了321个结构单元,包括liner单元、cable单元、beam单元和pile单元。

9.4.2 模型边界条件

通常模型边界条件分为两类:位移边界条件和力(应力)边界条件,而土体自由表面仅仅是应力边界条件的一种特殊情况。边界条件的确定原则为:在模型内部对称面上施加位移边界条件,通常是约束对称轴侧向位移,使模型在该方向上的位移为零,而在外部表面上施加应力边界条件。对于本章模型来说,模型的底边$Z=0$处X方向和Z方向采用固定约束,模型的$X=0$和$X=45$ m的边界采用水平方向固定约束,其竖直方向自由变形,在模型的Y方向施加水平方向固定约束,限制土体Y方向的位移,由于模型在这个方

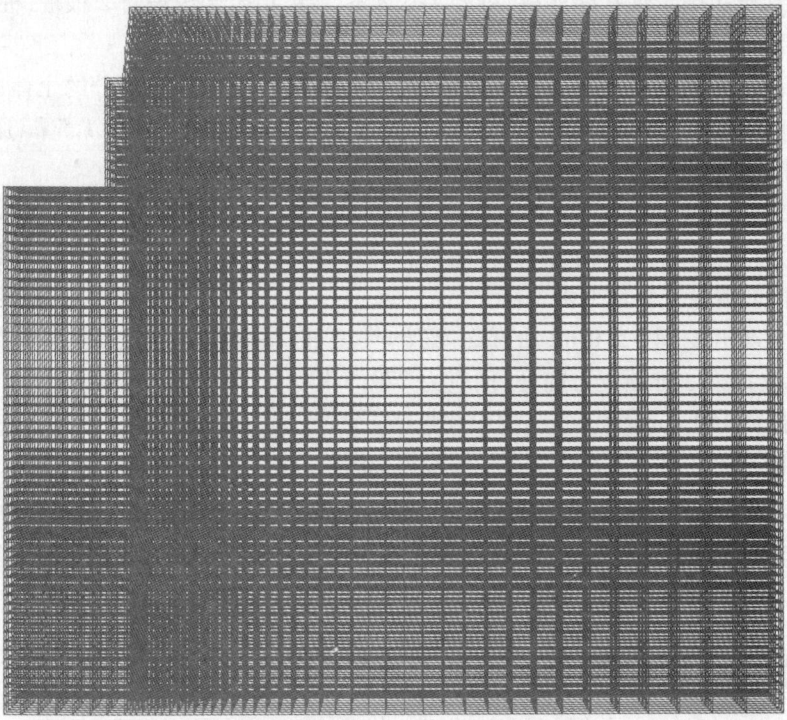

图 9-2 基坑模型网格划分示意图

向尺寸很小,两边应力基本相同,所以没有施加应力边界条件。

9.4.3 结构单元的选取

面层、土钉与锚杆、桩和梁分别采用 liner 单元、cable 结构单元、pile 结构单元和 beam 结构单元来模拟。liner 单元是可以抵抗表面荷载和弯曲荷载的壳体单元,liner 与土体界面的力学行为,在每个节点由具有一定拉伸强度的法向弹簧和切向滑块—弹簧模拟。cable结构单元是两节点有限单元,每个节点具有一个轴向平移自由度,允许张拉或压缩破坏,但不能承受弯曲荷载,可以加集中荷载和预应力。pile 单元是在每个节点处具有三个自由度(两个位移和一个转动)的二维单元,一段 pile 单位被当做一种没有轴向屈服的线弹性材料,可以指定塑性弯矩和铰接条件。beam 单元是具有两个端点的标准的二维梁单元,每个节点处具有三个自由度(同 pile 单元),用于模拟梁的受力及梁与桩以及锚杆之间的连接。

9.5 基坑开挖过程的模拟

(1)对研究对象进行网格划分,设定边界条件。

(2)让土体在自重应力和附加应力状态下平衡,然后将状态调为零,初始位移置为零,通过迭代消除不平衡力。

(3)在基坑边施工钻孔灌注桩,桩径为0.8 m,在模拟范围内设置2根桩,桩径0.8 m,桩心距3.0 m,采用C30混凝土,桩长12 m。

(4)第一步开挖至地表下2.0 m的位置,用null模型模拟开挖部分的土体,通过迭代消除不平衡力;在-1.5 m处做第一排土钉,长度为6.0 m,横向间距为1.5 m,用Ⅱ级ϕ16钢筋;喷射护坡混凝土强度C30。

(5)第二步开挖至地表下4.0 m的位置,用null模型模拟开挖部分的土体,通过迭代消除不平衡力;在-3.0 m处做第二排土钉,长度为6.0 m,横向间距为1.5 m,用Ⅱ级ϕ16钢筋;喷射护坡混凝土强度C30。

(6)第三步开挖到-5.0 m,加冠梁:宽 $b=1.0$ m,高 $h=1.1$ m,采用C30混凝土;在-4.3 m处设置第一排预应力锚杆,预应力279.9 kN,长26.0 m,采用3ϕ15.2钢绞线做预应力筋,孔径150 mm,设置各结构单元连接。

(7)第四步开挖到-7.5 m,加腰梁,两根20号工字钢;在-7.1 m处加第二排预应力锚杆,预应力287.33 kN,长25.5 m,采用3ϕ15.2钢绞线做锚拉筋,孔径150 mm,设置各结构单元连接。

(8)第五步开挖至坑底-10.0 m。

9.6 数值模拟结果及分析

9.6.1 自重作用过程

模型在附加荷载及自重作用下的稳定过程实际上是模拟地质历史上土层沉积固结的过程,反映在模型上就是最大不平衡力的变化过程,即当最大不平衡力降到一定范围时,模型便趋于稳定(见图9-3)。

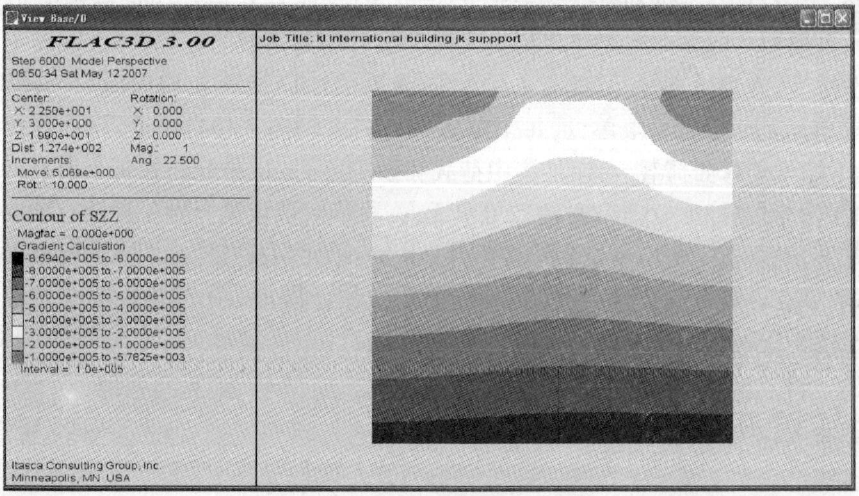

图9-3 模型的初始应力图

9.6.2 水平位移特征

在每一步基坑开挖和支护阶段,基坑顶部侧面的水平位移都将趋于常数,即模型在每一阶段都达到了平衡状态。如果基坑顶点的水平位移不收敛,可以判断出现了塑性流动。为模拟实际施工工况,对每次开挖后基坑边坡进行模拟显示,所得各开挖工况位移如图 9-4 ~ 图 9-9 所示。

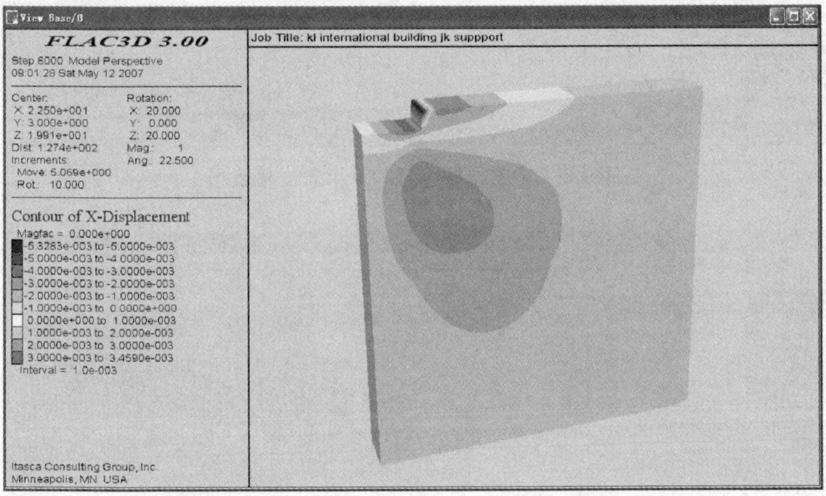

图 9-4　第一步开挖后的水平向位移云图

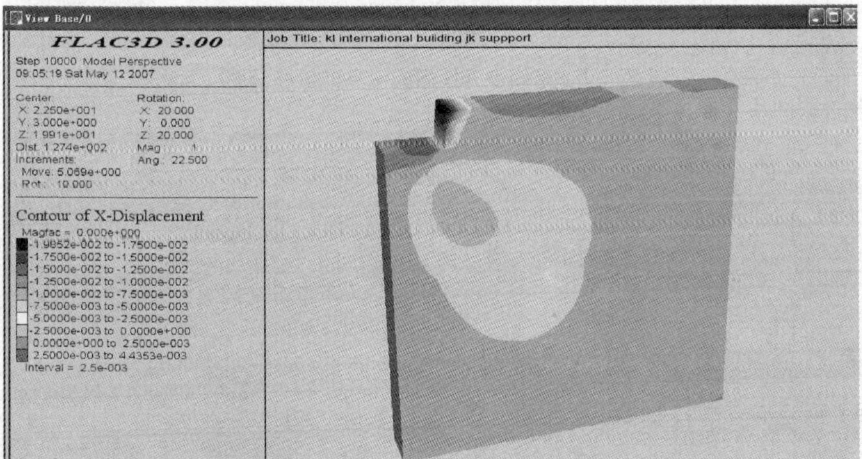

图 9-5　第二步开挖后的水平向位移云图

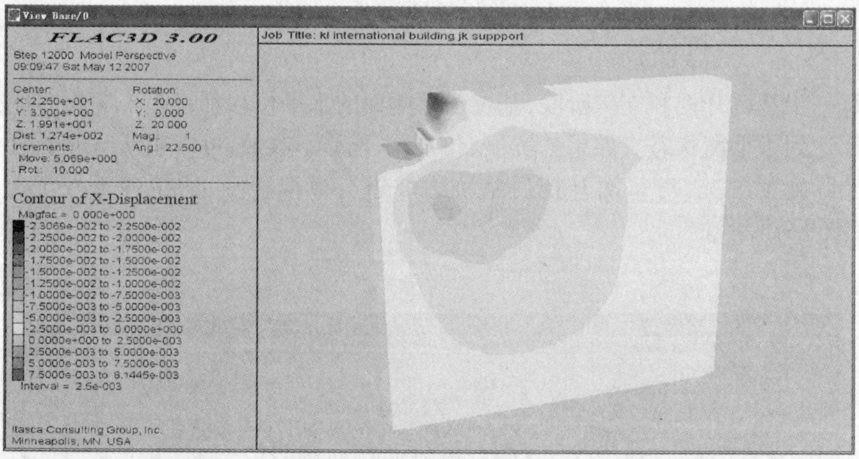

图 9-6　第三步开挖后的水平向位移云图

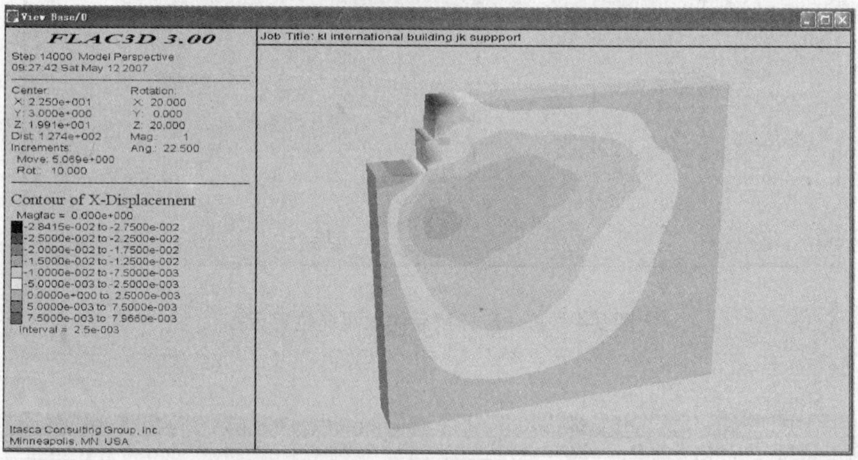

图 9-7　第四步开挖后的水平向位移云图

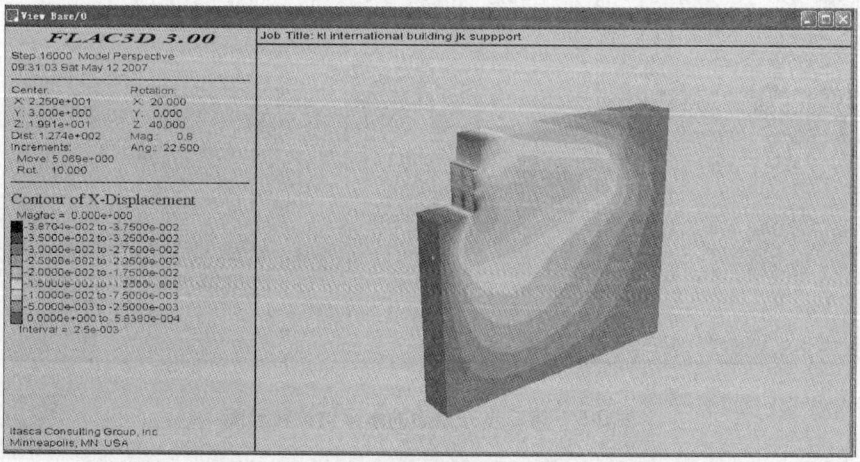

图 9-8　开挖到基坑底部后的水平向位移云图

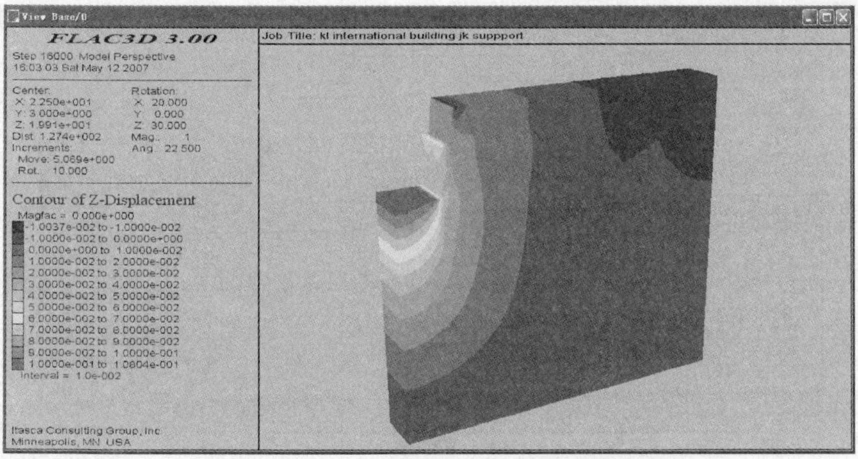

图 9-9　开挖基坑底部后的竖直位移云图

可见,对于垂直于坑壁方向的水平位移,随着基坑开挖深度的增大,位移量及位移范围逐渐增大。当完成最后一步开挖后,桩体的最大位移发生在第二排锚杆与坑底之间,与北京理正深基坑支护结构设计软件计算结果相一致,但模拟的桩顶及桩体的最大位移量分别为 0.58 mm 和 25 mm,较理正软件计算结果略有偏大。

9.6.3　竖直位移特征

从图 9-9 可以看出,坑底隆起值以靠近坑内位置点最大,向四周辐射逐渐减小。此现象主要是因为坑底土体抵抗支护结构滑移而产生的。桩底基坑底部最大隆起值为 100 mm,与北京理正深基坑支护结构设计软件计算结果相比偏小。

9.6.4　结构单元内力特征

在模拟计算中,将桩、土钉及锚杆等沿其长度方向按等长度分段,以便于利用计算结果来分析其内力分布规律。桩单元从桩顶第 1 段到桩底依次分段,土钉及锚杆从靠近边坡部位为第 1 段,往后远离坑壁依次分段,计算结果为每一段的平均受力。

从模拟结果(图 9-10、图 9-11)可以形象地看出,土钉、预应力锚杆及桩的内力分布有以下规律:

(1)土钉所受轴向应力分布为中间大、两头小,这与其被动受力特性相吻合。

(2)由于受到第一排预应力锚杆的影响,第二排土钉的内力为受压。因此,在确保上部 4 m 边坡安全的情况下可适当减短或取消第二排土钉的长度。

(3)受预应力的影响,预应力锚杆所受内力分布为从自由段到锚固段逐渐减小。

(4)锚杆的内力第一排较小而第二排较大,可见,第一排锚杆主要控制桩顶的位移,第二排锚杆主要控制第一排锚杆以下到基坑底以上桩体的位移。

(5)桩所受剪切应力大小分布及方向,与桩所受的实际应力情况相吻合,桩底有剪应力集中现象,这与桩体的刚度及桩底所在土层的特性较好有关。

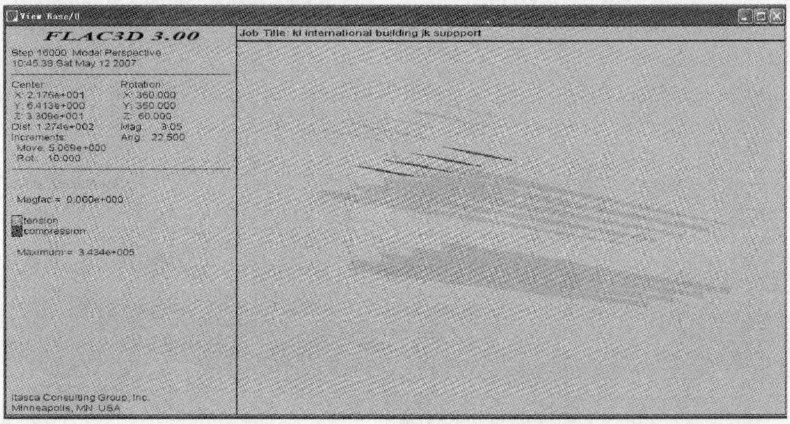

图 9-10　土钉与锚杆所受轴向应力分布图

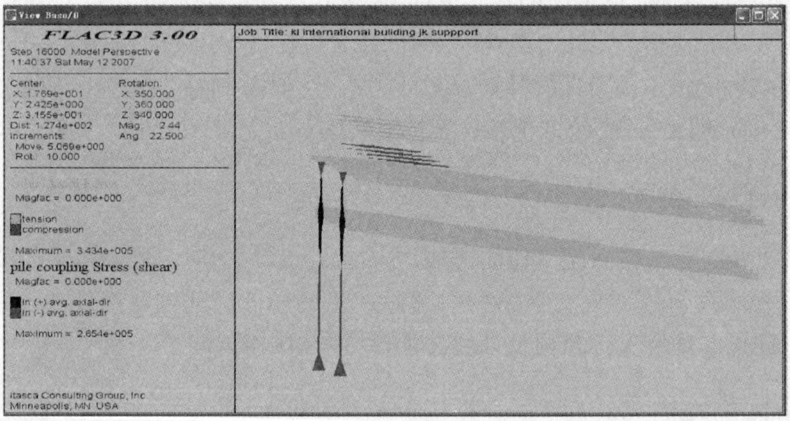

图 9-11　桩所受剪应力分布图

9.6.5　土体应力应变特征

9.6.5.1　应力应变分布模拟

描述基坑边坡体的应力特性主要有三个主应力和剪切应变等值线图等，为便于分析应力及应变的分布特点，模拟显示如图 9-12 ~ 图 9-15 所示。

9.6.5.2　应力应变分析

(1)对比三个主应力图(图 9-12 ~ 图 9-14)可以发现，在基坑底靠近坡脚的位置，三个主应力都相对偏大，说明这个部位受力状况比较集中、复杂。图 9-12 ~ 图 9-14 为开挖至坑底后的土体主应力状态。可见，土体中的各最大主应力从上到下呈均匀递增的规律，符合稳定土体中的应力分布规律。

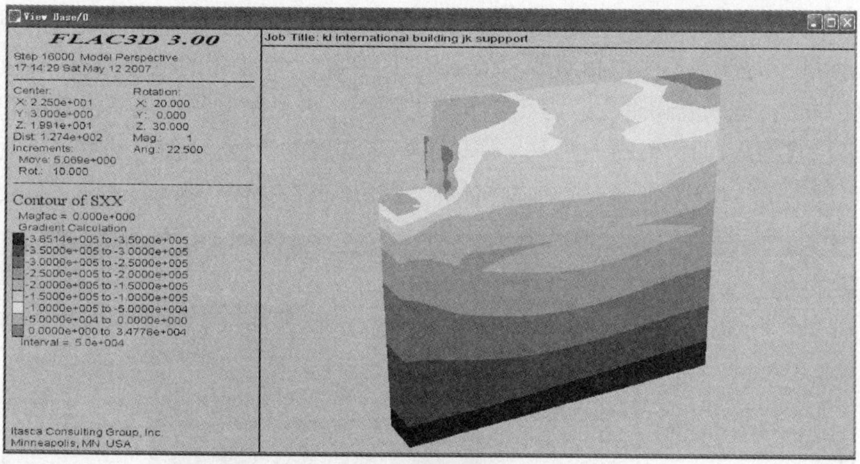

图 9-12 *X* 方向应力分布图

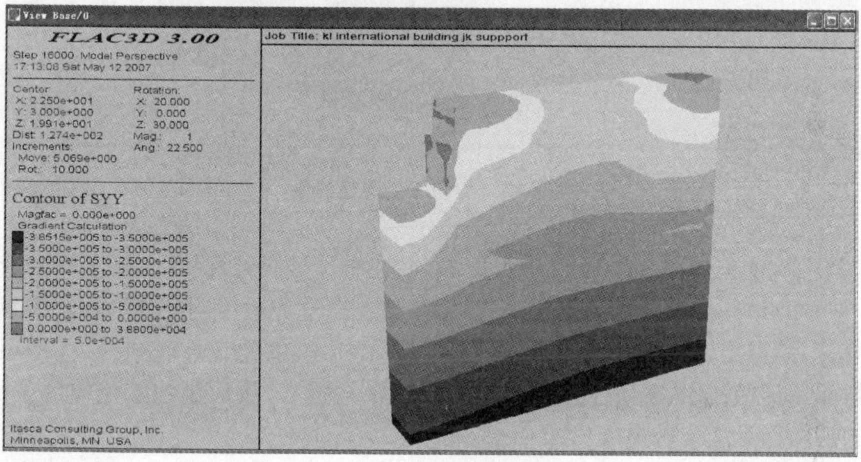

图 9-13 *Y* 方向应力分布图

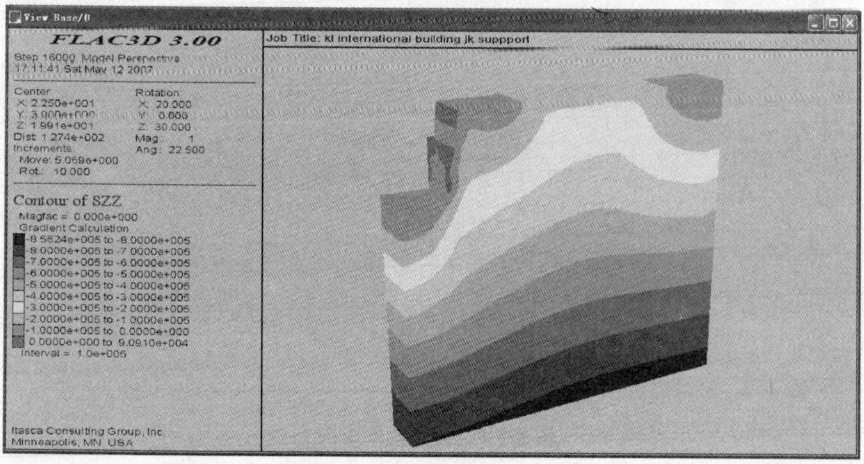

图 9-14 *Z* 方向应力分布图

(2)图 9-15 反映了剪切应变增量的变化,其中,以坡脚和基坑底靠近坡脚的位移量比较明显。可见,此部位是受力相对薄弱的部位,即容易发生破坏的地方,设计时应首先考虑对坡脚加固。造成坡脚附近应力比较复杂的原因主要是被支护边坡有沿着潜在优势滑裂面而滑移的趋势,而滑裂面通过基坑底以下一定深度的土体,从而对基坑底靠近坡脚位置的土体产生挤压作用,促使其发生基坑底隆起变形。

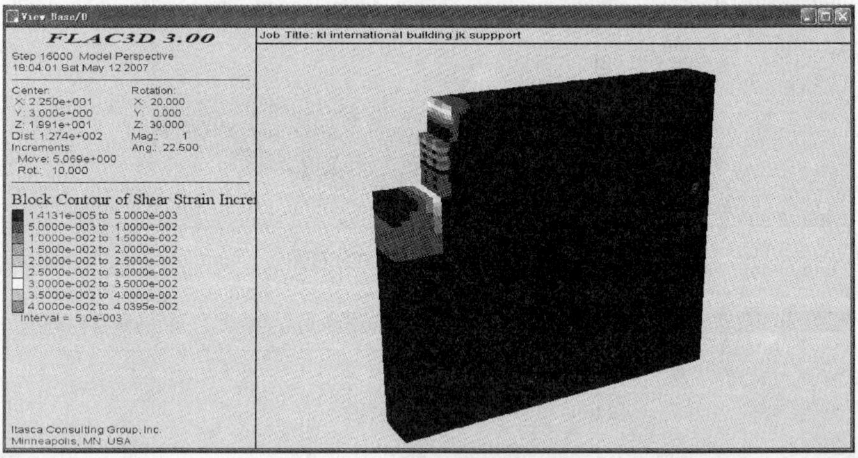

图 9-15　剪切应变等值线图

(3)从主应变矢量图(图 9-16)中可以看到,在基坑坡脚处和桩体处,土体中应力分布较高,而预应力锚杆支护区范围内土体应力分布较低,这充分说明了锚杆在其中承担了绝大部分载荷,使得土体承受较低的应力,保证了基坑边坡的稳定性。同时,锚杆还发挥其应力扩散和传递的作用,改善了土体内应力较集中的状态,从而制约了土体的变形,且使得土体的破坏面远离支护边缘。

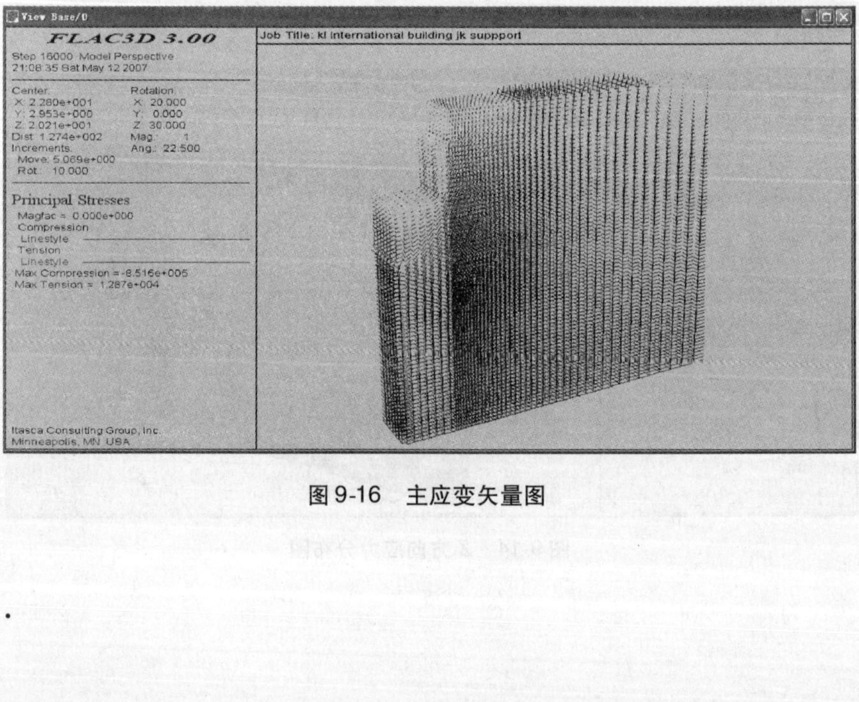

图 9-16　主应变矢量图

第10章 复合支护结构三维数值模拟分析

10.1 工程概况

工程位于郑州市紫荆山路与商城后街交叉口东北区。东邻金紫伊苑回民安置小区，北接紫鼎商务大厦，南接商城北街，西靠紫荆山大道。交通便利，环境优美，属繁华市区。包括一幢高层商住楼、一幢商务楼、裙房和地下车库，底层平面呈“L”形，用地面积约6 790 m^2，建筑面积45 167 m^2。

高层商住楼地下2层，地上31层，纯剪力墙结构，安全等级为一级，平板筏基；商务楼地下2层，地上6层，框架结构，安全等级为二级，独立基础；裙楼地上3层，地下2层。

主、裙楼均采用CFG桩复合地基，CFG桩桩径为40 cm。基坑最大开挖深度主楼为9.0 m，裙楼为6.50 m，由于基坑离周围建筑设施较近，拟采用土钉支护和预应力锚杆+灌注桩进行有效支护。

10.1.1 工程及水文地质条件

本次勘察勘探深度范围内的地层分为15层，大致可分为三套地层。0～6 m填土；6～12 m为第四纪全新世细砂、中砂及粉土；12 m以下为晚中更新粉土、粉质黏土，含钙质结核。1～7层具体岩性描述如下：

第1层：填土(Q_4^{ml})，层底埋深4.0～6.5 m，平均厚度5.0 m，上部有约1.5 m厚的杂填土，多为砖渣等垃圾，下部以素填土为主，灰褐色、深灰色，湿，稍密，含古陶片、瓦片。

第2层：粉土(Q_{4-1}^{al+pl})，层底埋深6.0～8.0 m，平均厚度2.0 m左右，地层呈黄褐色，湿，中密—密实，部分地段为粉质黏土，饱和，可塑，黄褐色，含小姜石。底层近似粉砂。

第3层：粉细砂(Q_{4-1}^{al+pl})，层底埋深10.0～12.0 m，平均厚度3.7 m左右，地层呈黄褐色，湿，中密—密实，部分地段为粉土，饱和，湿，密实。

第3_{-1}层：粉砂(Q_{4-1}^{al+pl})，层底埋深9.8～12.0 m，平均厚度4.0 m左右，呈透镜体产出。地层呈灰黄褐色，饱和，稍密—松散。局部地段为粉土。

第4层：粉土(Q_{4-1}^{al+pl})，层底埋深11.8～13.5 m，平均厚度1.8 m左右，地层呈褐黄色，湿，中密—密实，含少量钙质结核。局部地段近似粉砂。

第5层：粉砂(Q_{4-1}^{al+pl})，层底埋深17.0～20.0 m，平均厚度6.1 m左右，地层呈褐黄色，湿，稍密—密实，含少量钙质结核。部分地段为粉土，湿，密实。

第6层：粉土与粉砂互层(Q_{4-1}^{al+pl})，层底埋深23.5～26.0 m，平均厚度5.4 m左右，地层呈褐黄色，湿，稍密—密实，含较多钙质结核。粉砂呈褐色，饱和，中密—密实，局部夹粉质黏土薄层，可塑，饱和。

第7层：粉砂(Q_{4-1}^{al+pl})，层底埋深26.5～28.0 m，平均厚度3.2 m左右，地层呈褐黄色，

湿,中密—密实,含小钙质结核,中夹少量粉砂。

勘察期间地下水位埋深约 8.5 m,目前实测水位位于地面以下 8.0 m 处,属第四纪松散岩类潜水,对混凝土无腐蚀性。本工程主楼基坑开挖及基础施工期间只需局部降水。

其野外钻探、静力触探、标准贯入试验结果和室内土工试验基本数据见表 10-1。

表 10-1　各土层性质参数

土层号	土层性质	平均厚度 (m)	密度 (g/cm^3)	压缩模量 E(MPa)	黏聚力 c(kPa)	内摩擦角 φ(°)	泊松比 μ
1	填土	5.0	1.87	3.5	14.4	19.5	0.25
2	粉土	2.0	1.94	5.5	16.3	17.5	0.25
3	粉砂	3.7	—	19.5	—	—	0.23
4	粉土	1.8	1.98	7.5	14.0	23.0	0.25
5	粉砂	6.1	2.02	21.0	13.0	25.0	0.24
6	粉土粉砂互层	5.4	2.02	7.0	17.0	22.0	0.24
7	粉砂	3.2	—	26.0	—	—	0.23

10.1.2　周边环境条件

(1)基坑北侧:地下车库坡道距新建 16 层紫鼎大厦仅 7 m。

(2)基坑西侧:紧邻郑州市主干道紫荆山路,且中间埋有刚刚修成的地下电缆隧道及其出气孔和市政、通信管线等设施。

(3)基坑南侧:紧邻商城后街,路边埋有市政及通信设施。

(4)基坑东侧:距已建成的金紫伊苑住宅区 7 层住宅楼仅 6 m。

(5)维护重点:由于场地周围环境复杂,深基坑开挖对周围建筑影响较大,尤其西侧电缆隧道、东侧和东北角的几幢 7 层住宅楼是关键地方,需重点防护。

10.2　基坑支护方案

工程针对不同的周围环境和开挖深度,采用了两种支护方案:基坑的东北角、东侧北段、南侧采用桩锚支护形式;基坑的西侧、东侧南段、北侧采用土钉墙支护形式。本章着重考虑的是场地周围环境复杂条件下的桩锚支护形式。

由于东北角、东侧紧邻金紫伊苑住宅区,南侧紧邻商城后街和电力设施,且无放坡余地,只能垂直开挖。为加强变形控制,以上部位采用桩锚结合支护,以确保周边环境安全。利用上部土体含水量低、直立性较好的特点,先挖去上部约 3 m 厚的杂填土,坡面的开挖角为 72°,开挖面上挂网喷射混凝土,其余部分垂直开挖。沿基坑边施工钢筋混凝土护坡灌注桩,桩顶设置冠梁。待强度达到 70% 设计强度后进行分层开挖,在冠梁上(基坑下

3.0 m 处)设置一道预应力锚索,其锚头直接锚定到冠梁上,以增强支护桩的整体受力性能和支护体系的整体刚度。

支护参数如下:

(1)钻孔灌注桩:桩径 600 mm,主楼有效桩长为 11.0 m,桩间距 1.0 m,混凝土强度等级为 C25。

(2)预应力锚索:水平间距为 1.5 m,地面下约为 3.0 m,做在第 1 层填土中。锚索总长 17.0 m,自由段长 5.0 m,锚固段长 12.0 m,直径 150 mm,倾角为 15°,预加应力 150 kN。预应力锚索采用 2 根 ϕ15.2 钢铰线,抗拉强度为 1 860 MPa。

(3)冠梁:桩顶设置高 × 宽 = 500 mm × 800 mm 的钢筋混凝土冠梁,冠梁内预置锚板(钢板)、波纹管和钢筋网片(螺旋筋)等预埋件,混凝土强度等级为 C25。

(4)网筋为Ⅰ级 ϕ6.5@200 × 200,采用 C20 米石混凝土,喷射混凝土面板厚度为 80 ~ 100 mm。

10.3 模型的建立和参数选取

10.3.1 模型建立

在消除边界效应的原则下,充分考虑深基坑的具体形态特征、客观的工程水文地质条件和支护结构影响范围等情况,建立计算模型。计算的影响范围取为支护桩底下 1 倍基坑开挖深度,锚索中锚固段根部往右留有 2 m 左右的距离。

本次计算模型是选择主楼基坑支护的一段,为了更好地分析支护结构的作用机理,选取三维空间模型进行分析计算。计算模型是一个东西宽 40 m(X 轴方向),南北长 8 m(Y 轴方向)、厚度为 23 m(Z 轴方向)的六面体,开挖支护后的模型如图 10-1 所示。

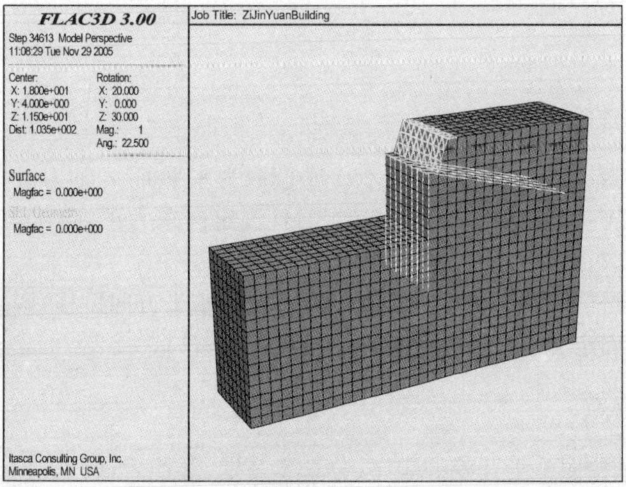

图 10-1 三维模型和结构单元模型

在建立三维基坑模型时,进行了适当的简化和假设,本着重点突出的原则对具体的模型进行了抽象和概化,本次模拟重点是基坑支护结构内力和位移的分析,并进一步研究桩锚支护的作用机理。

10.3.2 参数选取

计算模型的基本土层由勘察报告给出,充分考虑地层的非均质性,各土层的压缩模量、泊松比、天然重度、黏聚力、内摩擦角等参数采用勘察报告中给出的参数。由于施工时该工程处的地下水位较低,适当采取降水措施即可满足工程的需要,因此本次模拟中不考虑地下水的影响。

在 FLAC 3D 中,除了横观各向同性弹性和正交各向同性弹性模型外,所有的材料模型都取决于两个弹性常数,即体积模量(K)和剪切模量(G)。工程勘察报告一般提供压缩模量,而在这里的换算是根据变形模量,因此需要根据适当的经验系数进行两者之间的换算。

由变形模量 K 和泊松比 μ 转换成 K 和 G 的函数关系为

$$K=\frac{E}{3(1-2\mu)}$$

$$G=\frac{E}{2(1+\mu)}$$

计算模型中各层土的计算参数见表 10-2,其他参数按勘察报告选取。

表 10-2 各层土的计算参数

地层	体积模量 K(MPa)	剪切模量 G(MPa)	重度 (kN/m^3)	地层	体积模量 K(MPa)	剪切模量 G(MPa)	重度 (kN/m^3)
第一层	17.292	12.084	18.7	第四层	26.660	14.410	19.6
第二层	22.221	13.235	19.4	第五层	30.833	17.812	20.2
第三层	25.500	15.187	20.2	第六层	35.926	18.536	20.2

10.3.3 边界条件

该模型的坐标系采用直角坐标系,XOY 平面取为水平面,Z 轴为铅直方向。在水平面上,东西方向为 X 方向,南北方向为 Y 方向,并且规定向东为正、向北为正、铅直方向向上为正,坐标系原点取在模型基底的左下角。

边界条件的设置采用模型周边侧向约束,不允许水平方向位移,底面约束允许铅直方向变形,底面采用固定支座,四面采用可动支座边界条件。

10.3.4 模型特点

数值模拟完全按照施工开挖的顺序,分 6 步开挖,开挖后进行支护,基坑深 9 m,上部 3 m 为斜面开挖,开挖角度为 72°,下部 6 m 在支护桩施工后,采取垂直开挖。

模型采用了 FLAC 3D 基本单元 brick、wedge 和结构单元 liner、beam、cable、pile。建模

时，分别对几种结构单元进行了方向的设置，并将结构单元之间（桩、锚索、冠梁之间，衬砌与衬砌之间）的节点（node）和连接（link）采用手动方式进行了设置，使它们成为一个有机的整体。对于桩和锚索的模拟，分别按照其长度将其分成若干小单元，每个单元长为1 m，假设这一个小单元内的力学性质分布是均匀的。

模型由7 384个单元（zones）、8 874个模型单元节点（grid－points）、282个结构单元（structural－elements）和264个结构单元节点（nodes）组成，该模型共执行了45 183个循环。

模型土层的强度准则采用摩尔－库仑准则和弹塑性本构关系，并假设其为大变形，因为大变形理论计算结果比小变形理论计算更精确[104]，结构单元认为是理想弹性体。

10.3.5 计算思路

按照施工顺序模拟计算基坑开挖过程中土体及支护结构应力场和位移场的变化过程，从而得到了各个施工阶段的应力和位移变化，在此基础上对支护结构的变形和内力影响因素进行了分析与探讨。

具体计算方案为：首先将模型全部按相对应的材料参数进行设定，定义好边界条件，由于基坑开挖以前已经进行了降水，故本模型中没有考虑水的作用。在自重应力的情况下进行计算，让模型在自重作用下稳定，计算结果即作为模型计算的初始应力和初始位移，并将其在 X、Y、Z 三个方向的位移、速度设定为零。第一次开挖完成以后，打支护桩，施工预应力锚索，接着依次分别进行第二次到第六次的开挖，设置支护结构后要分别进行参数设置，每次开挖完成后要进行平衡计算。

为了更好观测到基坑、支护结构的位移和内力随时间的变化规律，可以设置一系列的历史记录（history）来进行观测并进行对比分析。对基坑土体的位移及支护结构的内力和位移数据可以直接从FLAC 3D导出来，采用相应的软件进行后处理，通过各种曲线更好地分析其各种变化规律。

本次计算参数选取时，主要采用该工程的设计参数。另外，还对一些参数作了多种情况的计算，目的是得到更多的变化规律曲线，进而进行参数的优化。如锚索的预应力分别设为150 kN、75 kN和0；锚索长度设为17 m和20 m；桩长设为11 m和13 m，采用相应的组合以作更好的分析和对比。

10.4 三维数值模拟结果分析

10.4.1 基坑开挖前的自重应力场模拟

模型在自重作用下的稳定过程实际上是模拟地质历史上土层沉积固结过程，反映在模型上就是最大不平衡力的变化过程，即当最大不平衡力降到一定范围直到基本上等于零，这时模型便趋于稳定。图10-2为模型在自重作用下最大不平衡力随时步的变化曲线。该图表明，在1 420时步后，固结沉降趋于稳定，表明在重力作用下模型已经稳定。由于土体是正常固结土，固结作用已经完成，因此自重作用下的位移应该在后续计算中清除。

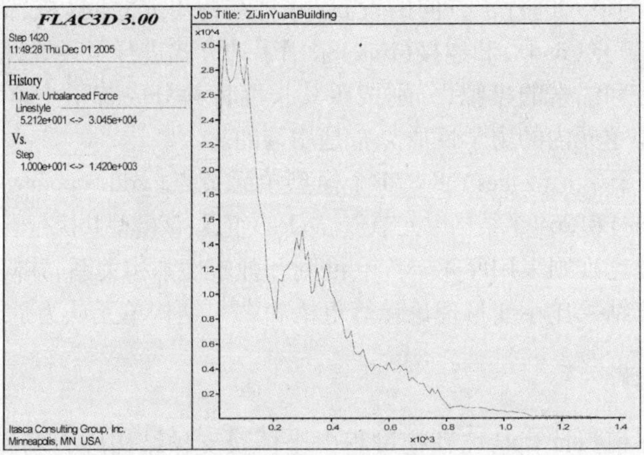

图 10-2　自重作用过程中的最大不平衡力

10.4.2　深基坑的分步开挖支护过程模拟

10.4.2.1　不平衡力演化曲线

每个网格最多被八个单元包围,这些单元对网格施加力。在平衡状态,这些力的代数和几乎为零。若是不平衡力接近于一个非零的恒定值,表明模型破坏或进入了塑性流动状态。在模型的评估分析中,不平衡力是个很重要的指标,计算过程中它可以通过历史记录在屏幕上显示出来。

图 10-3 ~ 图 10-5 是基坑在开挖和支护过程中不平衡力随时步变化的曲线,并且锚索上预应力依次分别为 150 kN、75 kN、0。从图中可以明显发现,曲线的总体趋势是一样的,就是基坑在每一步开挖后,最大不平衡力都有一个突然增大的趋势,然后由于预应力锚索和支护桩的联合作用,最大不平衡力逐渐又趋于稳定。但是每个图形的最大不平衡力是不一致的,因为这与锚索施加的预应力值的大小有关。不平衡力值的最大值范围为 50 ~ 150 kN。

1) 预应力为 150 kN 时不平衡力演化曲线

图 10-3 显示预应力为 150 kN 时,不平衡力随时步的演化曲线。第一步开挖时,不平衡力很小,所以对基坑的稳定性影响较小,因此不使用锚索支护而仅采用衬砌形式;第二步开挖后对锚索施加了预应力,导致不平衡力突然变得很大,显示的最大不平衡力和施加的预应力值基本上相等;第三、四步施工基本没变化;然后,在第五步开挖时,不平衡力又突然增大,说明此步开挖对基坑稳定性影响较大,在基坑施工中应予以重视;第六步基本上又稳定下来。

2) 预应力为 75 kN 时不平衡力演化曲线

图 10-4 显示预应力为 75 kN 时,不平衡力随时步的演化曲线。第一步开挖时,不平衡力较小,结论同图 10-3 分析。随后的开挖过程中,不平衡力逐渐增大,第六步开挖时不平衡力突然增大,与预应力为 150 kN 时最大不平衡力很相近,这表明基坑不是处于一个非常稳定状态中,而是在不断地发生变化的,基坑施工中应予以重视。

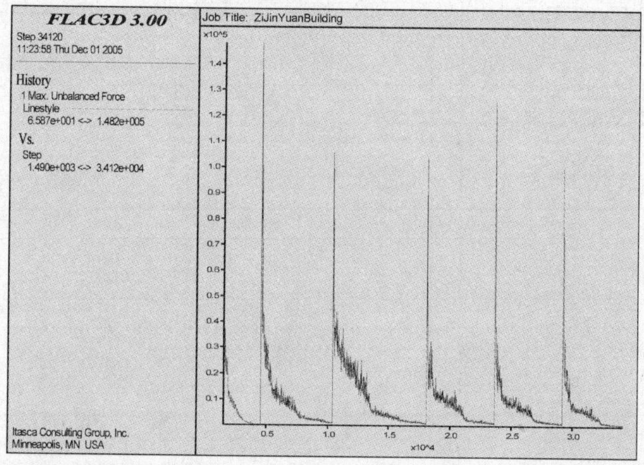

图 10-3 分步开挖和支护时不平衡力随时步的演化曲线(预应力为 150 kN)

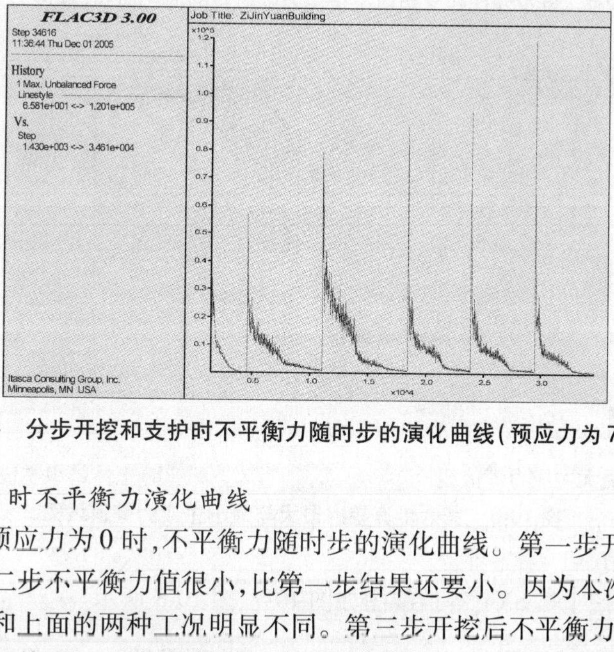

图 10-4 分步开挖和支护时不平衡力随时步的演化曲线(预应力为 75 kN)

3)预应力为 0 时不平衡力演化曲线

图 10-5 显示预应力为 0 时,不平衡力随时步的演化曲线。第一步开挖不平衡力变化同上两种工况;第二步不平衡力值很小,比第一步结果还要小。因为本次的锚索支护中没有预应力,这一点和上面的两种工况明显不同。第三步开挖后不平衡力突然增大,到第五步开挖时达到最大,然后又下降。开挖过程中,说明第三步的开挖对基坑的稳定影响最大,因为第三步直接开挖 2 m,而其他步为 1 m。

10.4.2.2 基坑开挖过程中土体应力变化

在基坑开挖过程中,由于土体的卸荷作用,将对土体中的应力产生很大的影响,也直接关系到基坑的稳定性。下面对基坑开挖中土体的最大和最小主应力以及剪应力状态进行简单的分析(以压为负,以拉为正)。

1)土体最大和最小主应力

图 10-6 显示的是第六步开挖时最大与最小主应力等值线图,对主应力大小来说,其值是从上往下逐渐增加的;但是对每个开挖步来说,随着开挖深度的增加,主应力值是逐渐减小的。

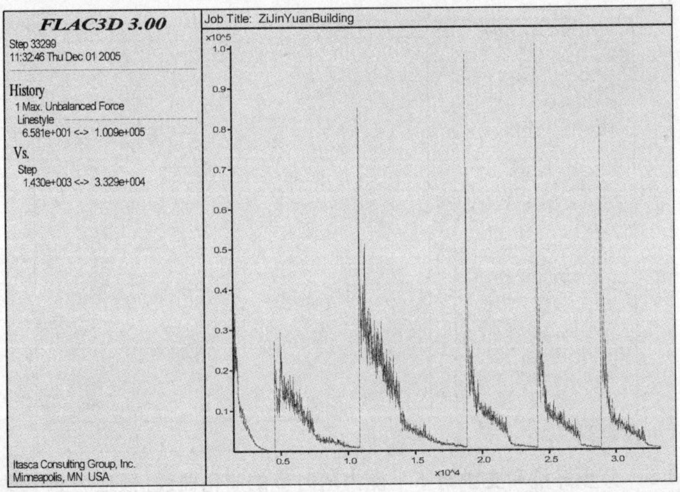

图 10-5　分步开挖和支护时不平衡力随时步的演化曲线(预应力为 0)

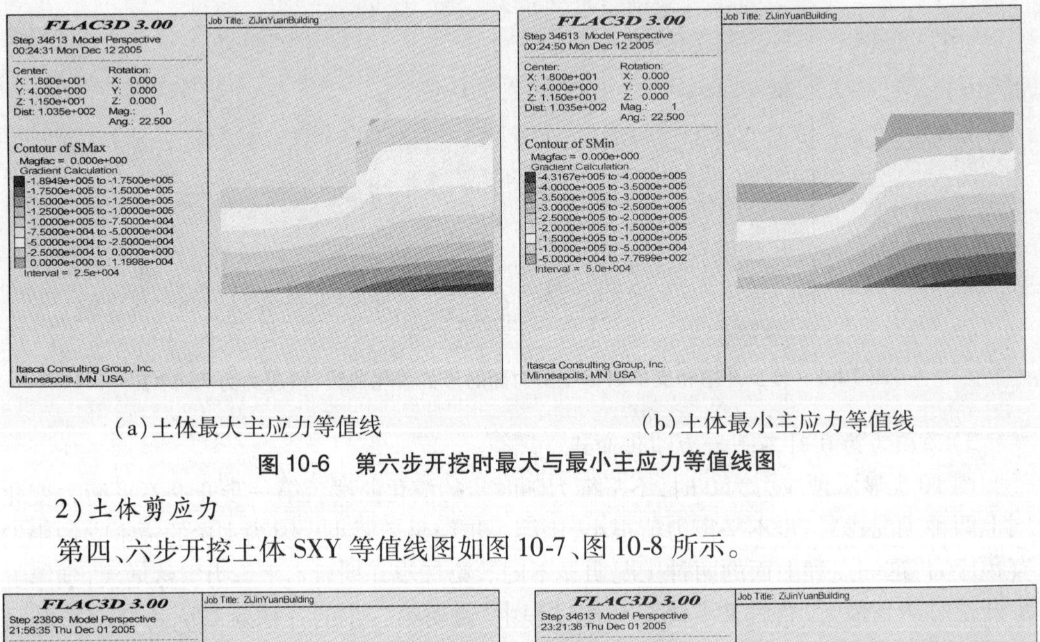

(a)土体最大主应力等值线　　　　　　(b)土体最小主应力等值线

图 10-6　第六步开挖时最大与最小主应力等值线图

2)土体剪应力

第四、六步开挖土体 SXY 等值线图如图 10-7、图 10-8 所示。

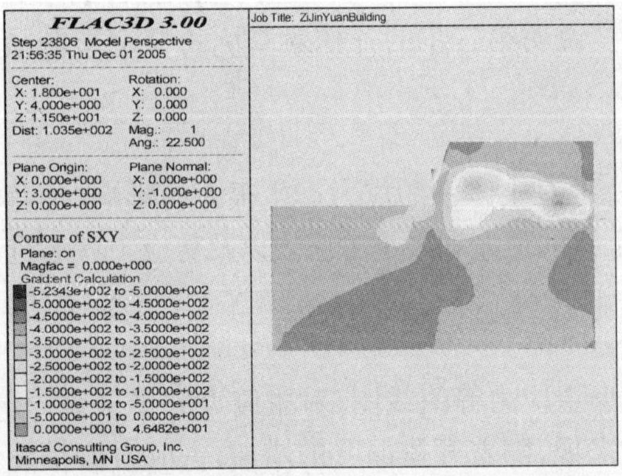

图 10-7　第四步开挖土体 SXY 等值线图

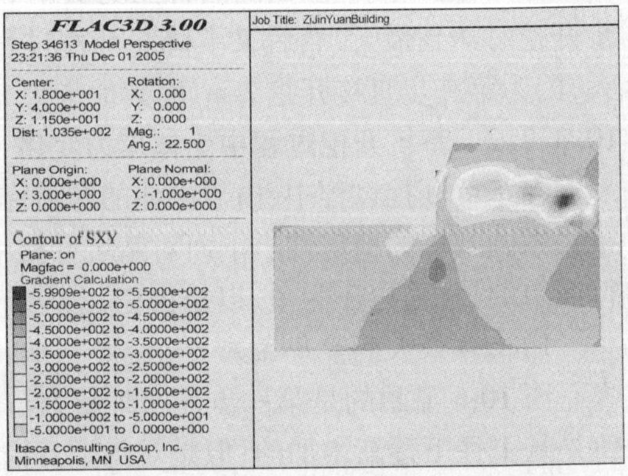

图 10-8　第六步开挖土体 SXY 等值线图

第一、六步开挖土体 SXZ 等值线图如图 10-9、图 10-10 所示。

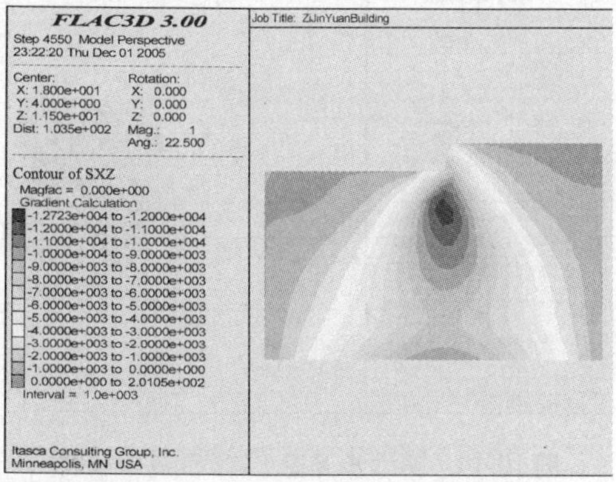

图 10-9　第一步开挖土体 SXZ 等值线图

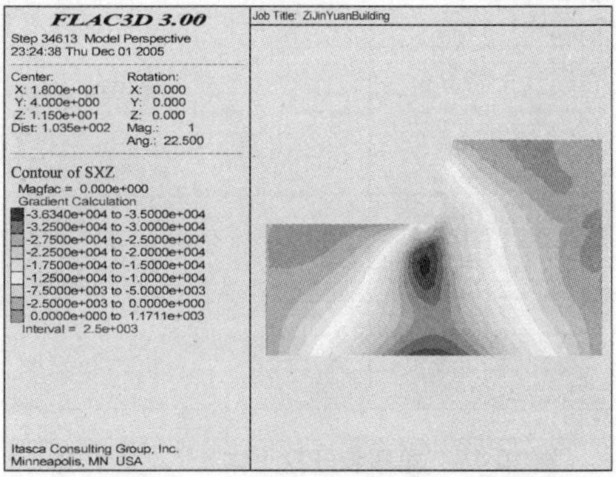

图 10-10　第六步开挖土体 SXZ 等值线图

从 SXY、SXZ 剪力图中可以看出，开挖过程中剪应力值都是逐渐增大的，基坑底脚处和锚固段的末端土体中有明显的剪应力集中现象，当值达到一定程度超过土体的抗剪强度时，将会发生剪切屈服破坏，使基坑处于危险状态。

3）土体剪应变变化率和剪应变增量

从剪应变变化率（见图 10-11、图 10-12）可知，锚头处和支护桩前土体随着深度增加，剪应变变化率比其他部位大，其深度范围基本上与坑底桩的入土深度相当。充分表明桩前这部分土体开挖中与桩的相互作用比较强烈，原因是桩受到锚索的拉力和卸荷作用使桩有向上的运动趋势。为了确保基坑的稳定性，应在桩前的土体中采取措施进行加固处理。目前，软土基坑工程上常在坑底区域进行注浆加固是有一定理论依据的，并且可以减小坑底隆起、基坑位移和支撑轴力等。

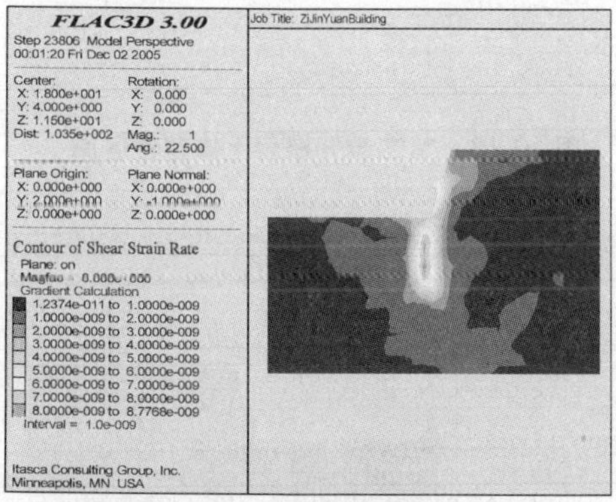

图 10-11　第四步开挖土体 SSR 等值线图

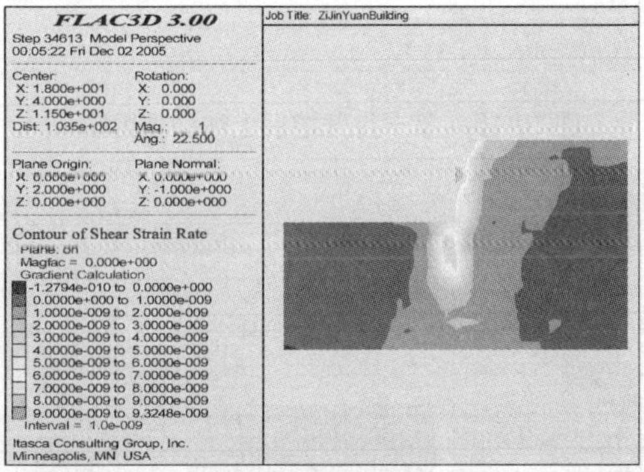

图 10-12　第六步开挖土体 SSR 等值线图

从剪应变增量（见图 10-13、图 10-14）可知，在基坑底部土体逐步开挖后，在开挖面以下的被动区土体向坑内移动，使坑底水平向应力加大，导致坑底土体剪应力增大而发生水平向挤压和向上隆起的位移。基坑下部的土体位移增量明显比基坑围护侧土体位移大，并且最明显的位置还是位于支护桩前的坑底处。

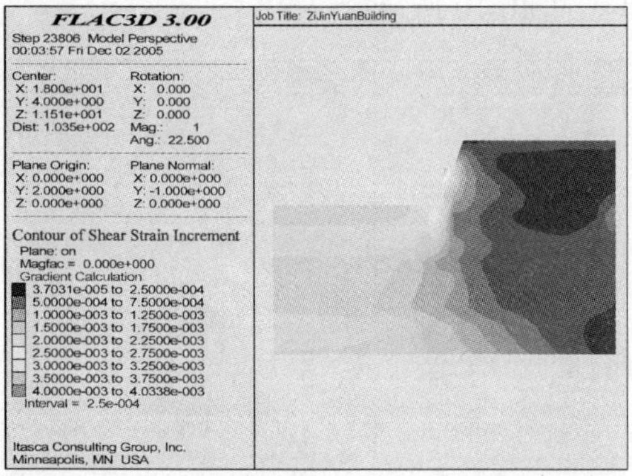

图 10-13　第四步开挖土体 SSI 等值线图

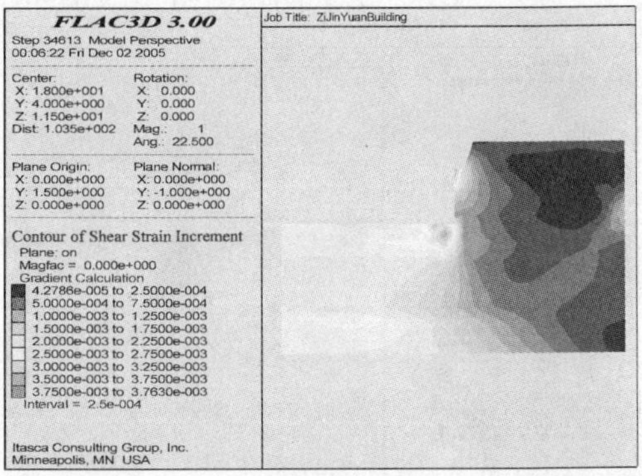

图 10-14　第六步开挖土体 SSI 等值线图

10.4.2.3　基坑开挖过程中土体塑性区

由图 10-15 ~ 图 10-20 知：

(1)前两步开挖卸荷后，在锚头处和基坑底脚处出现剪应力集中现象，出现了塑性区。

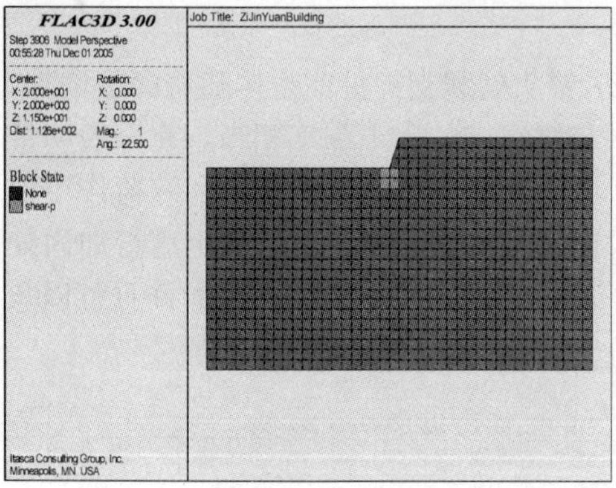

图 10-15　第一步开挖后土体塑性区图

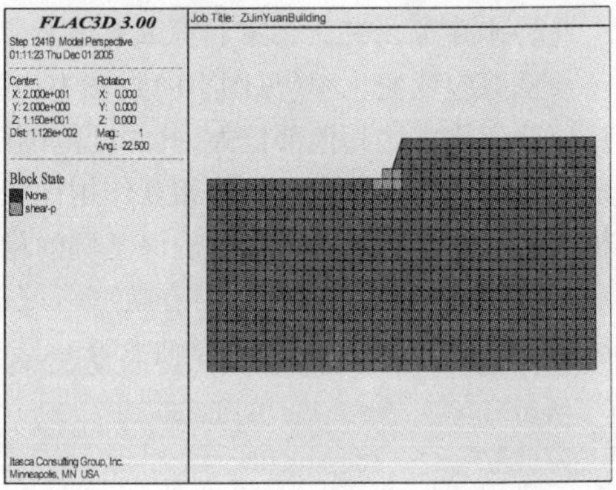

图 10-16　第二步开挖后土体塑性区图

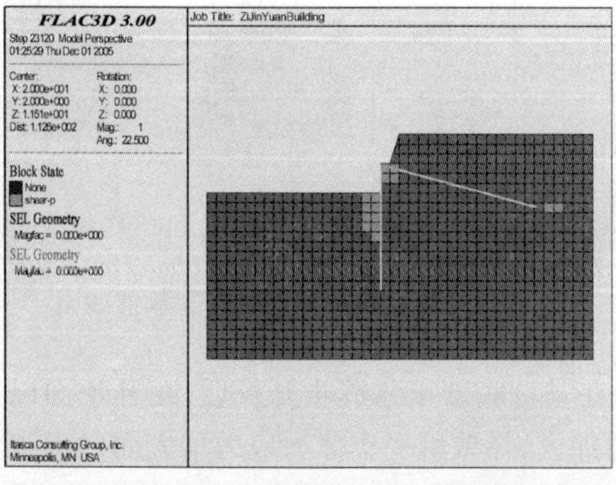

图 10-17　第三步开挖后土体塑性区图

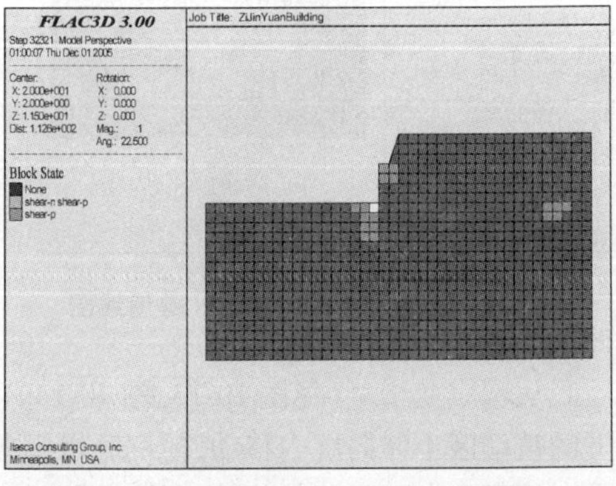

图 10-18　第四步开挖后土体塑性区图

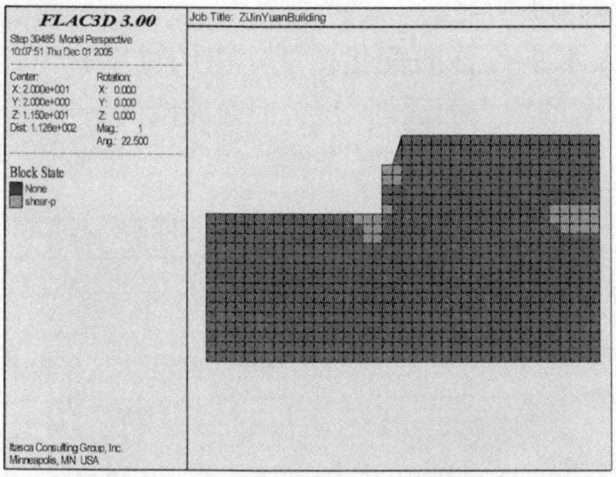

图 10-19　第五步开挖后土体塑性区图

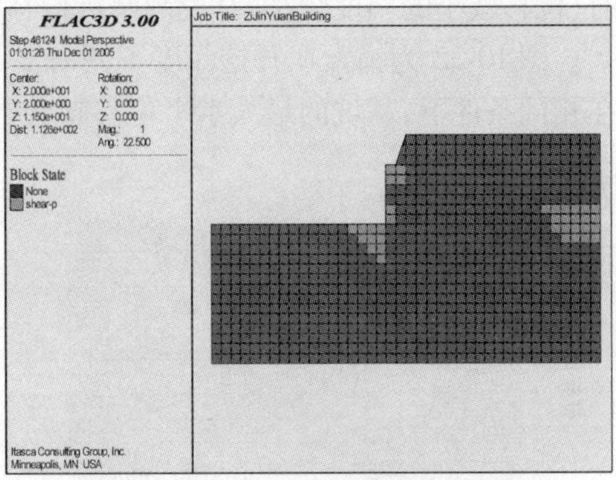

图 10-20　第六步开挖后土体塑性区图

(2)第三步开挖后,支护桩前竖直范围内出现较深塑性区,这和上面剪应变变化率有一定的关系;锚索锚固段的根部也出现了塑性区(深色线状分别表示锚索和桩)。

在基坑开挖面以下的墙内侧被动压力区的土体向坑内水平位移,使坑底土体加大水平向应力,以至坑底土体增大剪应力而发生水平向挤压和向上隆起的位移,在坑底形成局部塑性区。预应力锚索对桩的拉力逐渐增大,使桩有向前运动的趋势,这样就对坑底位于桩前的土体有强烈的挤压作用,使得桩前的土体处于剪切屈服状态,从而产生了大范围的塑性区。在锚索末端受到上部土体的压力和锚索拉力作用,使得锚索浆体和周围的土体接触面处发生剪切作用而产生塑性区。

(3)第四、五步开挖后,基坑底部的水平塑性区和锚索的根部塑性区都逐渐增大。但是在支护桩的后面也出现塑性区,原因是支护结构外侧主动土压力区的土体向坑内移动,使背后土体水平应力减小,剪应力增大,出现塑性区。锚固段根部的土体在受拉状态下,塑性区进一步增大。

(4)第六步开挖完成后,塑性区域达到最大。锚头处塑性区在开挖中基本不变,其余塑性区均达到最大范围,坑底开挖角处左边形成了一个45°的贯通区,此位置是剪力的最大位置,也表明此部位土体将发生破坏。另外,桩后水平应力继续减小,剪力继续增大,土体处于受剪屈服状态,使塑性区范围进一步加大。锚固段根部范围还在一直增大,其趋势是朝右下角45°方向发展。

10.4.3　位移分析

10.4.3.1　基坑位移分析

本章对基坑的位移分析,主要从以下几个方面来进行:基坑顶部的水平位移、垂直位移及基坑底部的垂直位移(隆起)。

1)基坑坡顶水平位移

图10-21为对锚索施加不同预应力时基坑最大水平位移的变化曲线。由图可以看出,在相同的条件下,基坑的水平位移随预应力的加大而减小。从数据上可以看出,随着预应力的增大,水平位移减小的幅度变小,当预应力达到一定大的值后继续增加预应力

时，位移减小的幅度较小，对控制基坑位移的效果已不明显。

图 10-22 为锚索在开挖深度不同时基坑最大水平位移的变化曲线。由图可以看出，在相同条件下，基坑的最大水平位移随着开挖深度的增大而逐渐增大，但是曲线的斜率是逐渐减小的。

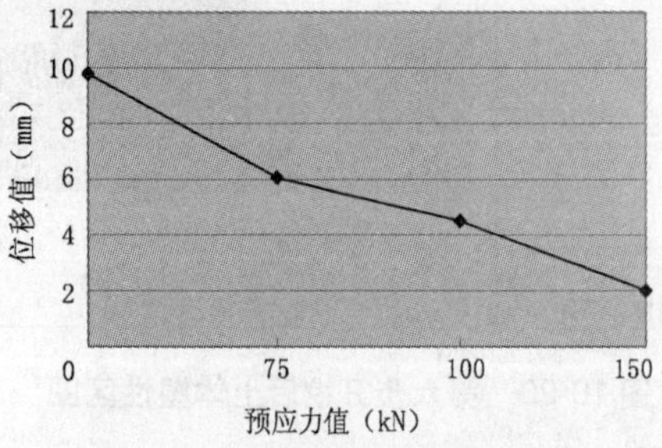

图 10-21　不同预应力下的最大水平位移分布图

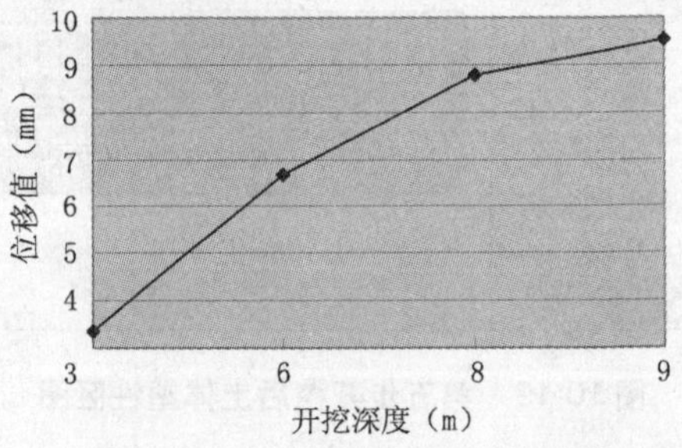

图 10-22　不同开挖深度下的最大水平位移分布图

在开挖过程中，采用水平位移等值线图来显示开挖过程中的基坑水平位移变化，由图 10-23 ~ 图 10-26 知，支护桩底部的水平位移为负值最大，锚索的拉力作用使得桩身有向外的运动趋势。基坑顶部位移为正值且很大，原因是在开挖时没有考虑土的回弹模量，导致土体向上隆起严重，土体向坑外移动，水平位移也相应地变大。

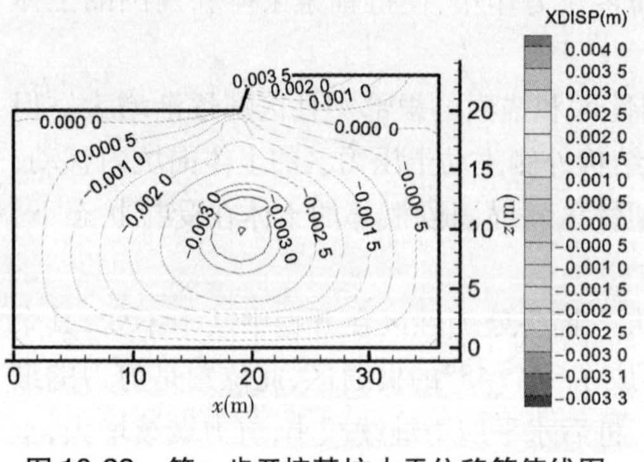

图 10-23　第一步开挖基坑水平位移等值线图

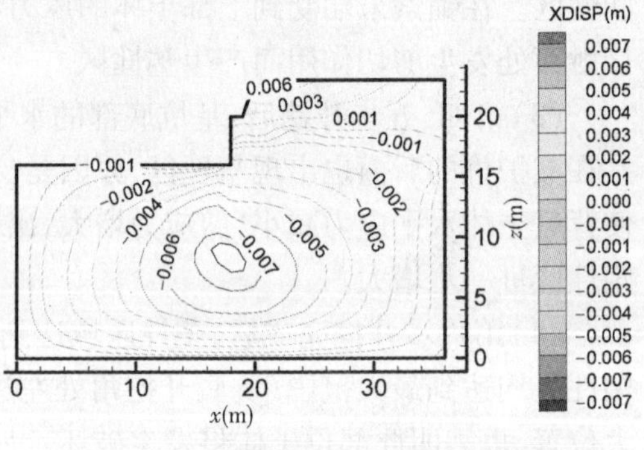

图 10-24　第四步开挖基坑水平位移等值线图

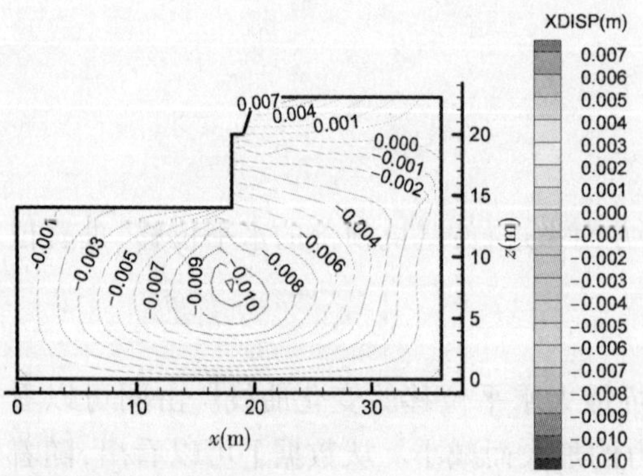

图 10-25　第六步开挖基坑水平位移等值线图

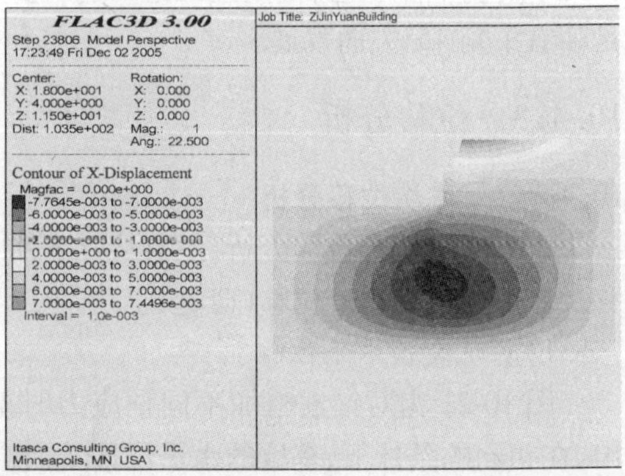

图 10-26　第六步开挖基坑水平位移等值线云图

2）基坑顶部水平位移记录曲线

为更好地分析基坑顶部土体在开挖中的位移变化，沿基坑顶部设置了一系列的水平位移跟踪记录（见图 10-27）。从监测结果来看，基坑顶部水平位移不是向坑内方向移动，而是向坑外方向移动。从图中来看，最上面的曲线是基坑开挖边缘上的点，往后依次逐渐增加，虽然个别曲线形状有些不同，但整体趋势是一样的。每开挖一步，经过一段时间达到平衡，再次开挖，其水平位移量又逐渐增加，然后再次达到平衡，这样一直循环下去。但是在曲线末端基本上都处于一条直线，这也是基坑处于一个稳定状态的特征。

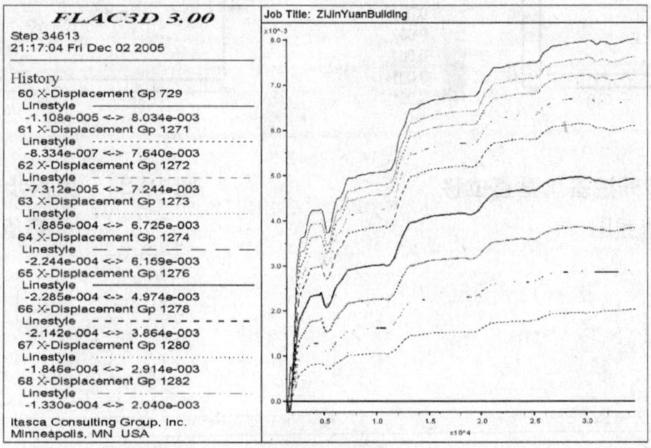

图 10-27　基坑顶部水平位移记录曲线

3）基坑垂直位移分析

由图 10-28 ~ 图 10-31 知，基坑开挖面处的垂直位移随着基坑开挖深度的增加而不断地增大。基坑底部开挖面下的隆起量从上往下逐渐递减。基坑顶部的垂直位移和基坑底部隆起量是一致的，从等值线图上可看出，基坑顶部后半部分才出现土体沉降。

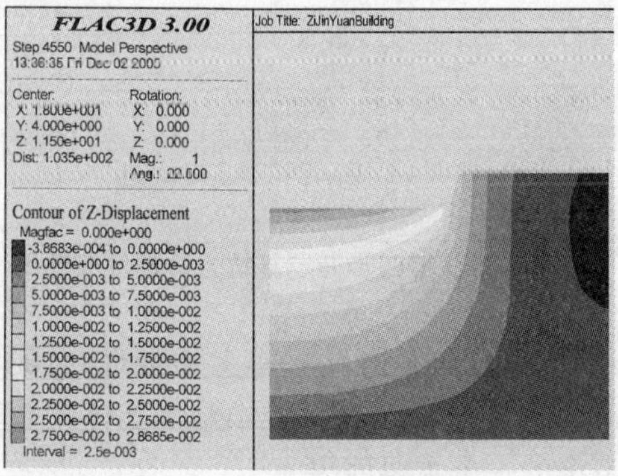

图 10-28　第一步开挖基坑垂直位移等值线云图

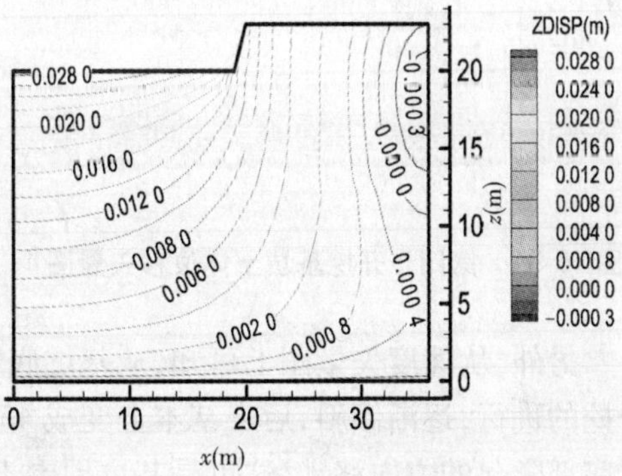

图 10-29　第一步开挖基坑垂直位移等值线图

4）基坑位移矢量图

从图 10-32 ~ 图 10-35 可知，基坑土体位移是每步计算逐渐叠加的，速度是时刻变化的，是即时速度。这从第一步开挖图中能清晰地看出，因为此时计算步数较小，速度方向和位移方向基本上是一致的。图 10-30 中位移曲线还是明显不同的,基本上是垂直的,但是图 10-35 中速度矢量在支护桩前和斜开挖面上比较大,这与上面讲的桩前剪应变变化率比较大存在一定的关系。

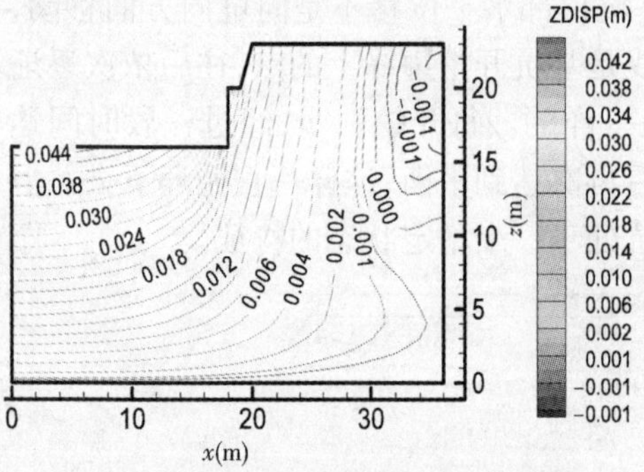

图 10-30　第四步开挖基坑垂直位移等值线图

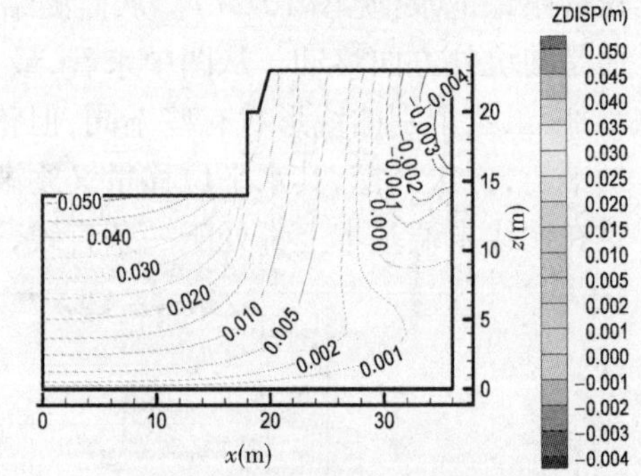

图 10-31　第六步开挖基坑垂直位移等值线图

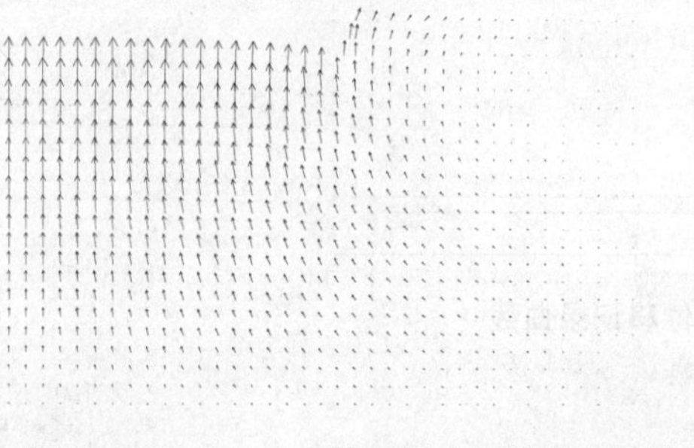

图 10-32　第一步开挖基坑土体位移矢量图

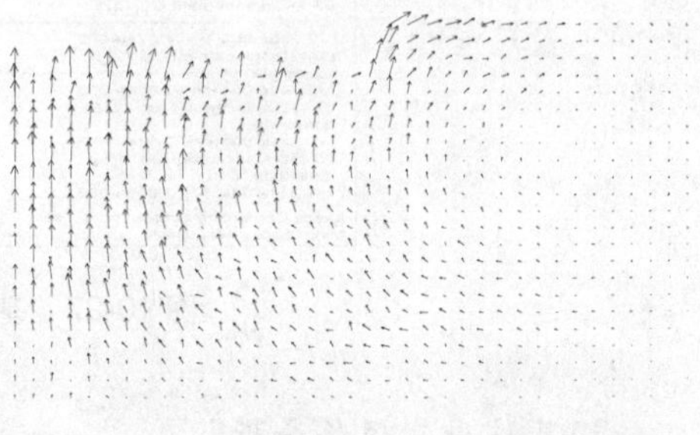

图 10-33　第一步开挖基坑土体速度矢量图

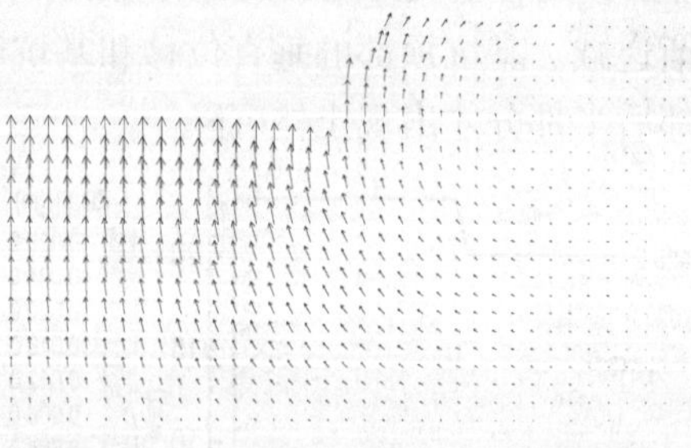

图 10-34　第四步开挖基坑土体位移矢量图

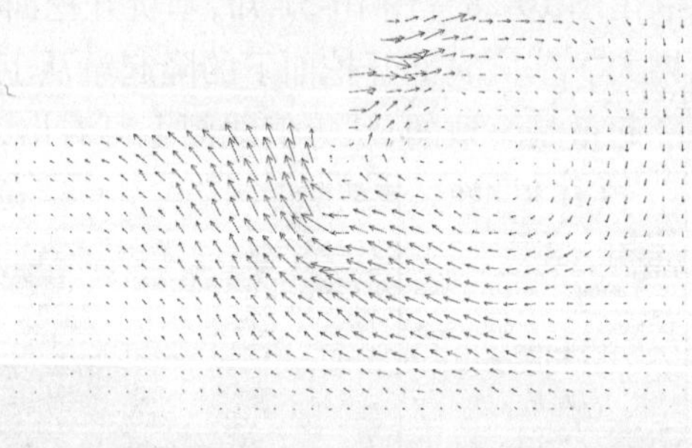

图 10-35　第四步开挖基坑土体速度矢量图

另外,从速度矢量图上可知,从基坑底脚下面的速度矢量开始基本上是竖直的,随着开挖的进行,逐渐倾斜,后来基本上变成 45° 方向。这充分显示在开挖中基坑土体朝着基坑底部隆起的方向移动,这也是基坑周围土体下沉的一个主要原因。

5)基坑垂直位移随时间的变化曲线

图 10-36 表明了在 $y=4$ 处 $x(x=20\sim32)$ 沿着基坑顶部不同位置,这些点的垂直位移随开挖步数的变化曲线。最大值出现在基坑的边沿处,负值出现在离基坑边沿一段距离的地方。

开挖卸荷后,基坑底部的土体发生回弹,土体将发生隆起。在上面的水平位移和竖直位移的分析中,坑底位移隆起的等值线图基本上已经显示出来。下面将重点对基坑底部垂直位移随开挖时步演化进行分析。基坑底部的同一剖面上的点($y=0$、2、4、6、8),基坑的隆起量是一致的,见图 10-37。

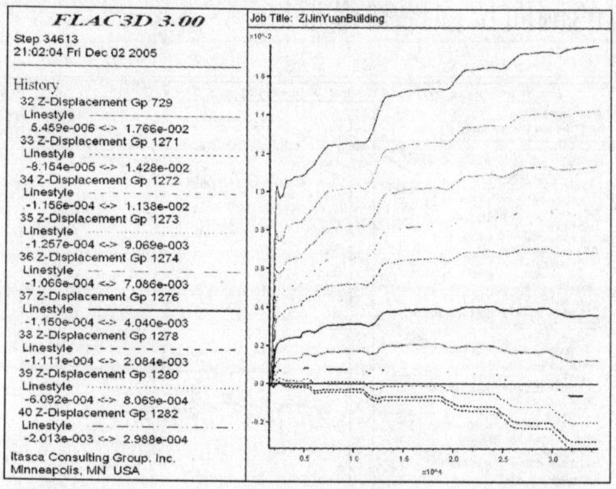

图 10-36　$y=4$ 处基坑顶部垂直位移记录曲线

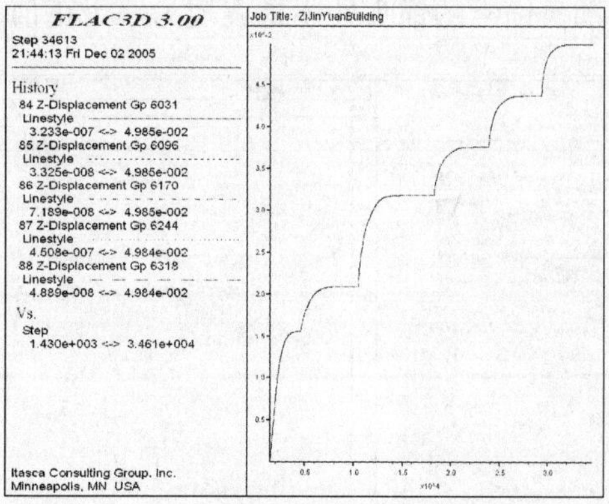

图 10-37　$x=9$ 处坑底横向垂直位移记录曲线

考虑到基坑的对称性,分析时取基坑一半宽度。从图 10-38 中看出,基坑的中间部分隆起量最大,靠近基坑边沿隆起量小。前几个曲线($z=14$,$x=0$、3、6、9)相差很小。在基坑宽度的 1/4 处,其余几个曲线($x=12$、15、17)基坑的隆起量逐渐变小,基坑的底脚处隆起量达到最小。

对基坑底脚处的深层($x=17$, $z=11$、12、13、14)位移进行监测,如图 10-39、图 10-40 所示。表明支护桩前土体的垂直位移和水平位移自下往上是逐渐增大的,随着开挖的进行,曲线都呈阶梯状变化,在每个曲线的末端都是一条水平直线。

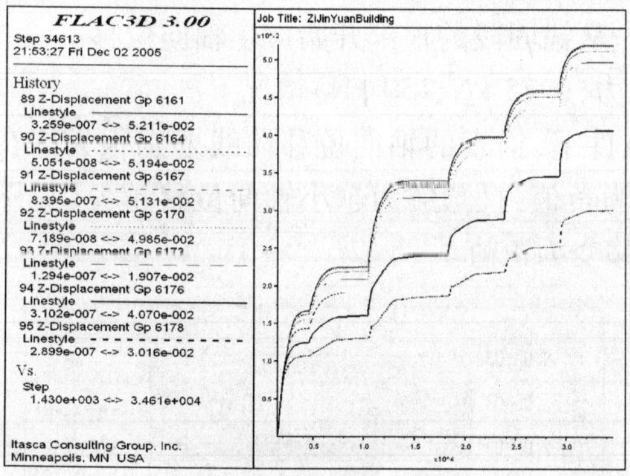

图 10-38　$y=4$ 处坑底纵向垂直位移记录曲线

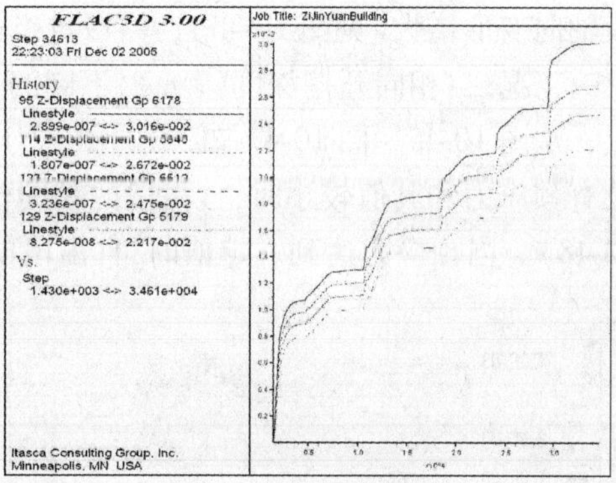

图 10-39　$y=4$ 处坑底深层垂直位移记录曲线

10.4.3.2　锚索变形分析

锚索的变形,包括锚索材料和浆体材料的变形,本次主要研究锚索的轴向变形、径向变形和剪切变形。计算模型里共有 5 根锚索,考虑到锚索的对称性,主要对第二根锚索的位移进行跟踪监测。

1）轴向变形

（1）第二根锚索轴向位移记录曲线。

图 10-41 表明随着开挖的进行，前三条曲线是自由段上点的记录曲线，始终为正值。锚索 x 负向位移逐渐增大，说明锚索和周围介质有相对位移。锚索向着基坑开挖的方向移动。锚索的锚头处还是表现为一个正值，基坑的侧向位移控制得很好。

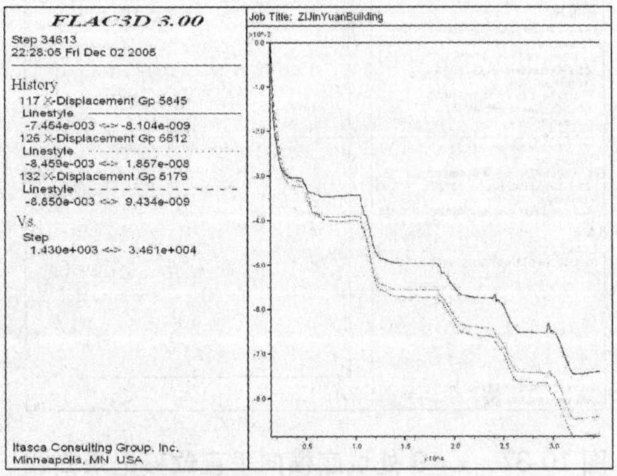

图 10-40　$y=4$ 处坑底深层水平位移记录曲线

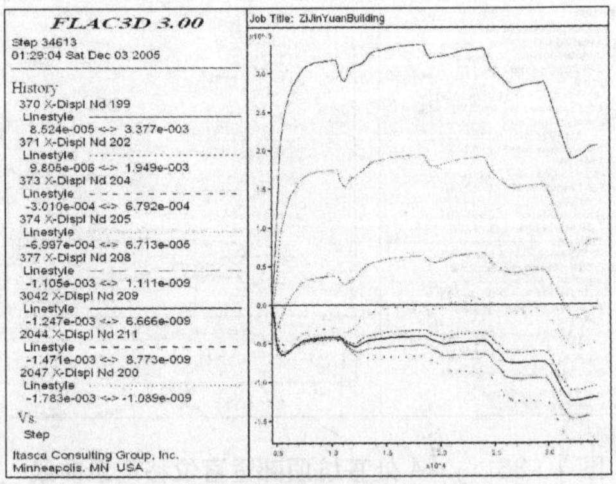

图 10-41　第二根锚索部分节点水平位移记录曲线

（2）锚索轴向位移分布图。

工况一：不同开挖深度（4 m、7 m、9 m）时，相同的预应力（150 kN）情况下。

图 10-42 ~ 图 10-44 充分显示了自由段和锚固段轴向位移大小与方向是完全不同的。自由段位移为正值，为 x 轴正向；锚固段则相反。自由段上的位移是直线，是弹性变形，而锚固段则是曲线，显示弹塑性变形，深度增大时更为明显。就同一根锚索而言，两端位移值较大，锚固段和自由段交界处值最小。随着深度增大，锚索自由段轴向变形变小，锚固段轴向变形增大（见图 10-45），并且每次锚索先从锚固段的根部开始产生轴向位移。

工况二：相同开挖深度（9 m），不同的预应力（0、75 kN、150 kN）情况下。

从图 10-45 ~ 图 10-47 知，不同预应力的条件下，锚索的轴向位移曲线差别很大。在没有预应力和其值较小时，自由段的轴向位移为负值，且预应力越小轴向位移越大（见图 10-48）。当预应力达到一定值时，自由段的位移变为正值。

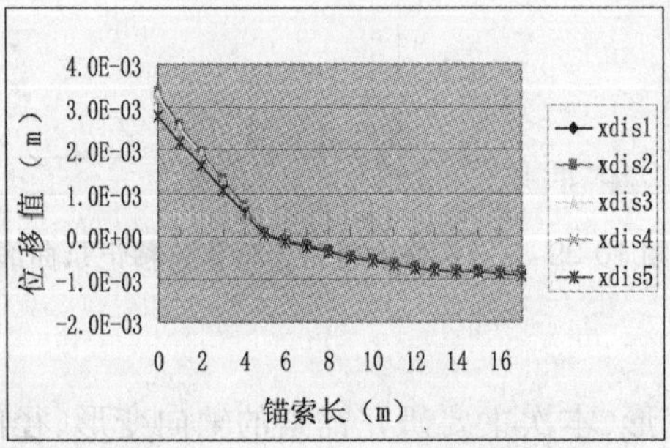

图 10-42　开挖 4 m 深锚索轴向位移分布曲线

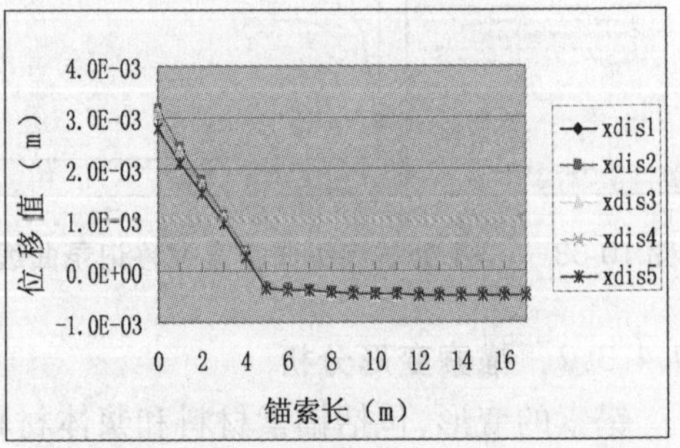

图 10-43　开挖 7 m 深锚索轴向位移分布曲线

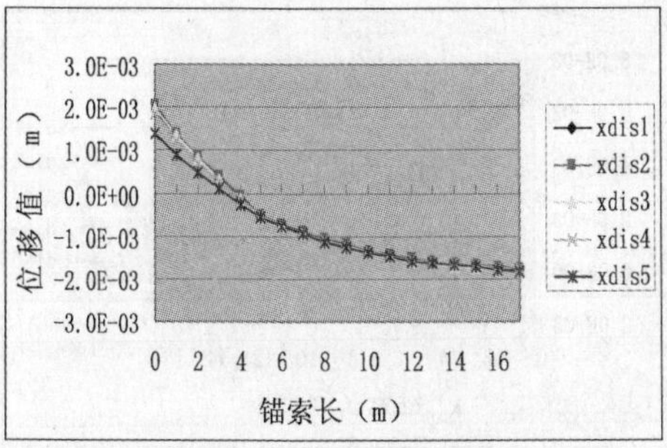

图 10-44　开挖 9 m 锚索轴向位移分布图

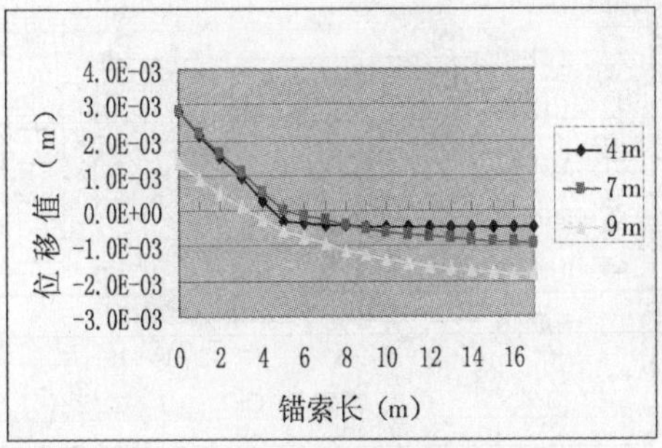

图 10-45　不同深度锚索轴向位移对比图

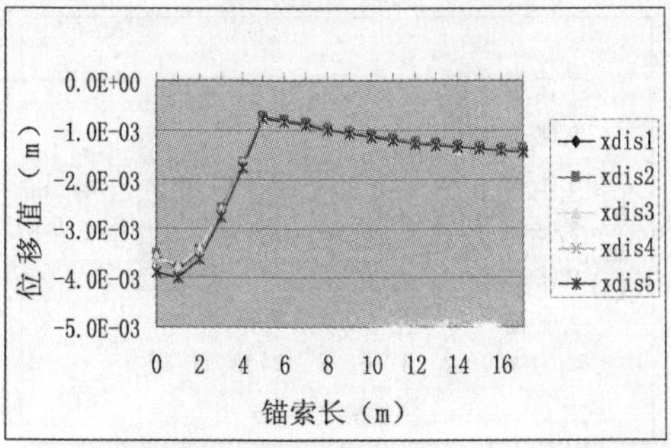

图 10-46　预应力为 0 时轴向位移分布曲线

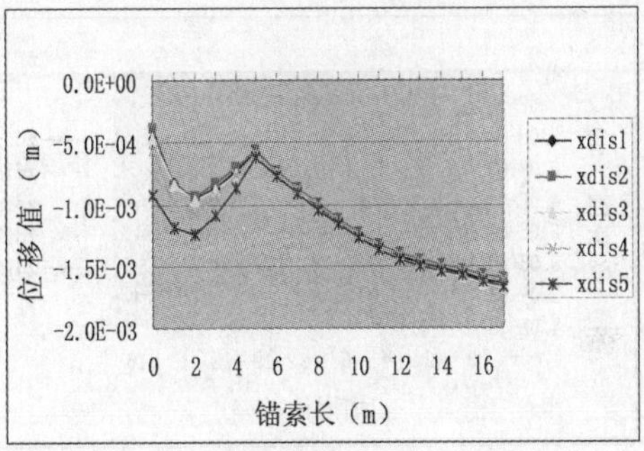

图 10-47　预应力为 75 kN 时轴向位移分布曲线

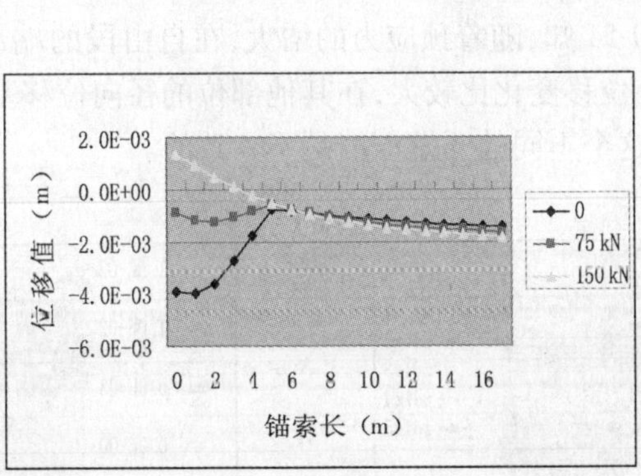

图 10-48　不同预应力时锚索轴向位移分布曲线

2）径向变形

工况一：不同开挖深度（4 m、7 m、9 m）时，相同预应力（150 kN）情况。

从图 10-49 ~ 图 10-51 中可知，每次开挖锚索自由段的端部径向位移最大，沿整个锚索逐渐减小。到一个零点后，反向增加。存在一个中性点，并且这个点随着开挖深度的增加逐渐往前移动（见图 10-52）。

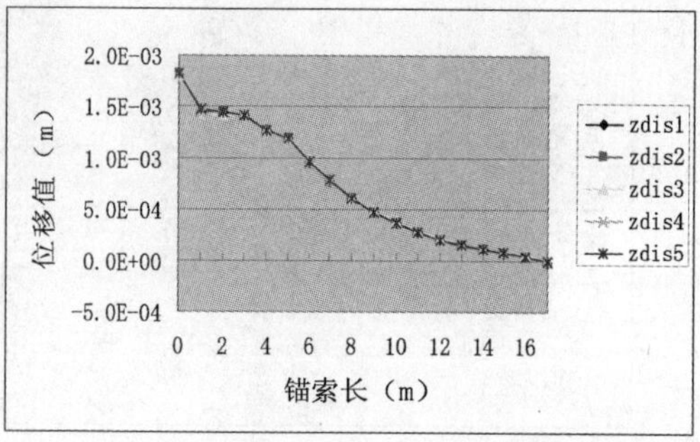

图 10-49　开挖 4 m 锚索径向位移分布曲线

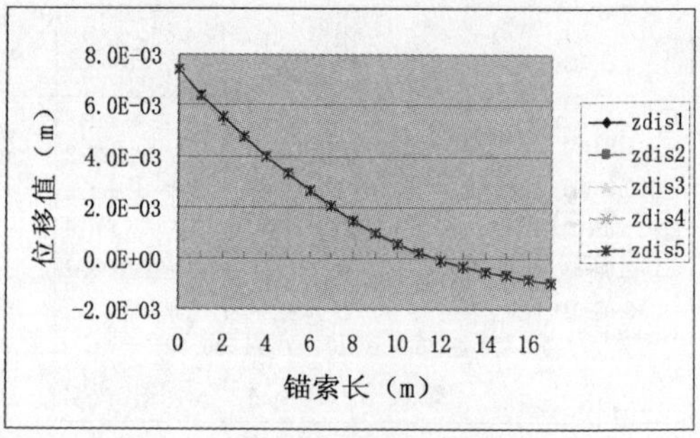

图 10-50　开挖 7 m 锚索径向位移分布曲线

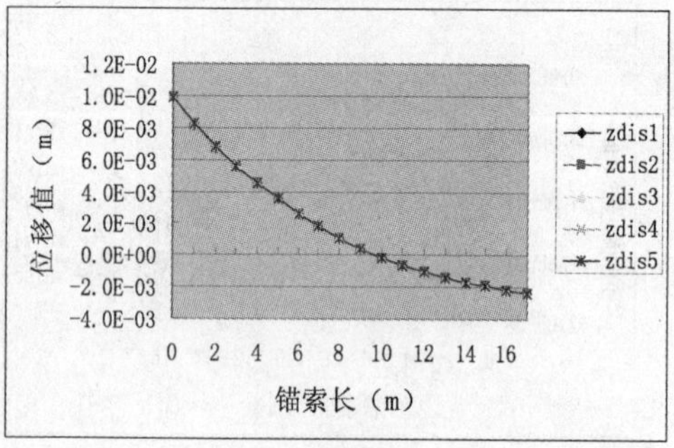

图 10-51　开挖 9 m 锚索径向位移分布曲线

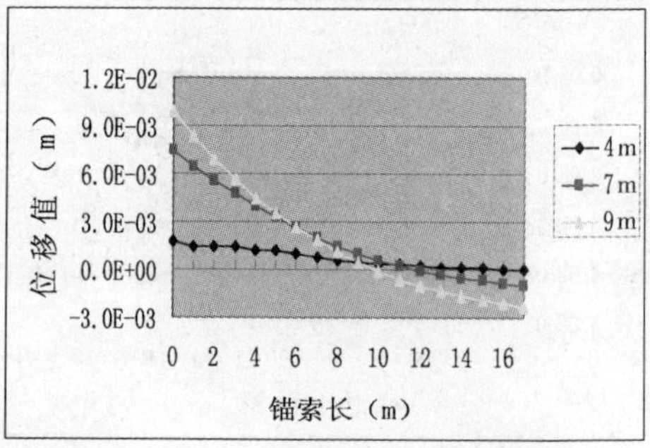

图 10-52　深度不同锚索径向位移分布曲线

工况二：相同开挖深度（9 m），不同预应力（0、75 kN、150 kN）的情况下。

由图 10-53 和图 10-54 知，随着预应力的增大，在自由段的端部锚索径向位移基本上不变。只是在自由段上位移变化比较大，在其他部位的径向位移基本上是一致的，并且位移零点也基本上重合，这个不同的开挖深度是不一致的。

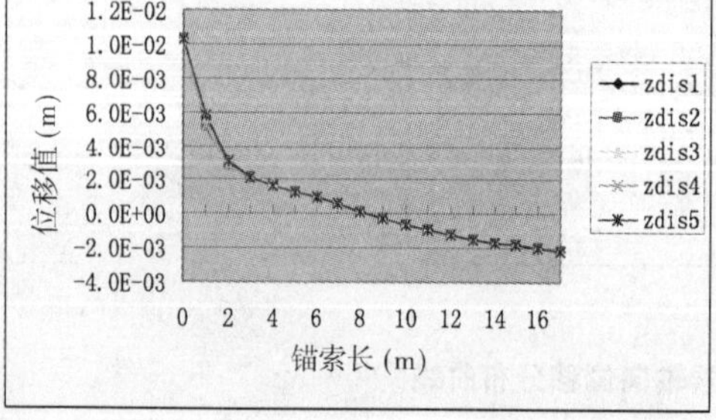

图 10-53　预应力为 0 时径向位移分布曲线

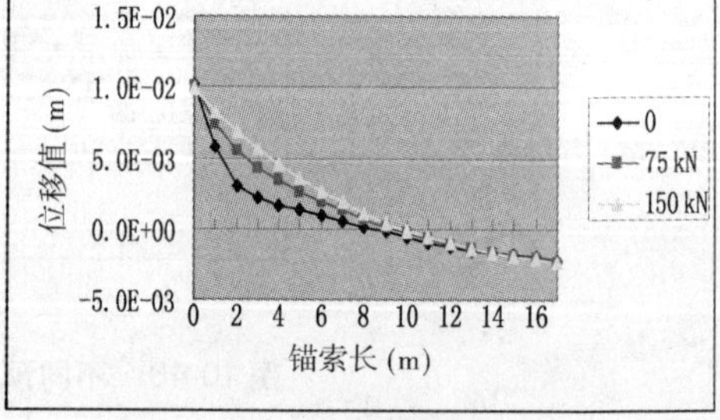

图 10-54　不同预应力锚索径向位移曲线

3）剪切变形

工况一：开挖深度不同时（4 m、7 m 和 9 m），相同的预应力（150 kN）情况下。

由图 10-55 ~ 图 10-57 知，随着开挖深度的增加，自由段的剪切位移逐渐增大，由于锚固段的位移数量级较小，在图上不能显示出来。

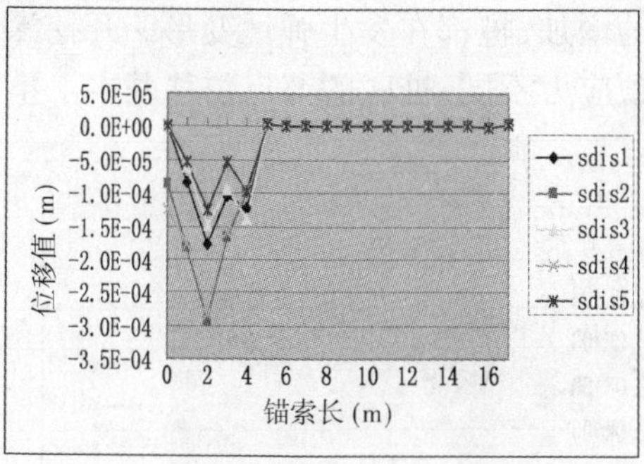

图 10-55　开挖 4 m 锚索剪切位移分布图

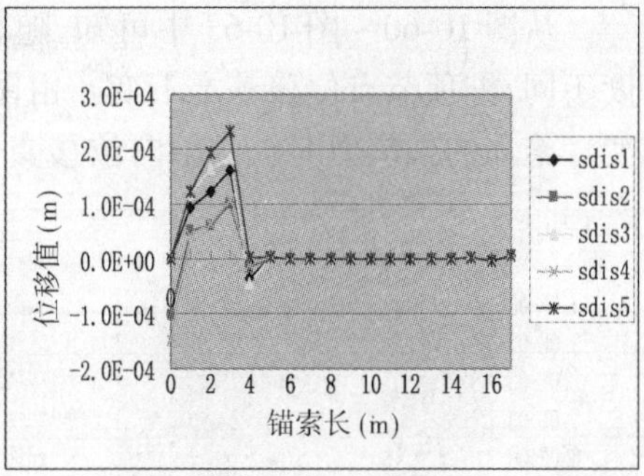

图 10-56　开挖 7 m 锚索剪切位移分布图

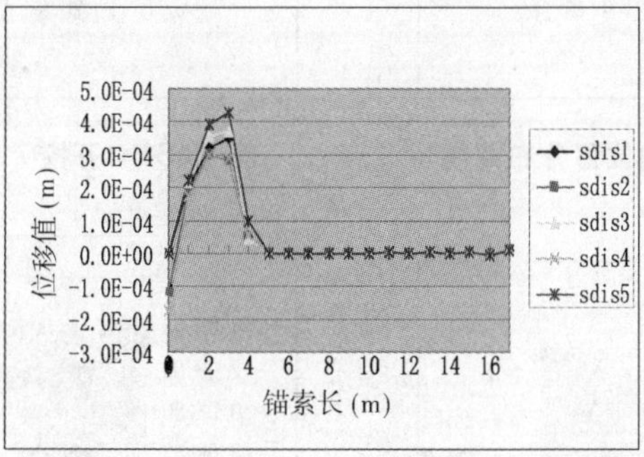

图 10-57　开挖 9 m 剪切位移分布图

工况二：锚索预应力不同（0、75 kN、150 kN），开挖深度相同（9 m）情况下。

由图 10-58、图 10-59 知（预应力为 150 kN 时剪切位移分布图略），显示了随着预应力值的增大，自由段的剪切变形逐渐减小。

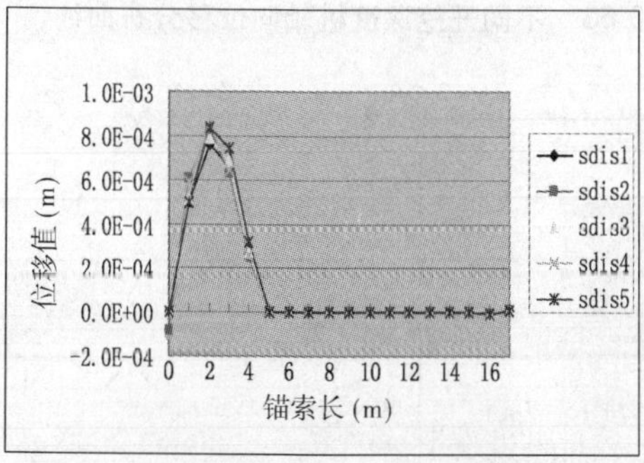

图 10-58　预应力为 0 时剪切位移分布图

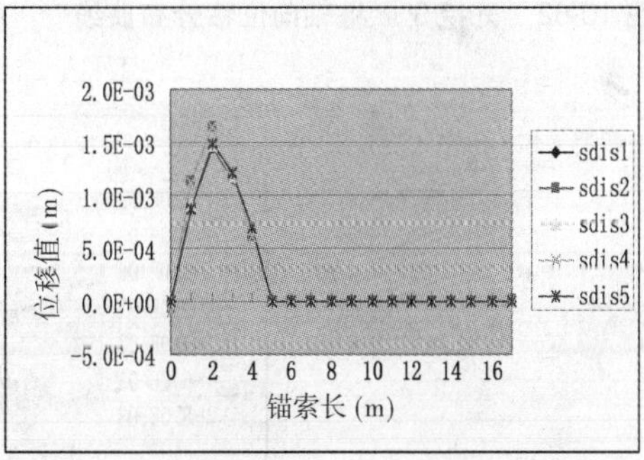

图 10-59　预应力 75 kN 剪切位移分布曲线

10.4.3.3　桩变形分析

1）轴向变形

下面分析桩的轴向变形，考虑到边界条件的影响和对称性因素，在桩轴向变形的分析中，主要分析第二～五根桩。

工况一：不同开挖深度（4 m、7 m、9 m），预应力（150 kN）相同。

工况二：开挖深度（9 m）相同，预应力（0、75 kN、150 kN）不同。

从图 10-60 ~ 图 10-63 中可知,随着开挖深度的增加,桩都在发生弹性变形。开挖深度不同,桩顶节点位移基本不变。由图 10-64 知,预应力不同,桩底的节点位移基本上不变。施加的预应力对桩的轴向位移变化影响不大。

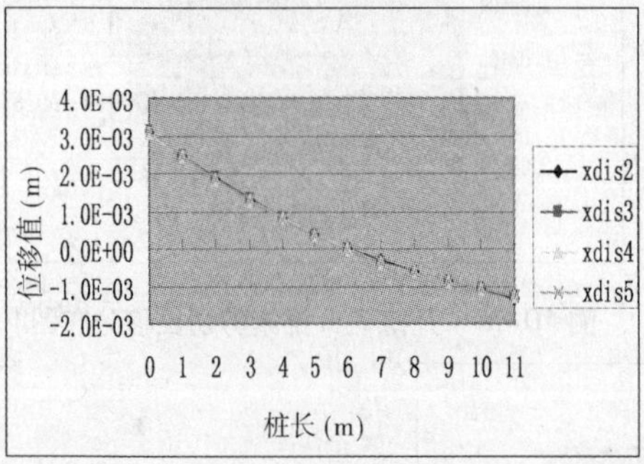

图 10-60　开挖 4 m 桩轴向位移分布曲线

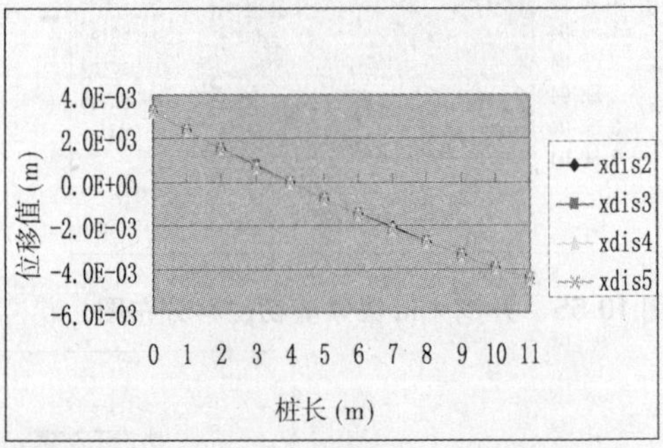

图 10-61　开挖 7 m 桩轴向位移分布曲线

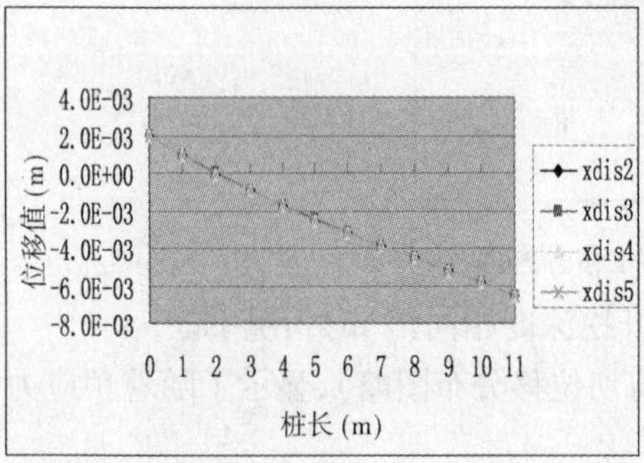

图 10-62　开挖 9 m 桩轴向位移分布曲线

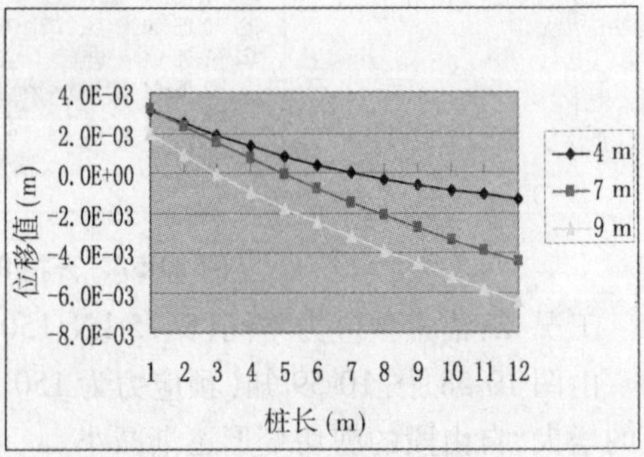

图 10-63　不同开挖深度桩轴向位移分布曲线

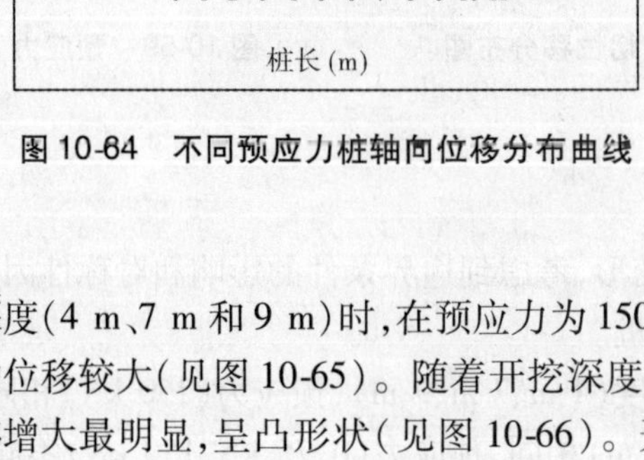

图 10-64　不同预应力桩轴向位移分布曲线

2) 径向变形

工况一:不同开挖深度(4 m、7 m 和 9 m)时,在预应力为 150 kN 的情况下。

开挖较浅时,桩顶的位移较大(见图 10-65)。随着开挖深度的增大,整个桩径向位移都增大,但桩身中间位移增大最明显,呈凸形状(见图 10-66)。开挖完成后,基坑开挖面下桩体的径向位移明显比上面的位移大(见图 10-67)。不同开挖深度下,开挖越深桩的径向位移越大(见图 10-68)。

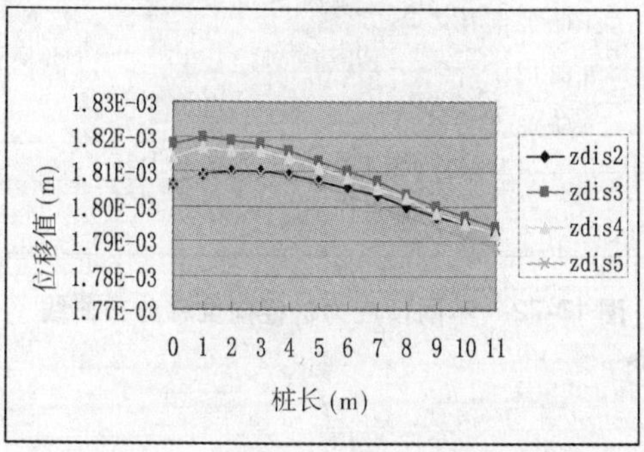

图 10-65　开挖 4 m 桩径向位移分布图

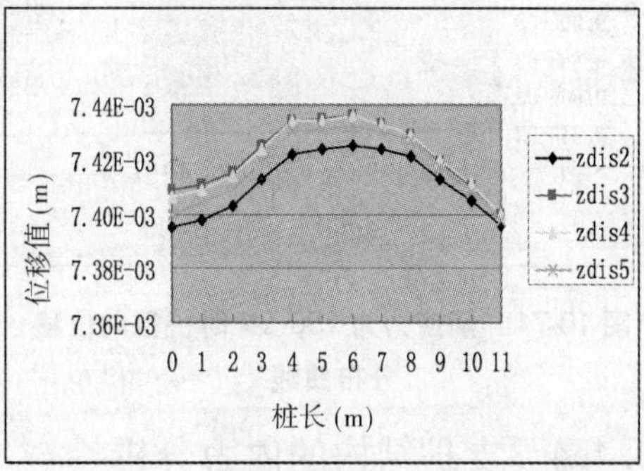

图 10-66　开挖 7 m 桩径向位移分布图

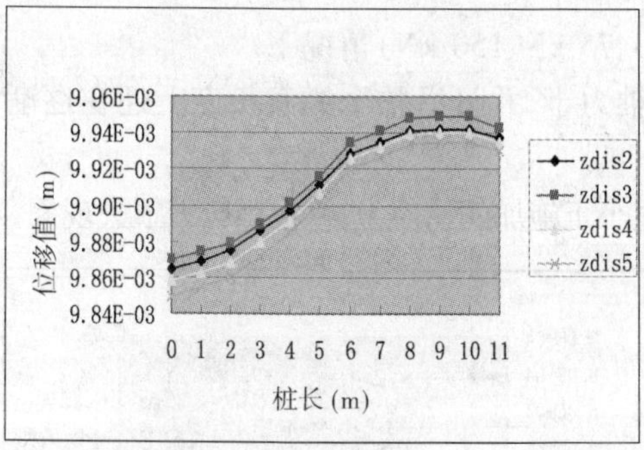

图 10-67　开挖 9 m 桩径向位移分布曲线

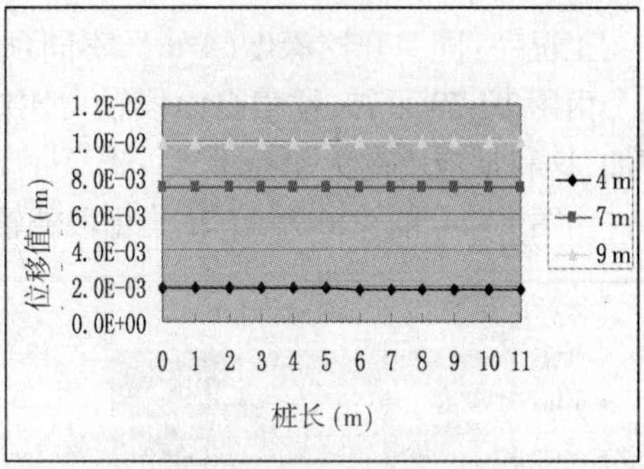

图 10-68　不同开挖深度桩径向位移分布曲线

工况二:开挖深度(9 m)相同,不同预应力(0、75 kN、150 kN)条件下。

由图 10-69 ~ 图 10-72 知,对于同一个桩,在基坑底面的桩身处径向位移发生缓慢的变化,上部的位移小,下部的位移较大,主要是由于桩顶锚索的拉力作用。不同预应力下,桩径向位移随着预应力的增大逐渐变小。

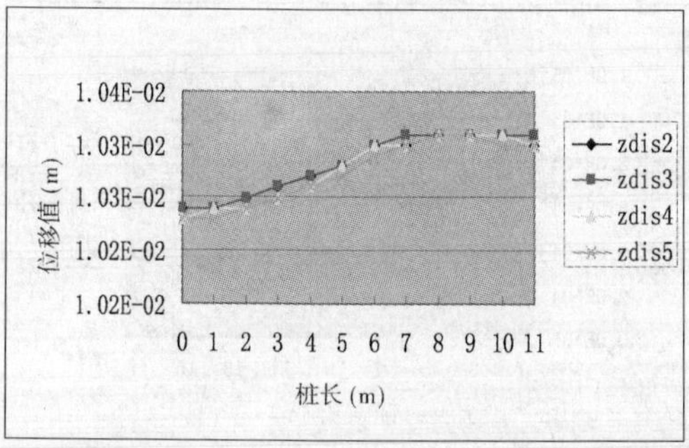

图 10-69　预应力为 0 时桩径向位移分布曲线

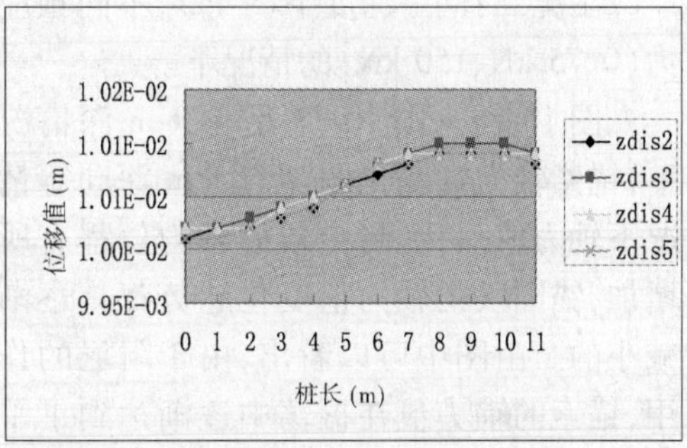

图 10-70　预应力为 75 kN 时桩径向位移分布曲线

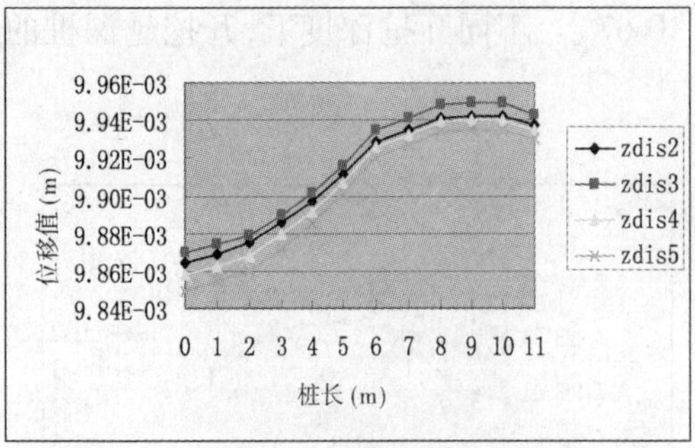

图 10-71　预应力为 150 kN 时桩径向位移分布曲线

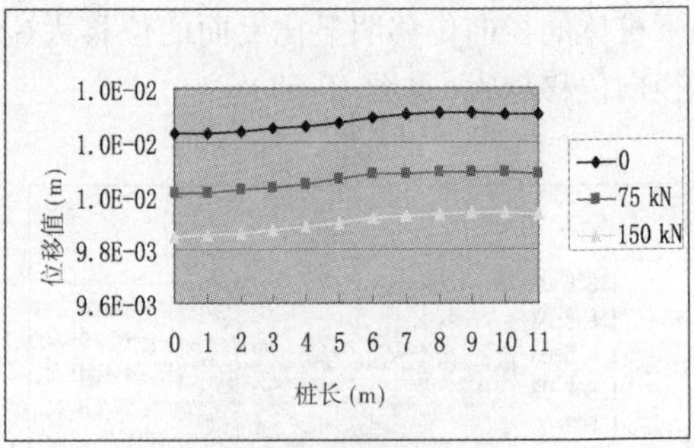

图 10-72　不同预应力桩径向位移分布曲线

10.4.4　支护结构的内力分析

10.4.4.1　锚索内力

1)锚索轴力

工况一:同一开挖深度(4 m),不同预应力(0、75 kN、150 kN)情况下。

由图 10-73 可知,锚索自由段轴力比锚固段轴力小,并且沿整个锚索长度上还在逐渐增加,这和预应力的大小有关。

由图 10-74 和图 10-75 可知,自由段的轴力明显小于施加的预应力,存在预应力损失现象。

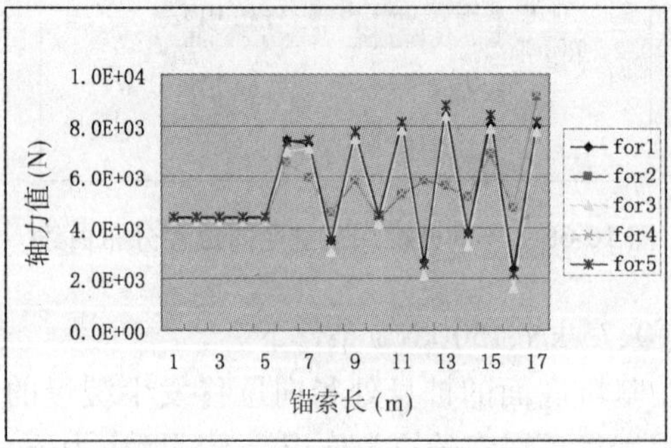

图 10-73　预应力为 0 时锚索轴力分布图(4 m)

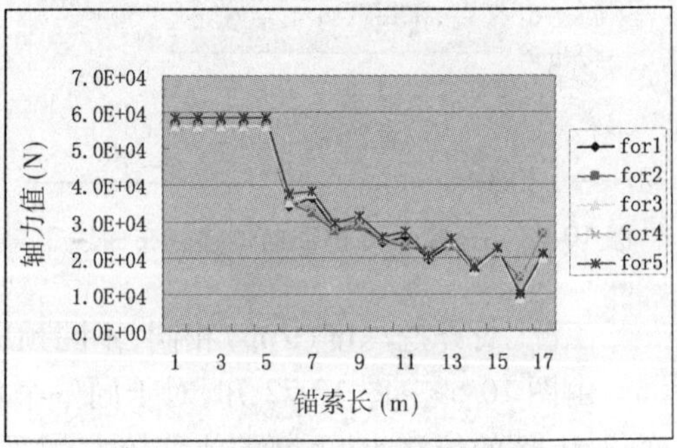

图 10-74　预应力为 75 kN 时锚索轴力分布图(4 m)

工况二:同一深度下(9 m),不同预应力(0、75 kN、150 kN)的情况下。

图 10-76 ~ 图 10-78 是在 9 m 深情况下,锚索轴力的变化图。与 4 m 深同等情况下轴力值对比,自由段的轴力值都有所增加,锚固段的轴力值变化趋势都是逐渐减小的。由图中可以看出,由于阻尼的作用,锚索的轴力值在振荡中逐渐达到了平衡。锚索中第二、四根直接连在冠梁上,振幅很小,其余直接与桩相连,振荡幅度

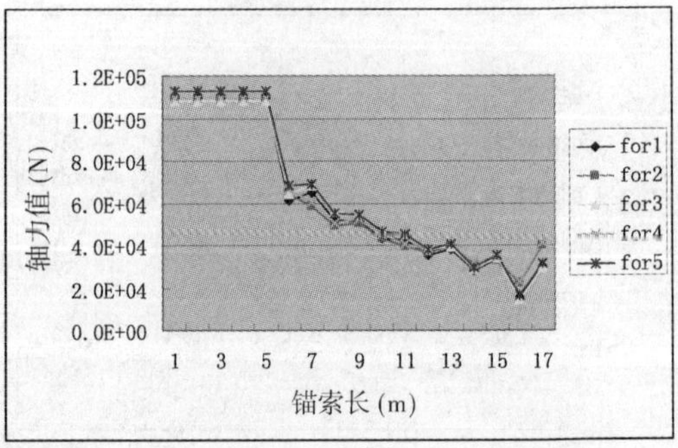

图 10-75　预应力为 150 kN 时锚索轴力分布图(4 m)

较大。因冠梁有调节变形的能力,振荡幅度相对较大,也就是预应力损失比较大。

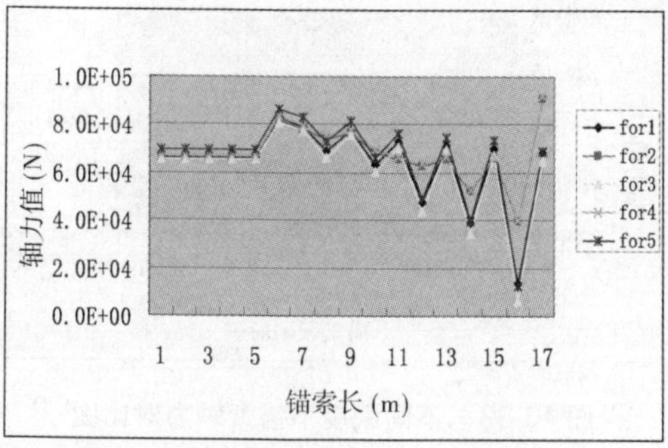

图 10-76 预应力为 0 时锚索轴力分布图(9 m)

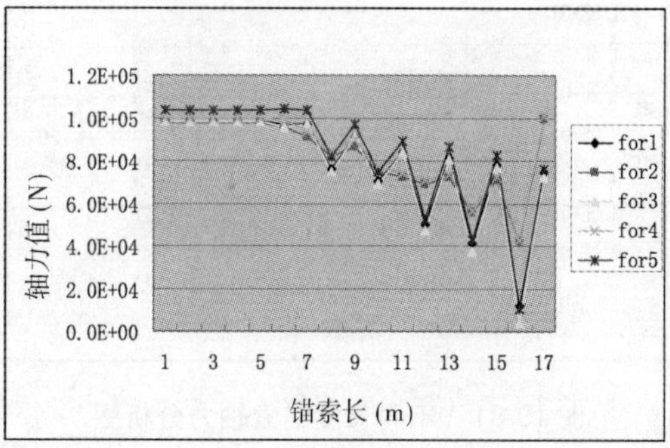

图 10-77 预应力为 75 kN 时锚索轴力分布图(9 m)

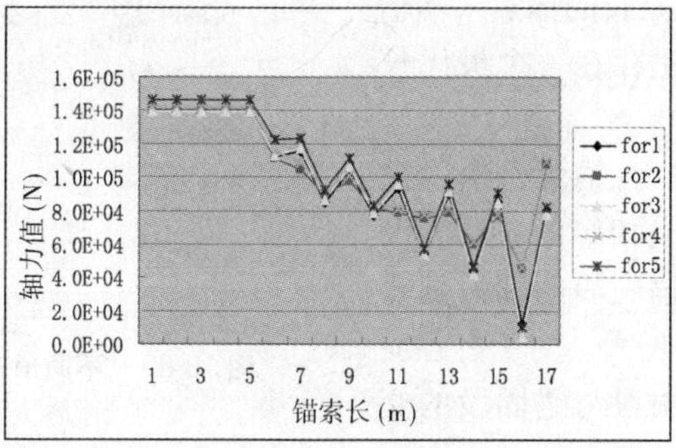

图 10-78 预应力为 150 kN 时锚索轴力分布图(9 m)

工况三:不同开挖深度(4 m、7 m、9 m),相同的预应力(150 kN)。

由图 10-79 ~ 图 10-82 知,在不同开挖深度,相同的预应力下,锚索自由段的轴力逐渐增加,并且锚索体轴力分布在锚固端的近端,轴力反作用力即为锚固体与孔壁之间的摩擦阻力,预应力的反力主要由锚固端的近端提供。随着开挖深度或预应力的增加,杆体轴力向锚杆锚固端的深部传递,锚固端远端轴力越来越小。

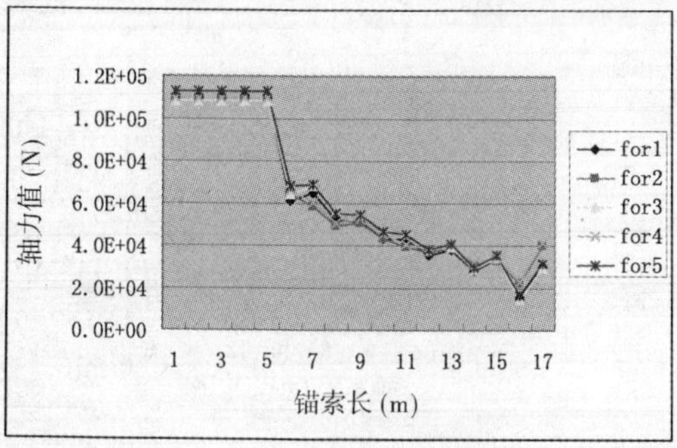

图 10-79 开挖 4 m 锚索轴力分布图

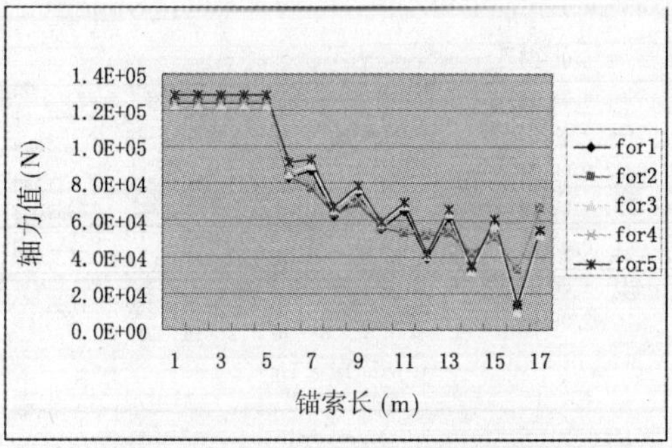

图 10-80 开挖 7 m 锚索轴力分布图

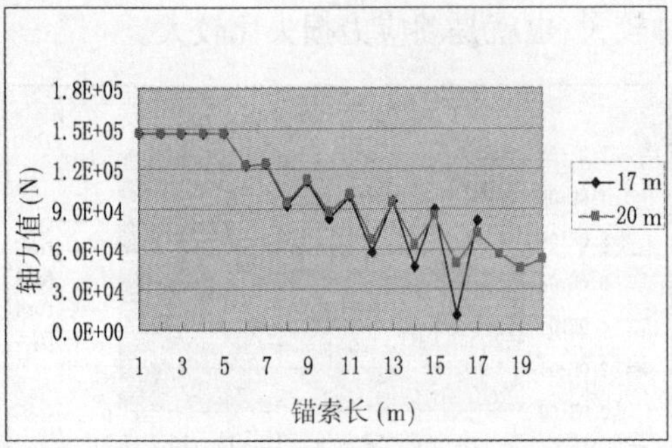

图 10-81　不同长度锚索轴力分析图

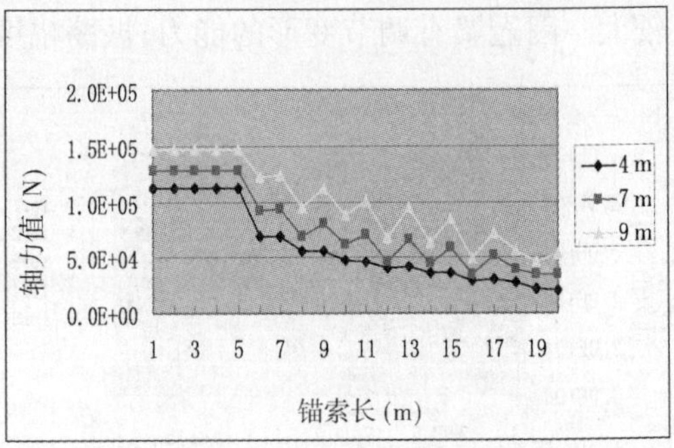

图 10-82　不同深度下锚索轴力对比图

对比分析：由图 10-83 知，在不同长度的锚索在相同的条件下，其轴力的变化规律基本上是一致的。但是长的锚索末端轴力基本上是平缓的，这里存在一个最优长度的问题。

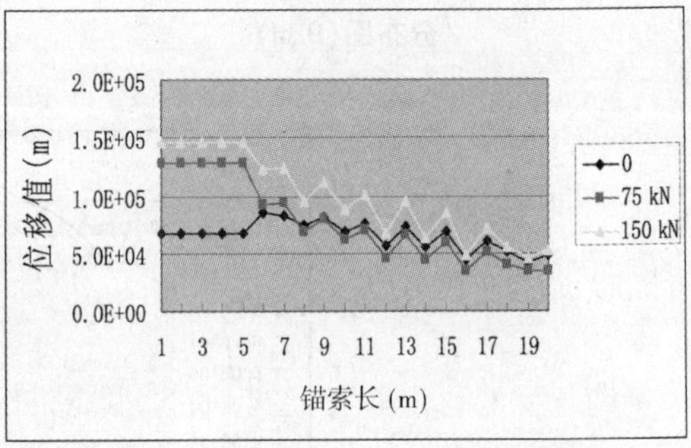

图 10-83　不同预应力下锚索轴力对比图

锚索轴力变化规律为：锚索自由段没有剪切变形，其轴力值是相等的。对于没有预应力作用的锚索，锚固段的轴力随着开挖深度的增加而逐渐增大。对于有预应力作用的锚索，则是自由段与锚固段的交点处往后轴力逐渐减小，但末端不一定为零，要根据其长度来定。由于土是一种相对松散的物体，锚固在土层内的锚索体产生一定变形而产生预应力损失，这在图形中可以很明显看出，在实际施工中要采取一定的措施。

2）锚索剪力

工况一：相同的开挖深度（4 m），不同预应力值（0、75 kN、150 kN）。

由图 10-84 ~ 图 10-86 知，相同深度下，随着预应力的增加，锚固段初始部分的剪力逐渐增大；对于同一个锚索来说，它又是沿着整个锚固段在逐渐减小的。

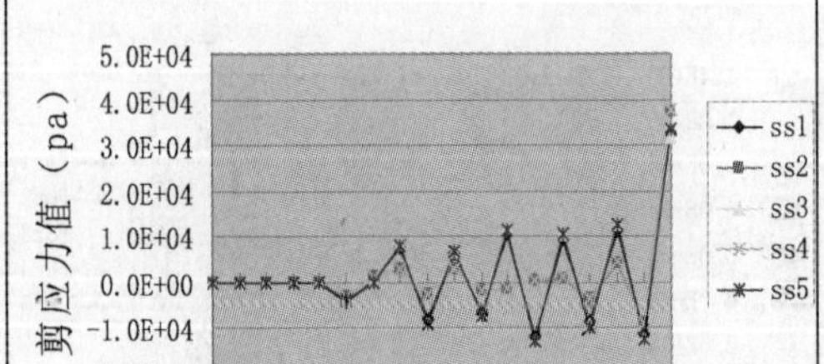

图 10-84　预应力为 0 时锚索剪力分布图

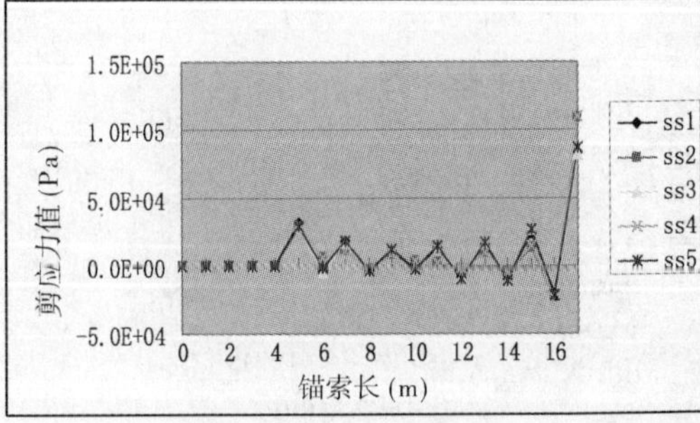

图 10-85　预应力为 75 kN 时锚索剪力分布图

工况二：开挖不同深度（7 m、9 m）时，预应力为 150 kN。

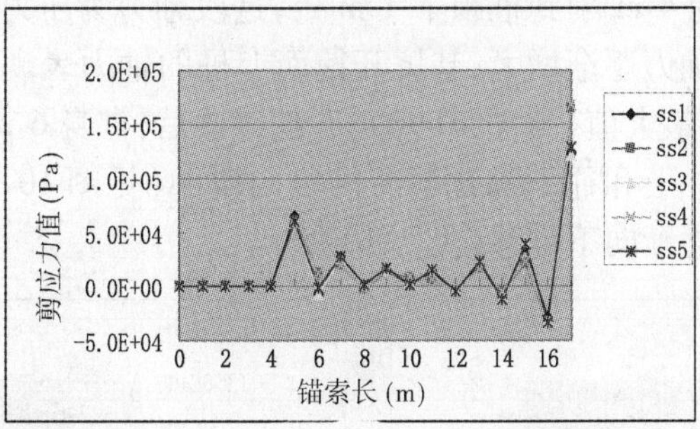

图 10-86　预应力为 150 kN 时锚索剪力分布图

由图 10-87、图 10-88 知，相同的预应力值，随着开挖深度的增大，锚索锚固段的最大剪力沿着锚固段逐渐向后推移，当达到极限荷载的时候，在锚固段根部达到最大值。

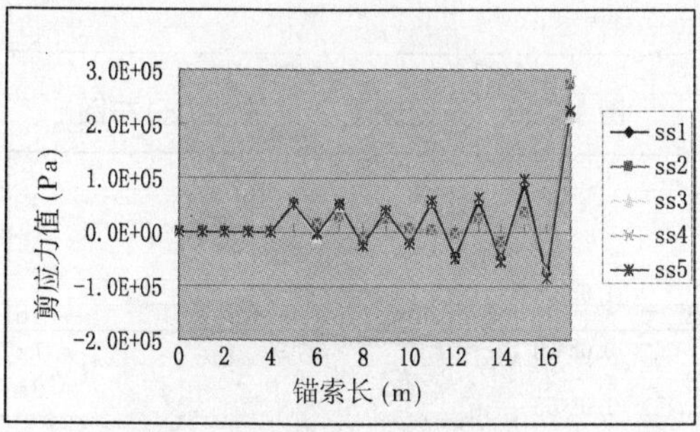

图 10-87　开挖 7 m 锚索剪力分布图

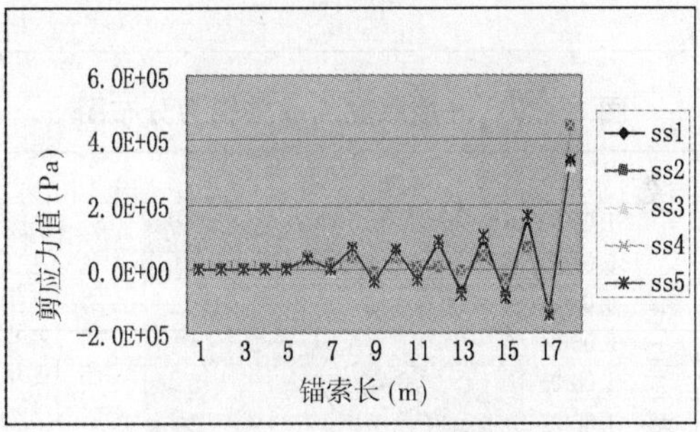

图 10-88　开挖 9 m 锚索剪力分布图

锚索剪力变化规律为：锚索在荷载的作用下，锚固长度上的剪力分布是很不均匀的，它与岩土体的渗透性、灌浆压力有很大关系。当锚索较长时，荷载的初期，剪力峰值在自由段附近，在较远处的锚固段上为零；随着荷载的增大，剪力峰值逐渐向锚索根部移动，而前半部分的剪力下降；当荷载达到极限荷载时，剪力的峰值将移到锚固段的根部。自由段处的剪力基本为零。因此，采用传统方法计算预应力值是不妥的，因为它假设锚固段剪力是均匀分布的。另外，从轴力的变化趋势上也可以看出，锚固段剪力也是非均匀变化的。

对锚索根部剪力结果的分析如下：文献[105]中指出锚根即是在锚孔底部固定锚索的部件，它是决定预应力锚索安全性与经济性的关键。锚根的力学模型是多介质共同受力变形的问题。锚根应力分布规律是水泥浆体、周围介质和索体间相互作用、相互约束的综合反映。根据国内外许多专家的试验研究，锚根黏结面上的剪力是非均匀分布的，即剪力在锚根顶部最大，而实际上沿锚根方向剪力将快速递减。这些研究结果和本次的结果基本上吻合。目前，工程一般假设锚根轴力剪力方向呈倒三角形分布，根据静力平衡条件，采用抗拔试验的平均剪力来确定。

10.4.4.2　桩内力

1）轴力

工况一：不同的开挖深度（4 m、7 m、9 m），相同的锚索预应力（150 kN）。

由图 10-89 知，开挖 4 m 刚到桩顶下 1 m 处，这段轴力为压力，为负值，其余为正值。随着开挖的加深，桩的轴力逐渐增大，基坑开挖面上桩的轴力表现为中间大、两端小的趋势。桩端的轴力也达到最大值（见图 10-90）；开挖完成后，桩身 6 m 处或与坑底开挖面处相交位置的轴力最大，往上和往下都比前一阶段的值小（见图 10-91）。随着基坑施工的进行，桩的轴力最大值逐渐向下推移（见图 10-92）。

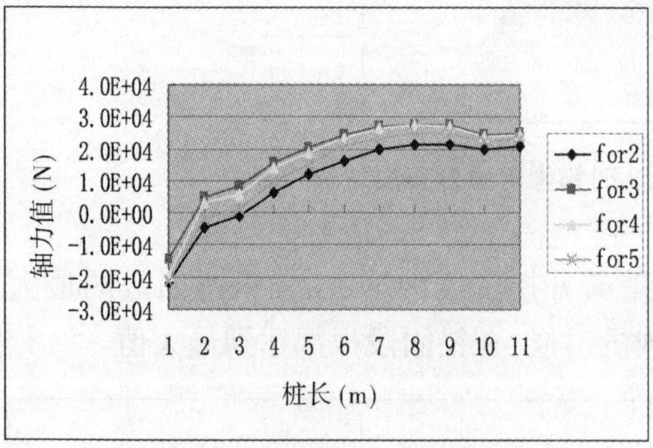

图 10-89　开挖深度 4 m 桩轴力分布图

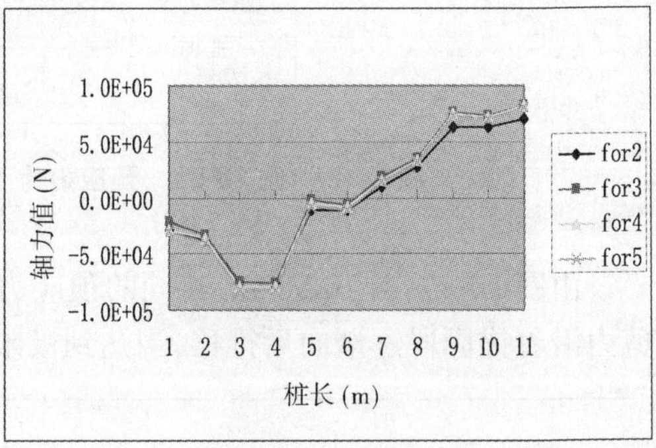

图 10-90　开挖深度 7 m 桩轴力分布图

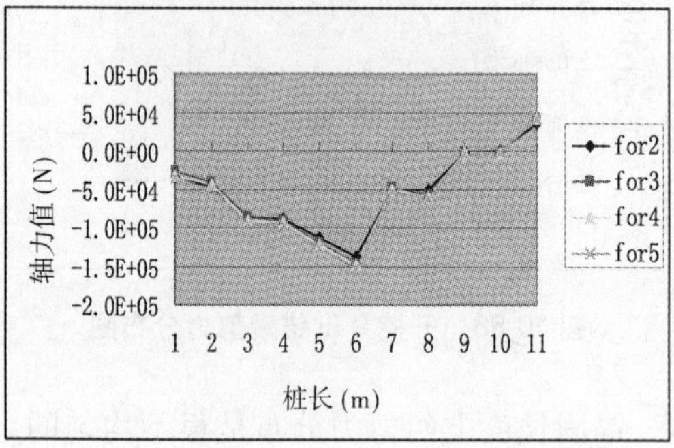

图 10-91　开挖深度 9 m 桩轴力分布图

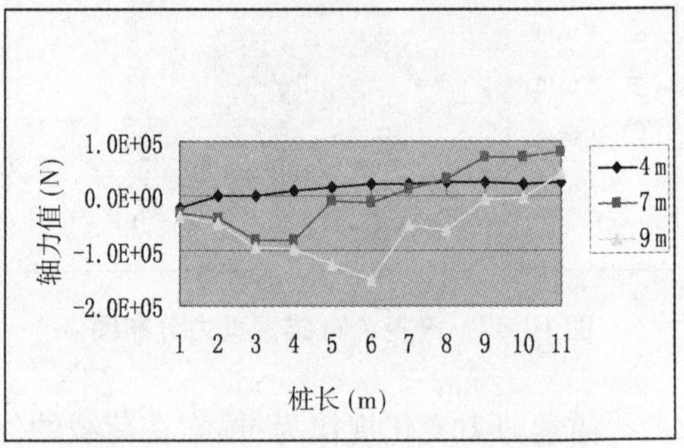

图 10-92　不同开挖深度桩轴力对比图

工况二：相同的深度，不同的预应力。

由图 10-93 知，随着锚索预应力的增大，桩顶轴力值也逐渐变大，但不太明显。

由图 10-94 和图 10-95 知，不同长度的桩和锚索对桩的轴力传递影响不是十分明显。

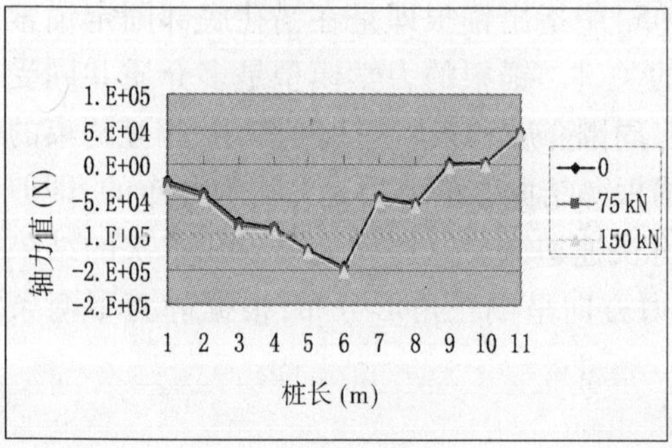

图 10-93　不同预应力下桩轴力对比分析图

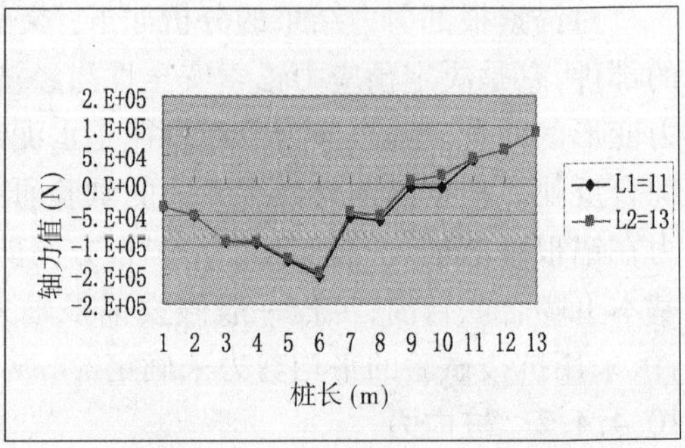

图 10-94　不同长度桩轴力对比分析图

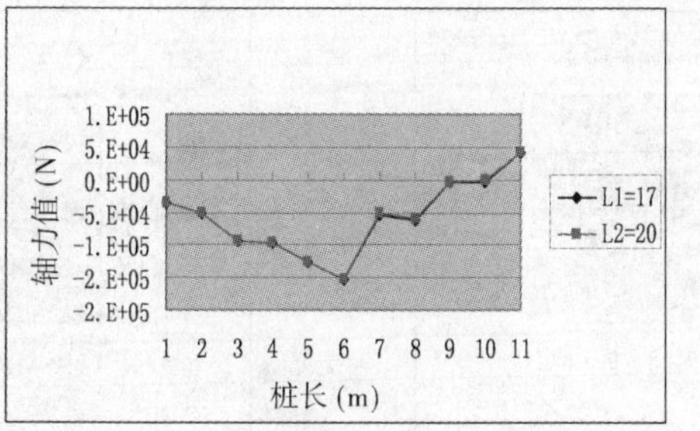

图 10-95　不同锚索长度桩轴力对比分析图

2)桩的剪力

工况一:不同的开挖深度(4 m、7 m、9 m),相同的预应力(150 kN)。

由图 10-96 ~ 图 10-99 知,开挖到一定深度处,该处剪力最大,并且随着开挖的进行,桩顶处剪力逐渐增大,在最大剪力值处向下 1 m 的范围内,剪力突然降低,再往下桩身的剪力由大逐渐变小,甚至为零(见图 10-99)。

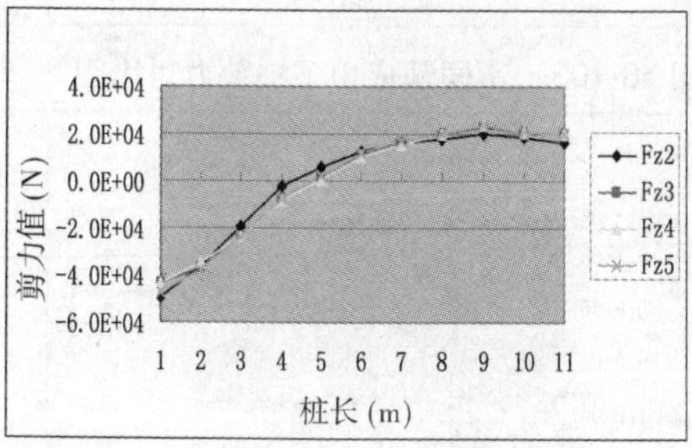

图 10-96　开挖深 4 m 桩剪力分布图

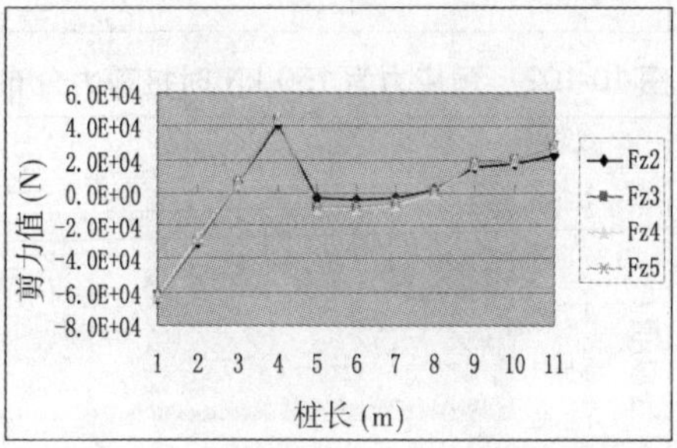

图 10-97　开挖深 7 m 桩剪力分布图

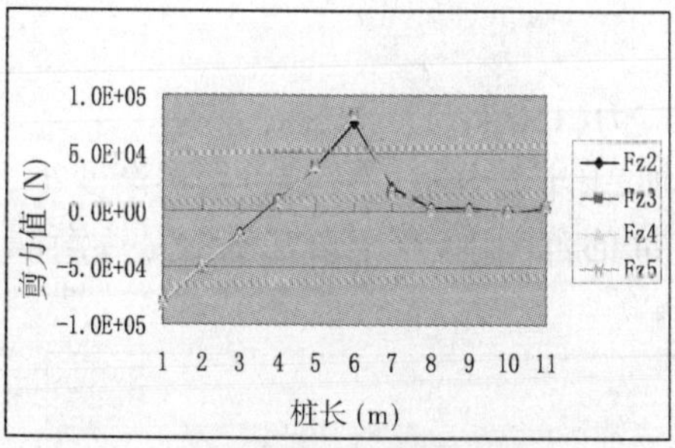

图 10-98　开挖深 9 m 桩剪力分布图

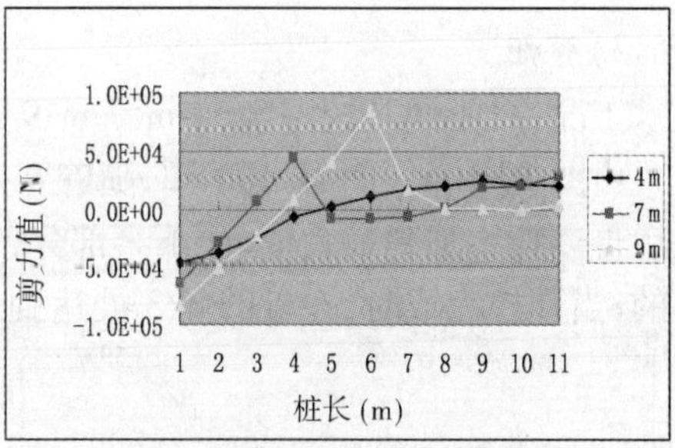

图 10-99　不同开挖深度下桩剪力对比图

工况二:相同开挖深度(9 m),不同预应力(0、75 kN、150 kN)。

由图 10-100 ~ 图 10-103 知,相同的深度下,预应力越大桩顶处的剪力越大,而桩端处的剪力越小。但是无论怎么变化,最大剪力值和预应力大小没有关系。

由图 10-104 和图 10-105 知,不同长度的桩和锚索,对桩的剪力变化趋势没有影响。

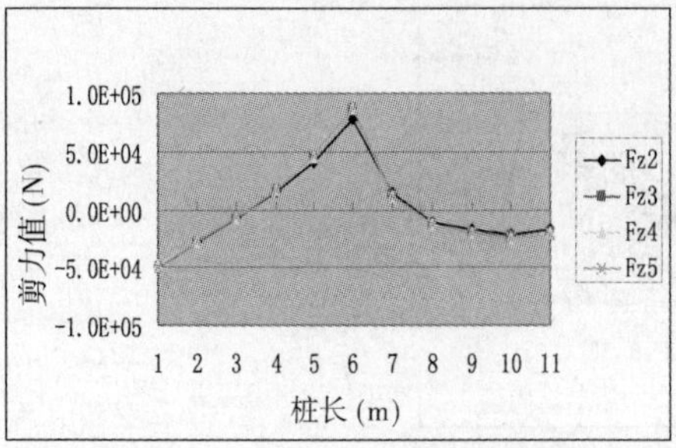

图 10-100　预应力为 0 时桩剪力分布图

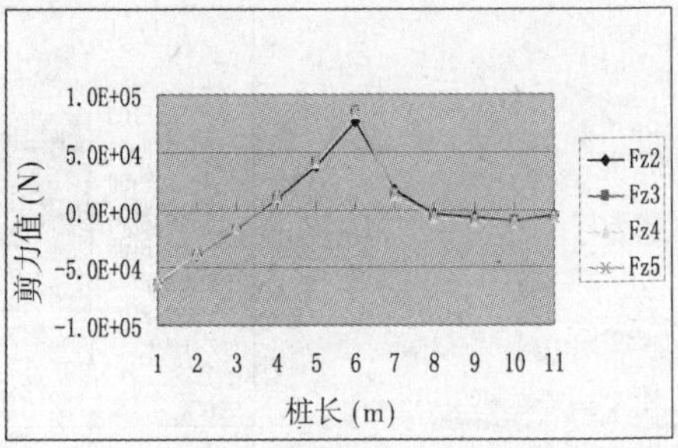

图 10-101　预应力为 75 kN 时桩剪力分布图

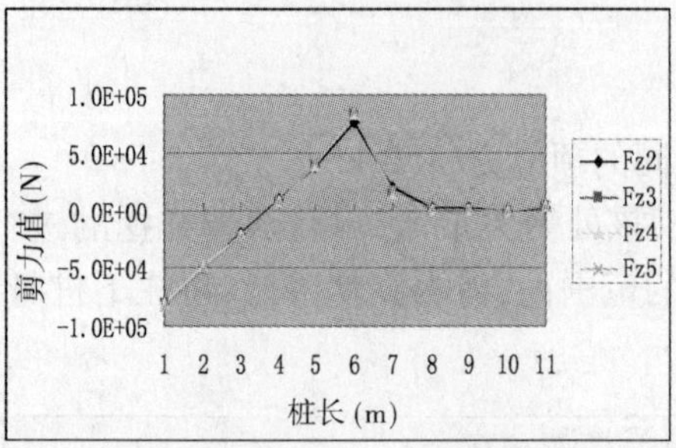

图 10-102　预应力为 150 kN 时桩剪力分布图

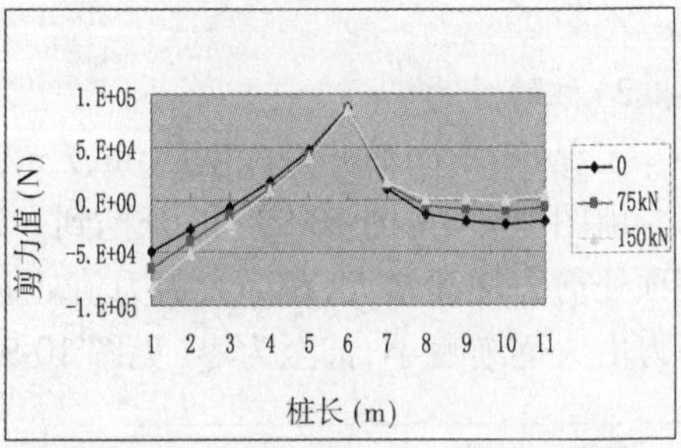

图 10-103　不同预应力下桩剪力对比图

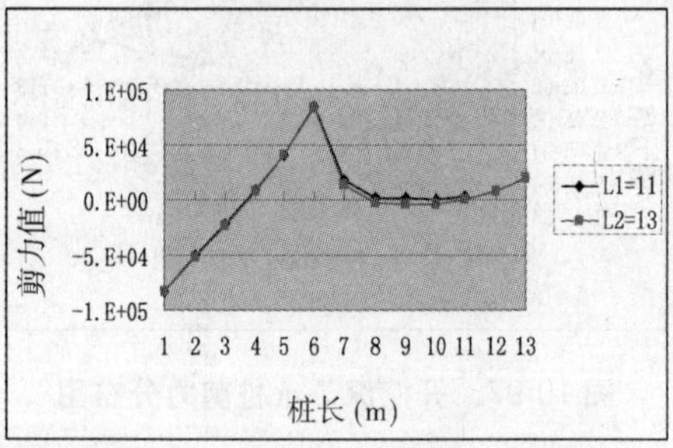

图 10-104　不同长度桩剪力对比图

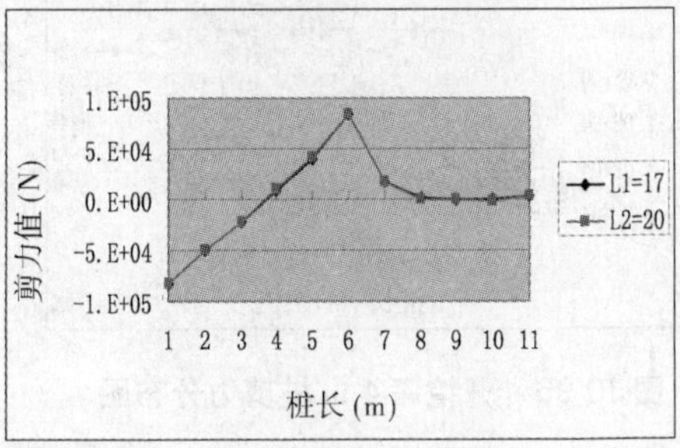

图 10-105　不同锚索长度对桩剪力分布图

3）弯矩

工况一：不同开挖深度（4 m、7 m、9 m），相同预应力（150 kN）。

由图 10-106 ~ 图 10-109 知，随着开挖深度的增加，上半部分桩的弯矩由大逐渐变小，最后再逐渐增加到最大值；而下半部分，基坑底下 1 m 的范围内，弯矩值基本上是逐渐减小的；当开挖完成时，在桩的 1/3 处达到最大值。

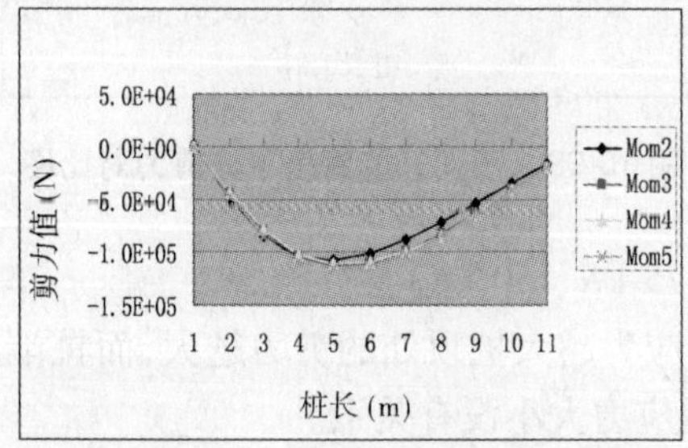

图 10-106　开挖 4 m 桩弯矩分布图

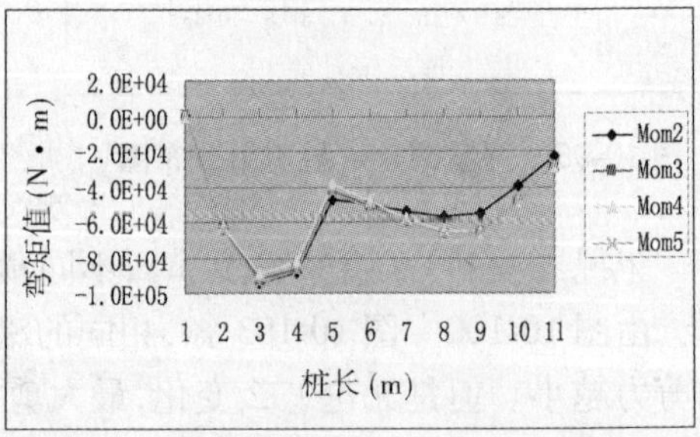

图 10-107　开挖深度 7 m 桩弯矩分布图

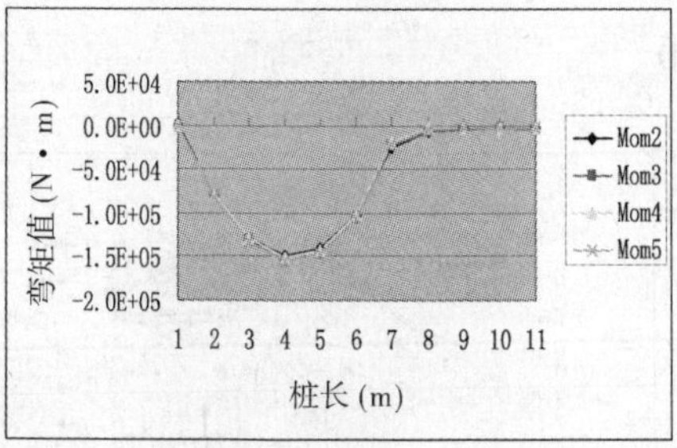

图 10-108 开挖深度 9 m 桩弯矩分布图

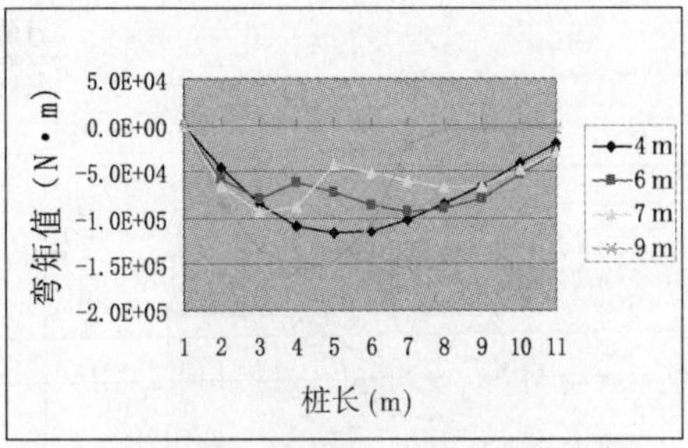

图 10-109 不同深度下桩弯矩对比分析图

工况二:相同开挖深度(9 m),不同的预应力(0、75 kN、150 kN)。

由图 10-110 ~ 图 10-112 知,不同预应力下,桩身弯矩变化是在开挖底面下 1 m 处(7 m 处),以上部分是随着预应力值的增加而增加,在 4 m 附近达到弯矩的最大值;以下部分是随着预应值的增加而逐渐减小,在桩端处达到最小值。

当采用平衡理论设计,正负弯矩相等时,桩横截面面积达到最优化。因此,桩的正负弯矩对桩结构合理性有一定的影响。根据图 10-113 知,可以通过调整预应力值来获得合适的弯矩值。

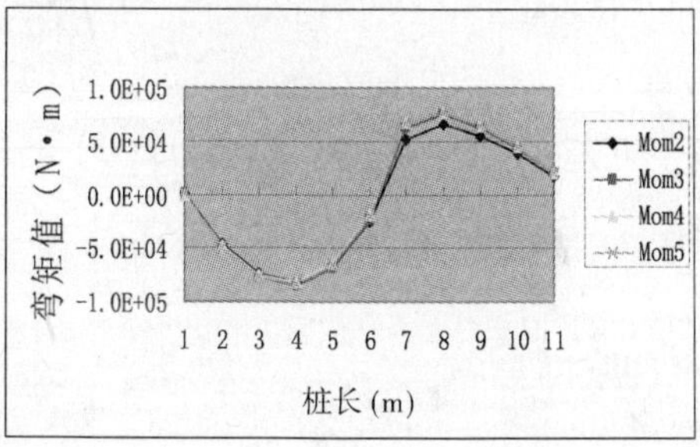

图 10-110 预应力为 0 时桩弯矩分布图

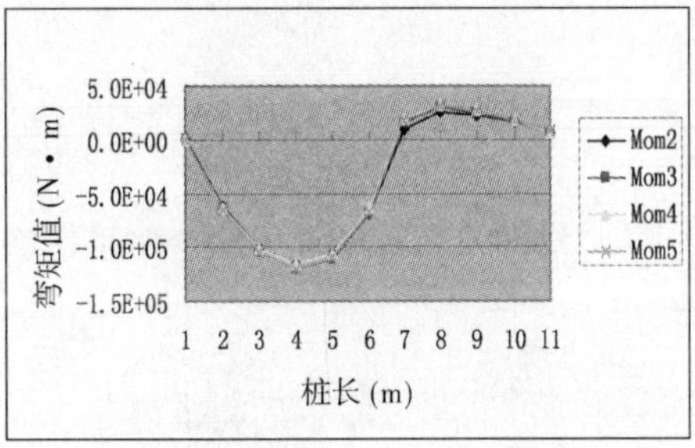

图 10-111 预应力为 75 kN 时桩弯矩分布图

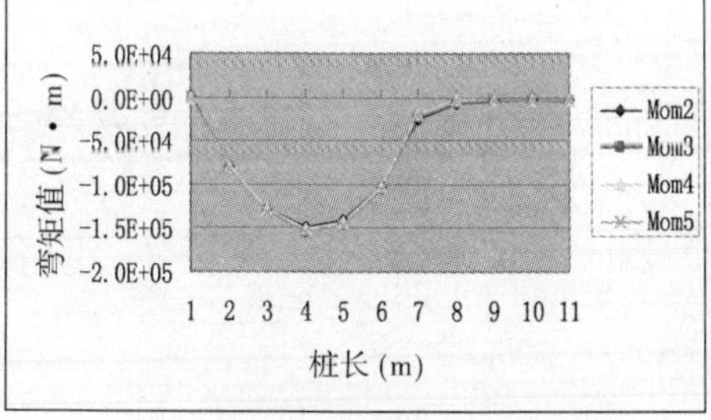

图 10-112 预应力为 150 kN 时桩弯矩分布图

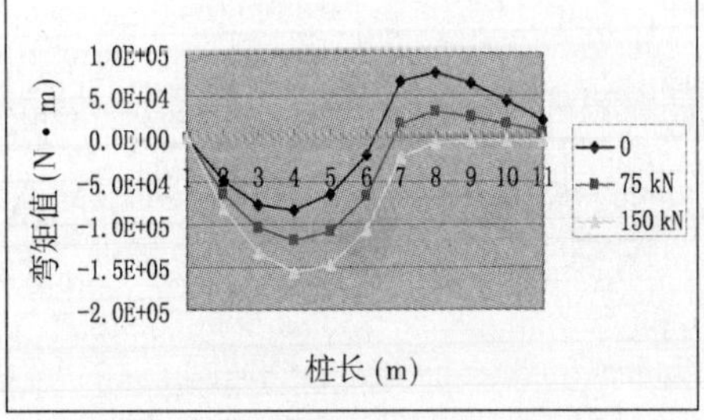

图 10-113 不同预应力下桩弯矩分布图

4)桩的弯矩和剪力关系

由图 10-114 和图 10-115 知,在桩身的上半部分,弯矩和剪力存在一定的关系。用材料力学的观点来解释,即

$$\frac{dM_x}{dx}=\frac{d^2\tau_x}{dx^2}=0$$

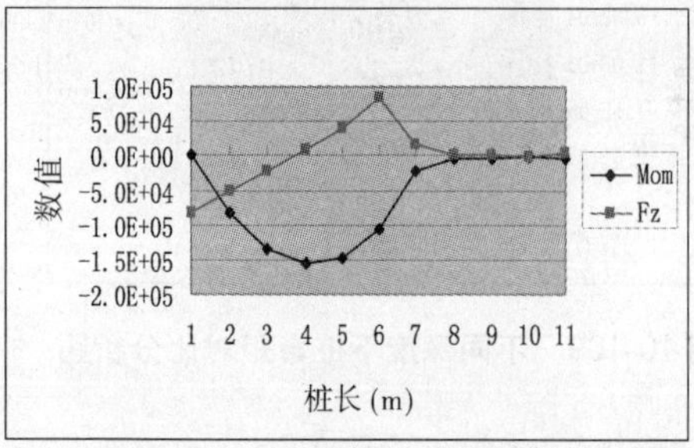

图 10-114　桩剪力—弯矩关系图

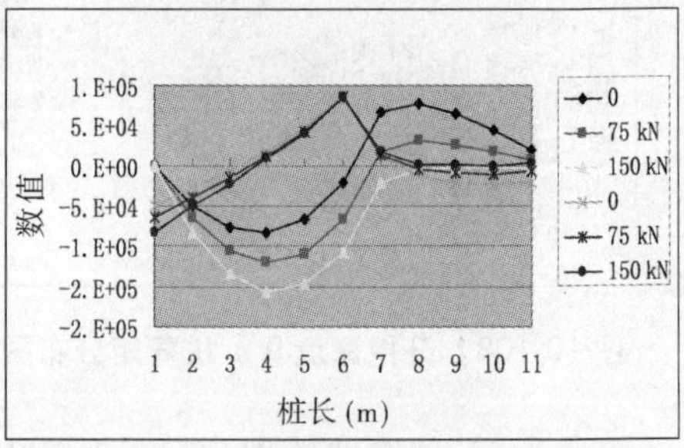

图 10-115　不同预应力时桩弯矩—剪力对应关系图

剪应力和弯矩存在一阶导数相关，$\tau_x=0$ 时，对应的弯矩 M_x 达到最大。以上从理论上说明了本次数值模拟的正确性。

第11章　桩锚与土钉支护结构数值模拟分析

本章以新乡某深基坑工程桩锚支护结构形式为例，采用数值模拟的研究方法，对这种支护形式的内力和变形进行了系统的分析与研究，根据该深基坑工程所提供的勘察报告及设计方案，采用 FLAC 3D 软件对深基坑的分步开挖及支护过程进行了详细的模拟与分析。研究了基坑土体的位移、应力以及支护结构体的位移和内力变化，对基坑进行稳定性分析，总结其内力和变形的分布规律及其相互作用规律。考虑土钉（锚杆）的力学特性，重点分析了土钉（锚杆）的轴力和剪力，认为土钉（锚杆 ）横向抗剪作用是很微小的，抗剪作用不考虑[106,107]，相应的土钉横向剪切、抗弯作用也忽略不计。

11.1　工程概况

该工程位于新乡市平原路与胜利路交叉口的东南角，建筑平面设计似倒"品"状，占地总面积5047 m^2，建筑总面积9.3万 m^2，拟设三幢29层点式高层建筑，倒"品"状排列，地下两层，基础埋深为自然地面下12 m，地面上总高98 m。所建工程交通便利，北距平原路20 m，西距豫北大厦35 m，东南、西南侧约6 m为6层住宅楼，东北距离9 m为6层住宅楼，西北距离8 m为配电室。

11.2　工程及水文地质条件

第1单元层，杂填土（Q_4^{ml}）：灰褐、黄灰、褐黄、浅灰色，稍湿，坚硬，局部中密—密实。以灰土为主，含砖块、灰渣等，底部有厚10 cm左右的碎石垫层。该层埋深0.6～4.6 m，平均层厚2.1 m。

第2单元层，粉质黏土（Q_4^{21}）：褐黄、褐灰、灰黄夹灰绿层，硬塑—坚硬，局部可塑，具中压缩性，稍有光泽，干强度中等，韧性中等，无摇震反应。含少量锈染，含少量 ϕ0.5～2.0 cm的钙质结核，局部富集。夹薄层粉土（厚10～40 cm），局部夹黏土。层底埋深2.5～6.7 m，层厚0.5～3.0 cm，平均层厚1.9 m。

第3单元层，粉土（Q_4^{21}）：褐黄、灰黄、浅黄色，很强，密实，具中压缩性，无光泽反应，干强度低，韧性低，摇震反应迅速，含少量 ϕ0.5～2.0 cm的钙质结核，少量核径可达4 cm，夹薄层粉质黏土（厚10～40 cm），层底埋深4.6～8.6 m，层厚1.0～2.8 m，平均层厚1.9 m。

第4单元层，粉砂（Q_4^{21}）：褐黄、灰黄色、饱和，中密—密实，主要由石英、长石及少量暗色矿物组成，分选性好，磨圆度差。夹薄层细砂。层底埋深5.9～10.4 m。层厚0.6～2.1 m，平均厚度1.5 m。

第5单元层，细中砂（Q_3^{21}）：褐黄、灰黄、浅黄色，饱和，密实，局部中密，主要由石英、长石及少量暗色矿物质组成，分选性好，磨圆度差。上部夹薄层粉砂，局部夹薄粉质黏土及粉土（厚10～30 cm）。层底埋深16.6～22.0 cm，层厚9.1～13.7 m，平均层厚11.3 m。

第 6 单元层，中砂（Q_3^{21}）：灰、浅灰、褐灰、褐黄、灰黄色，饱和，密度，局部中密，主要由石英、长石及少量暗色矿物质组成，分选性好，磨圆度差。夹薄层细砂，局部夹薄层粉砂。层底深埋 22.0 ~ 28.7 m，层厚 3.4 ~ 7.7 m，平均层厚 5.5 m。

场地地下水主要为松散岩类孔隙水及碎屑岩类裂隙水，以大气降水和侧向径流为主要补给来源，以人工开采及侧向径流为主要排泄途径，地下水位埋深 5.7 m 左右，稳定水位埋深 5.5 m 左右。水位年变幅 2.0 m 左右，各土层参数如表 11-1 所示。

表 11-1　各土层参数

层号	土类名称	层厚（m）	重度（kN/m^3）	黏聚力（kPa）	内摩擦角（°）
1	杂填土	2.1	20.0	20.00	5.60
2	粉质黏土	1.9	20.0	36.40	20.60
3	粉土	1.9	19.8	36.40	14.20
4	粉砂	1.5	19.8	0	32.00
5	细中砂	11.3	19.8	0	32.00
6	中砂	5.5	19.8	0	32.00

11.3　基坑支护方案设计

基坑开挖剖面和土钉（锚杆）的布置分别如图 11-1 ~ 图 11-3 所示。

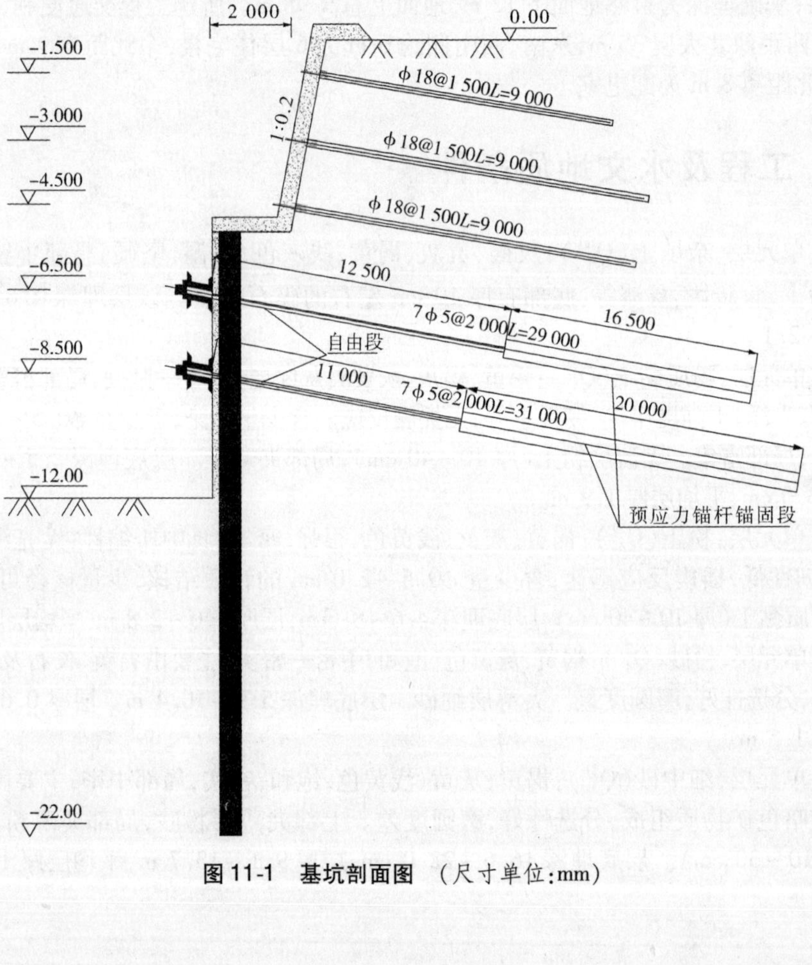

图 11-1　基坑剖面图　（尺寸单位：mm）

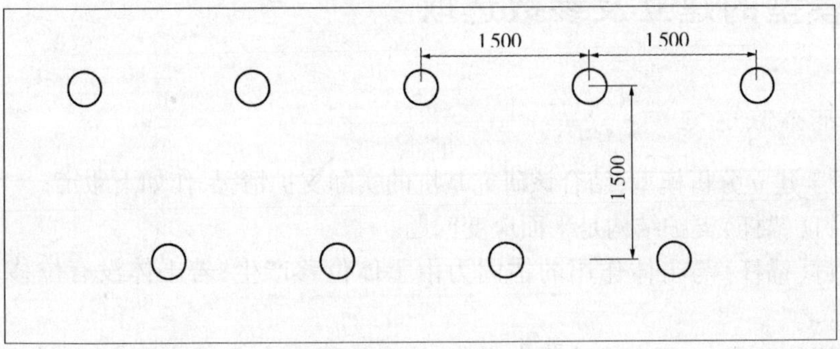

图 11-2　5 m 以上土钉坡面正立面图　（尺寸单位:mm）

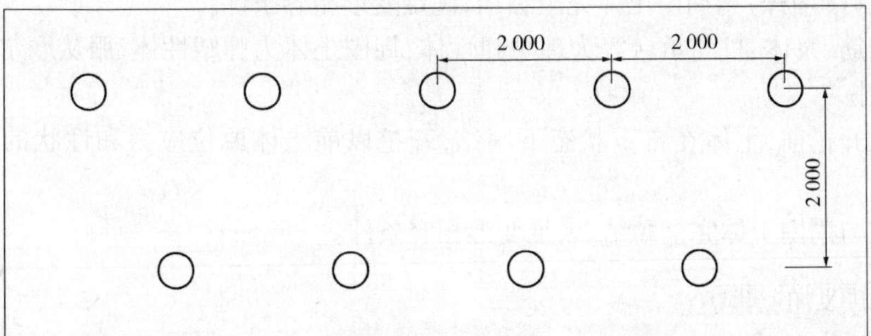

图 11-3　5 m 以下锚杆坡面正立面图　（尺寸单位:mm）

(1)基坑自然地面下 5 m 全部挖运,采用土钉墙支护方法,四周按 1∶0.2 放坡。

(2)材料:水泥为普通硅酸盐水泥,土钉为 ϕ18 Ⅱ级钢,加强筋为 ϕ10 Ⅰ级钢,网片筋为 ϕ6.5 Ⅰ级钢,碎石为 5～10 mm,砂为中砂。

(3)土钉孔直径为 100 mm,倾角为 5°～10°。采用第一次注浆、第二次压浆工艺,二次注浆压力不小于 0.3 MPa。注浆材料为素水泥浆,水灰比为 0.5～0.6。

(4)喷射混凝土面板厚度为 80 mm,混凝土强度等级为 C20,配合比按照体积比水泥∶砂∶石子＝1∶2∶2。

(5)边坡翻边宽度不小于 0.5 m,有院墙部位喷至院墙根部,防止雨水下渗,喷射混凝土面层厚度 100 mm,标号同周边坡混凝土面板。

(6)基坑 5 m 以上土钉水平间距、垂直间距见图 11-2。

(7)基坑自然地面下 5 m 采用桩锚结构支护。在地面下 5 m 处开始施工钻孔灌注桩,桩径 600 mm,桩心距 1.0 m,桩长 17 m。

(8)桩顶以下设两排预应力锚杆,上下和左右间距均为 2.0 m,分别采用 1860 级 2 根(7ϕ5)钢绞线作为预应力筋。

11.4 模型的建立及参数选取

11.4.1 基本假定

为了便于建立分析模型,结合该研究基坑的实际支护情况,作如下假定:

(1)土钉(锚杆)支护结构是平面应变问题。

(2)土钉(锚杆)与土体作用的锚固力由土体位移产生,若土体没有位移,土钉(锚杆)不受力。

(3)模拟的过程中,不考虑地下水影响,认为地下水位已满足要求(开挖之前已降水至开挖面以下)。

(4)不考虑土钉(锚杆)的横向抗剪作用。

(5)土钉(锚杆)与周围土体完全黏结,满足变形相容条件。

(6)钢筋、浆体、桩与承台等为理想弹性体,周围土体为弹塑性体,服从摩尔-库仑强度屈服准则。

(7)在开挖前,土体在自重状态下固结,开挖以前土体原位应力和性状的改变不予考虑。

(8)桩与周围土体完全黏结,满足变形相容条件。

11.4.2 模型的建立

深基坑支护结构中的计算采用的是 Mohr-Coulomb 强度准则。在消除边界效应的原则下,充分考虑深基坑的具体形态特征、客观的工程水文地质条件和支护结构影响范围等情况,建立计算模型。该模型的坐标系采用空间直角坐标系,xoy 平面取为水平面,z 轴为铅直方向。坐标系原点取在模型基坑底部开挖面边缘的正下方。边界条件的设置采用模型周边侧向约束,不允许水平方向位移,底面约束允许铅直方向变形,底面采用固定支座,四面采用可动支座。采用 Mohr-Coulomb 强度准则和弹塑性本构模型,计算的影响范围垂直方向取为基坑开挖深度的 2.5 倍,水平向取为基坑开挖深度的 4.2 倍。

该模型的开挖支护模拟共分成 6 个步骤进行。本工程计算模型长 50 m、高 30 m、宽 2 m,基坑的开挖深度为 12 m,按 1∶0.2 放坡开挖。整个过程分 6 步开挖,第一步开挖 2.0 m,第二步开挖 1.5 m,第三步开挖 1.5 m,第四步开挖 2.0 m,第五步开挖 2.0 m,第六步开挖 3.0 m。土钉水平间距 1.5 m,第一排位于 1.5 m 深处,垂直间距 1.5 m,第三排土钉距坑底 7.5 m,钻孔直径 0.10 m,第一排土钉长 8 m,第二排和第三排土钉长 9.0 m,倾角 10°。基坑自然地面下 5 m 采用桩锚结构支护。在地面下 5 m 处开始施工钻孔灌注桩,桩径 600 mm,桩心距 1.0 m,桩长 17 m。锚杆水平间距 2.0 m,第一排位于 6.5 m 深处,垂直间距 2.0 m,第二排锚杆距坑底 3.5 m,钻孔直径 0.10 m,第一排锚杆长 29 m,第二排锚杆长 31 m,倾角 15°。桩顶以下设两排预应力锚杆,上下和左右间距均为 2.0 m,开挖支护后的模型如图 11-4 所示。

模拟过程完全按照施工顺序,分 6 步开挖,每开挖一步支护一次。模型采用 FLAC 3D

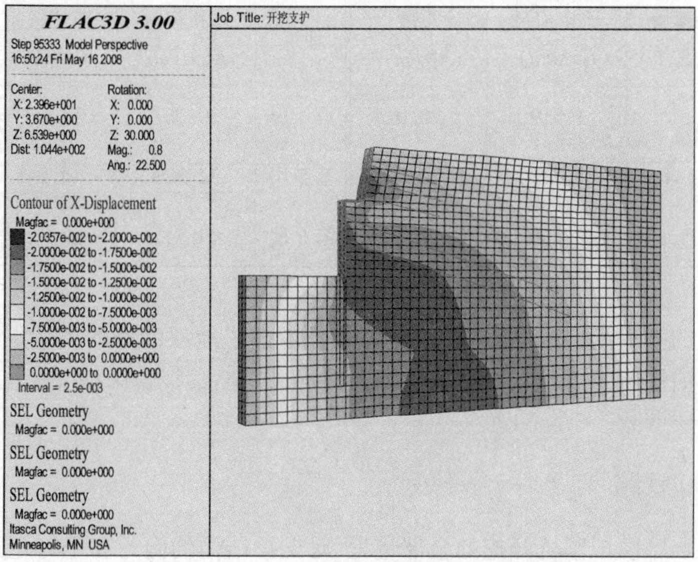

图 11-4　三维模型和结构单元模型

中的基本单元 brick、wedge 和结构单元 liner、cable、pile。建模时，对三种结构单元进行了方向的设置，并将结构单元之间（衬砌与衬砌之间）的节点和连接采用手动方式进行了设置，使它们成为一个有机的整体。对于土钉（锚杆）和桩的模拟，将每根土钉（锚杆）和桩划分成若干个单元，假设每个小单元内的力学性质分布是均匀的。

模型由 3 000 个单元、4 743 个模型单元节点、352 个结构单元和 349 个结构单元节点组成。该模型共执行了 95 333 个循环。模型的强度准则采用 Mohr – Coulomb 准则和弹塑性本构模型，并假设其为大变形，结构单元认为是理想弹性体。

11.4.3　参数的选取

在所有材料模型中，FLAC 3D 除了横观各向同性弹性模型和正交各向同性弹性模型外，所有的材料模型都取决于两个弹性常数，即体积模量（K）和剪切模量（G）。实际工程中勘察报告一般提供压缩模量 E_s，而体积模量和剪切模量是根据变形模量求得的，因此需要根据经验系数 υ 进行两者之间的换算，即

$$E = E_s\left(1 - \frac{2\upsilon^2}{1-\upsilon}\right) \tag{11-1}$$

由变形模量 E 和泊松比 μ 转换成 K 和 G 的函数关系为

$$K = \frac{E}{3(1-2\mu)} \tag{11-2}$$

$$G = \frac{E}{2(1+\mu)} \tag{11-3}$$

计算模型中各层土的计算参数见表 11-2，其他参数由勘察报告提供。

表 11-2 各层土的计算参数

地层	体积模量 K(MPa)	剪切模量 G(MPa)	重度 (kN/m^3)	地层	体积模量 K(MPa)	剪切模量 G(MPa)	重度 (kN/m^3)
第 1 层	4.556	1.519	20.0	第 4 层	30.767	14.002	19.8
第 2 层	10.544	3.777	20.0	第 5 层	32.380	14.945	19.8
第 3 层	6.952	3.208	19.8	第 6 层	49.547	29.728	19.8

计算模型的基本土层由勘察报告给出,充分考虑了地层的非均质性。土层的天然重度、压缩模量、泊松比、黏聚力、内摩擦角等参数均采用勘察报告中提交并在实际支护设计中使用的各土层参数。

11.4.4 计算思路

按照施工顺序模拟基坑开挖的全部过程,对支护结构的内力和土钉(锚杆)以及桩的相互作用进行了详细的分析和探讨。首先将模型全部按相对应的材料参数设定,并定义好边界条件。让模型在自重作用下稳定,计算结果即作为模型计算的初始应力和初始位移,然后将其初始位移和速度清零,开始进行开挖计算。第一次开挖完成以后,打入土钉,喷射混凝土面层,然后依次进行第二步到第六步的开挖支护,设置支护结构后分别进行参数设置,每次开挖完成后进行平衡计算。

开挖完成后支护结构的内力数据可以从 FLAC 3D 直接导出来,然后采用相应的软件处理,作出内力变化曲线,计算出安全系数并与理论公式得出的结论作对比,通过各种受力曲线的对比来分析其规律,并用 FLAC 3D 计算出基坑的安全系数。

11.5 基坑分步开挖过程中土体内力分析

在基坑的开挖过程中,由于土体的卸荷作用将对土体中的应力产生很大的影响,也直接关系到基坑的稳定性。下面对开挖中土体的最大和最小主应力以及剪力状态进行分析(压为负,拉为正)。

11.5.1 土体最大和最小主应力分析

图 11-5 和图 11-6 给出第六步开挖时最大与最小主应力等值线图,最大主应力呈带状分布,并呈由上至下逐渐增高的趋势,但是对每个开挖步来说,主应力大小随着开挖深度的增加,主应力值是逐渐减小的。在坡顶端的最大主应力最小,约为 0;在最低端的中砂土层中最大主应力最大,为 $1.4\times10^5 \sim 1.5703\times10^5$ Pa。

从图 11-6 中可以看出,最小主应力同样呈带状分布且均为压应力,并呈由上至下逐渐增高的趋势。在基坑坡顶的最大主应力最小,约为 0;在最低端的基岩中最大主应力最大,为 $5.0\times10^5 \sim 5.1\times10^5$ Pa。

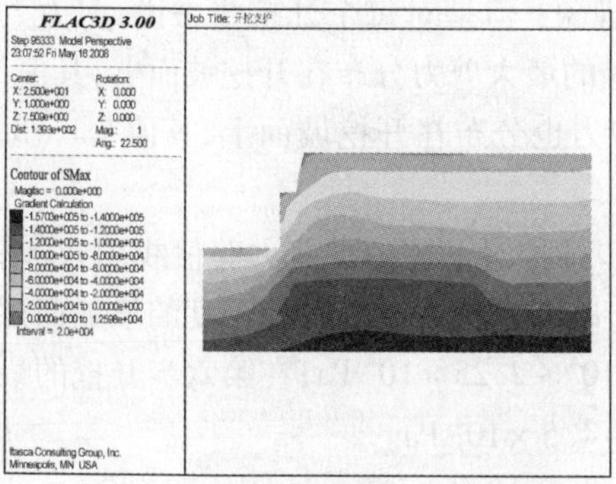

图 11-5　土体最大主应力等值线图

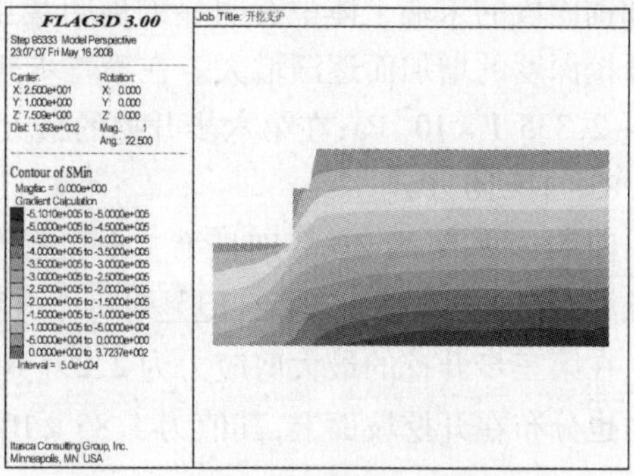

图 11-6　土体最小主应力等值线图

11.5.2　土体剪力分析

从τ_{xy}、τ_{xz}剪力图(图 11-7 ~ 图 11-10)中可以看出,开挖过程中剪力值都是逐渐增大的,基坑底脚处和锚固段的末端土体中有明显的剪力集中现象,当剪力值达到一定程度超过土体的抗剪强度时,将会发生剪切屈服破坏,使基坑处于危险状态。

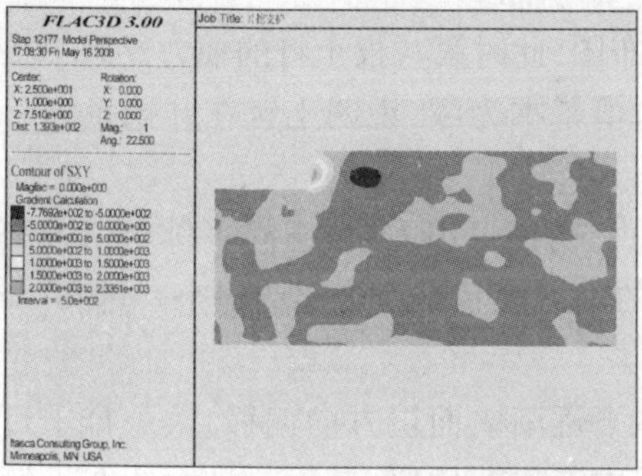

图 11-7　第三步开挖土体τ_{xy}等值线图

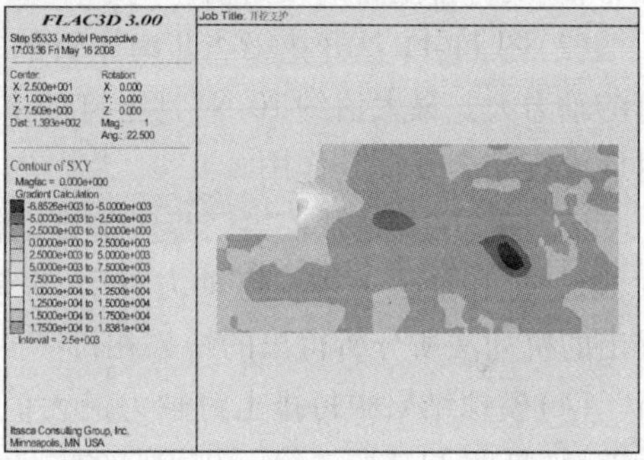

图 11-8　第六步开挖土体τ_{xy}等值线图

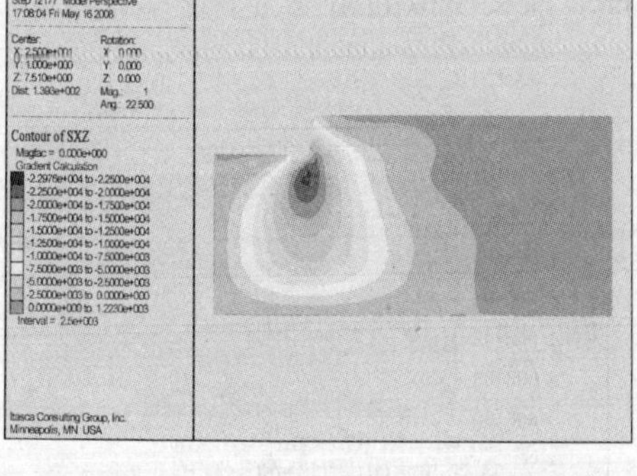

图 11-9　第三步开挖土体τ_{xz}等值线图

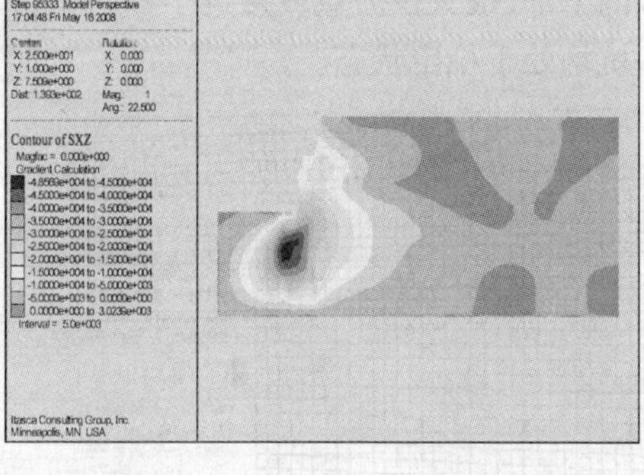

图 11-10　第六步开挖土体τ_{xz}等值线图

图 11-7 和图 11-8 分别是第三步和第六步开挖时的土体τ_{xy}剪力等值线图,在基坑底脚

处和锚固段的末端土体中有明显的剪力集中现象，但是对每个开挖步来说，剪力大小随着开挖深度的增加而逐渐增大。在第三步开挖的最大剪力分布在开挖坡面上，其值为$2\times10^3\sim2.3351\times10^3$ Pa；在第六步开挖的最大剪力也分布在开挖坡面上，其值为$1.75\times10^4\sim1.8381\times10^4$ Pa。

图 11-9 和图 11-10 分别是第三步和第六步开挖时的土体τ_{xz}剪力等值线图，在基坑底脚处有明显的剪力集中现象，但是对每个开挖步来说，剪力随着开挖深度的增加而逐渐增大。在第三步开挖的最大剪应力为$2.2976\times10^4\sim2.25\times10^4$ Pa；在第六步开挖的最大剪应力也分布在开挖坡面上，其值为$4.85\times10^4\sim4.5\times10^4$ Pa。

11.6 支护结构内力的数值分析

11.6.1 土钉和锚杆的内力分析

11.6.1.1 对在同一开挖深度不同土钉（锚杆）的内力分析

（1）土体中土钉主要承受拉力，模拟得出拉力呈两头小、中间大的枣核形或抛物线状分布，以及每排土钉的轴力值，如图 11-11 ~ 图 11-14 所示。

（2）图 11-11 是开挖第二步时土钉的轴力分布图，此时第一根土钉的轴力比第二根土钉的轴力大。最大值约 10 N，且土钉的末端轴力值基本为零，说明土钉在开挖至第三步时还没有完全发挥其作用。

（3）图 11-13 是开挖第三步时每排土钉的受力，由图可以看出，中间一排土钉轴力较大，第一排和最后一排土钉轴力较小，土钉两端的轴力值基本上为零或很小。这和 Juran 提出的机动法所分析得出的结果相符[108]。

（4）模拟结果中每排土钉轴力最大值自上往下逐渐向面层方向偏移，第一排土钉有所差异（见图 11-13）。第一排土钉的最大值接近中点靠左位置，最后一排大约在土钉长度的 1/3 处。各排土钉中第二排轴力最大，约为 14 kN。根据文献[108]的研究，在加筋区的较上部分，最大土钉轴应力一般出现在土钉的中段或接近中间点的面层边。在加筋区的下部，最大拉力点较接近于移向土钉墙开挖面。前文模拟的结果与上述结论较吻合，基坑均处于稳定状态。

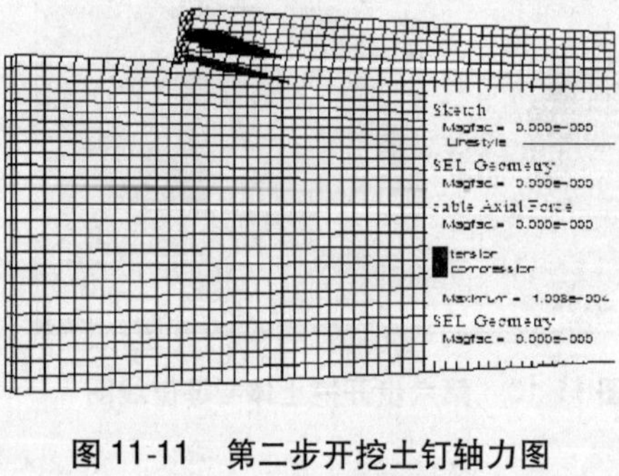

图 11-11　第二步开挖土钉轴力图

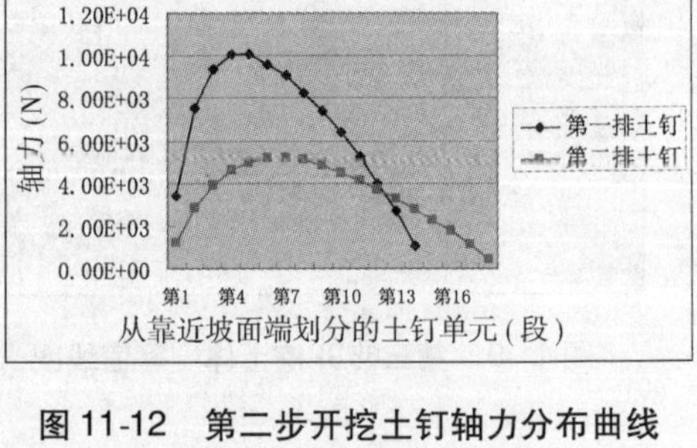

图 11-12　第二步开挖土钉轴力分布曲线

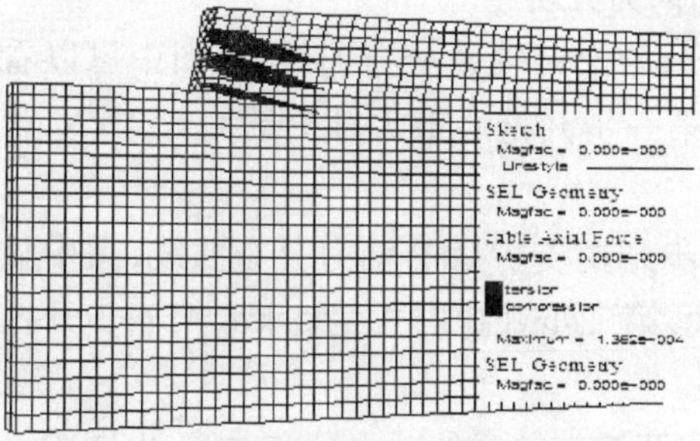

图 11-13　第三步开挖土钉轴力图

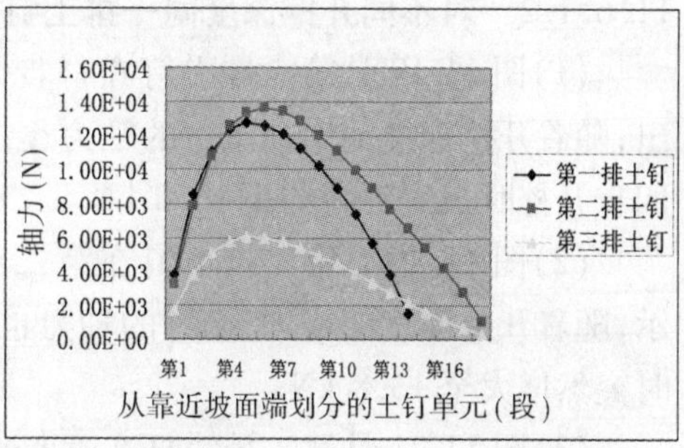

图 11-14　第三步开挖土钉轴力分布曲线

(5)土体中预应力锚杆主要承受拉力,模拟得出拉力呈两头小、中间大的枣核形或抛物线状分布,以及每排锚杆的轴力值,如图 11-15 ~ 图 11-18 所示。模拟结果中每排锚杆轴力最大值自上往下逐渐向面层方向偏移,图 11-15 显示第四步开挖时第一排锚杆的最大值接近中点靠左位置,且锚杆的末端轴力值基本为零,说明土钉在开挖至第四步时还没有完全发挥其作用。各排锚杆中第一排轴力最大,约为 300 kN。图 11-17 反映在第六步开挖基坑稳定时锚杆受轴力分布也具有中间大、两端小的特点,且锚杆得到充分利用,说明设计锚杆参数是合理的,基坑是稳定的。

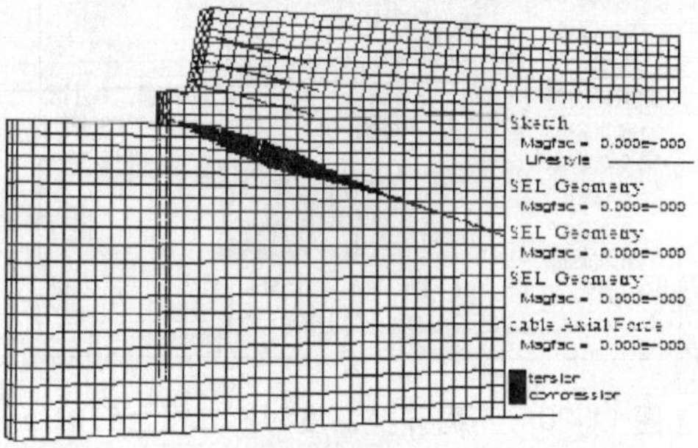

图 11-15　第四步开挖锚杆轴力图

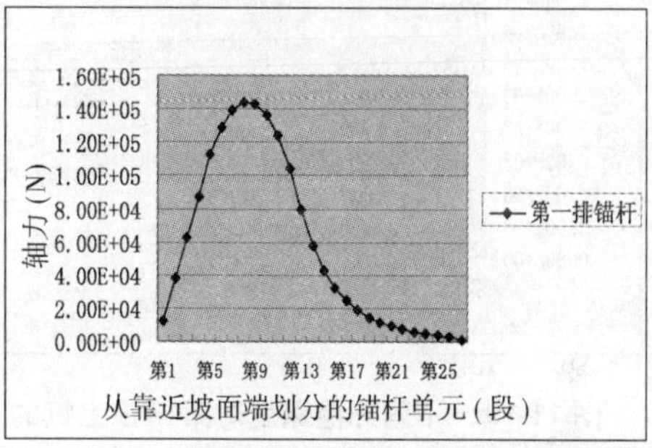

图 11-16　第四步开挖锚杆轴力分布曲线

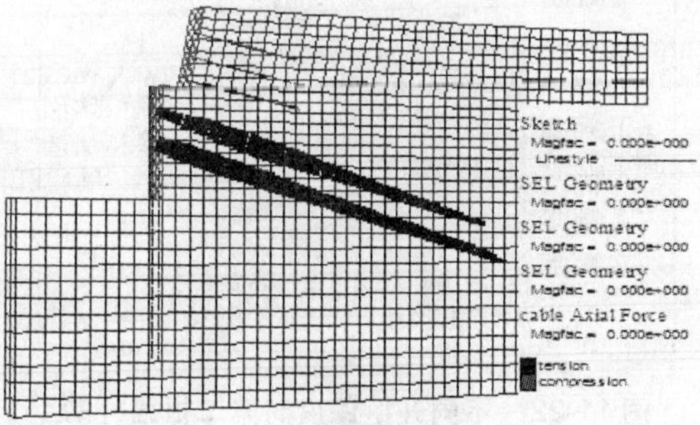

图 11-17　第六步开挖锚杆轴力图

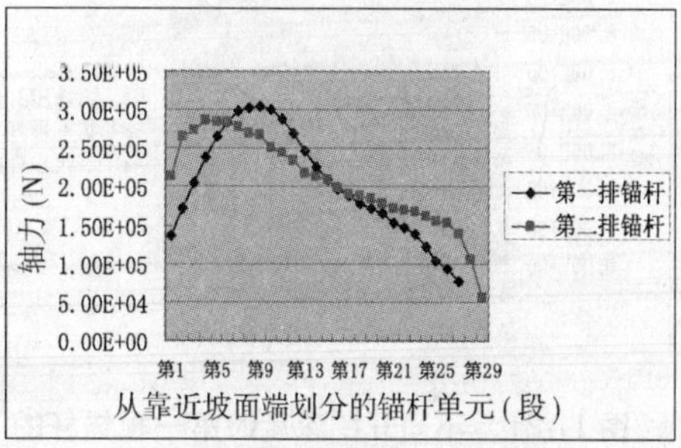

图 11-18　第六步开挖锚杆轴力分布曲线

(6)各排土钉(锚杆)轴力最大点的连线,就是边坡最小安全系数的滑动面[109],即基坑的潜在滑动面。

11.6.1.2 对不同开挖深度同一排土钉(锚杆)的内力分析

(1)图 11-19 是第一排土钉在每步开挖支护后的土钉轴力分布曲线,从图中可以看出,随着开挖深度的增加土钉的轴力逐渐变大。第一步开挖后最大轴力约为 6.3 kN,第四步开挖时最大轴力约为 13.5 kN。

(2)图 11-20 是第二排土钉在第二步至第四步开挖支护后的轴力分布曲线,图中显示,随着开挖深度的增加,土钉的轴力也逐渐增大,第二步开挖时约为 5 kN,第四步开挖时突然增大至 13.8 kN。

(3)图 11-21 是第一排锚杆在第四步至第六步开挖支护后的轴力分布曲线,由图中可以看出,随着开挖深度的增加,锚杆的轴力逐渐变大。第四步开挖后最大轴力约为 150 kN,第六步开挖时最大轴力约为 300 kN。图 11-22 是第二排锚杆在第五步至第六步开挖支护后的轴力分布曲线,由图中可以看出,随着开挖深度的增加,锚杆的轴力逐渐变大。第五步开挖后最大轴力约为 120 kN,第六步开挖时最大轴力约为 280 kN。

(4)由图 11-19 和图 11-20 对比分析可知,在开挖过程中,第一排土钉轴力的增长幅度没有第二排土钉的增长幅度大,且第二排土钉受力大于第一排。而由图 11-21 和图 11-22 对比可知,第一排的锚杆轴力要比第二排锚杆的轴力大,所以第一排锚杆起主要作用。

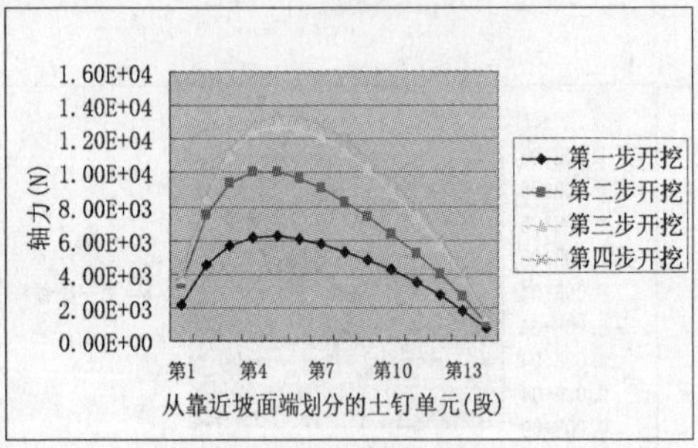

图 11-19 不同开挖深度时第一根土钉的轴力分布曲线

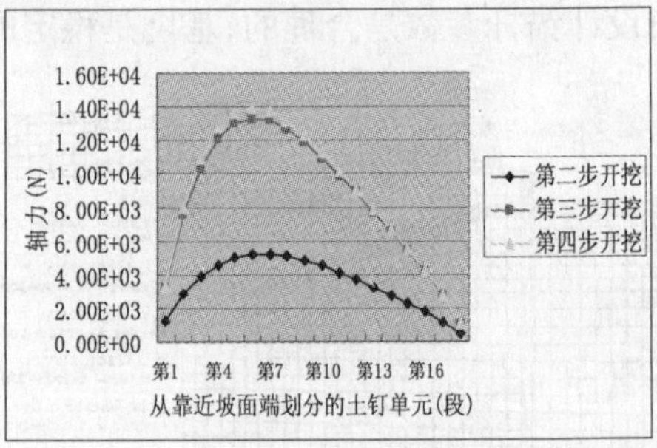

图 11-20 不同开挖深度时第二根土钉的轴力分布曲线

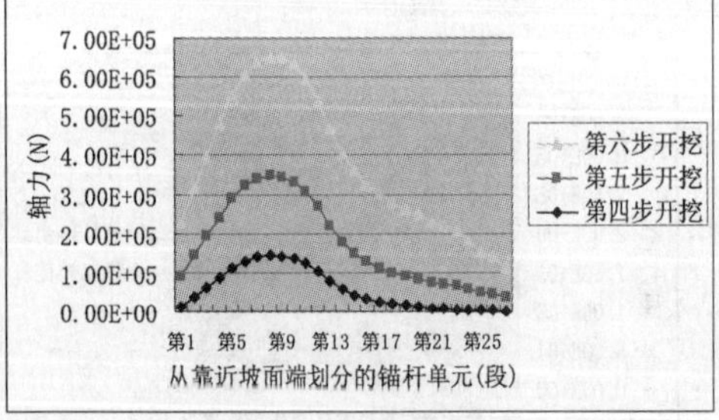

图 11-21 不同开挖深度时第一根锚杆的轴力分布曲线

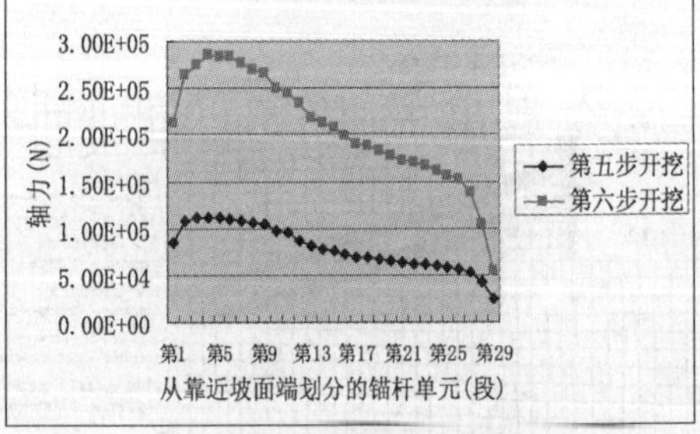

图 11-22 不同开挖深度时第二根锚杆的轴力分布曲线

(5)由以上分析可知,随着开挖深度的增加,受拉土钉的轴向拉力增大,其原因是开挖深度越大,开挖面附近土体的位移越大,因此土钉表面的摩擦阻力增大,从而引起土钉的轴力随着开挖深度的增加而增大。土钉的轴向拉力基本上呈抛物线或枣核状,最大拉力点的位置也随着开挖深度的增加而后移。而对于锚杆开始在自由段施加预应力,随着开挖深度的增加其轴力也在不断地增大,由于预应力的存在使其与土体间产生摩阻力,达到限制土体变形的目的。

图 11-23 ~ 图 11-26 分别是开挖支护稳定后土钉轴力和锚杆轴力理论解和数值解的对比曲线,由图可以看出,曲线变化趋势比较一致。模拟结果为土钉和锚杆两端的轴力值很小,理论值比模拟值更小,几乎为零。另外,土钉和锚杆两端模拟得出的轴力值比理论公式得出的值稍大,中间部分模拟值比理论值小,但基本一致。

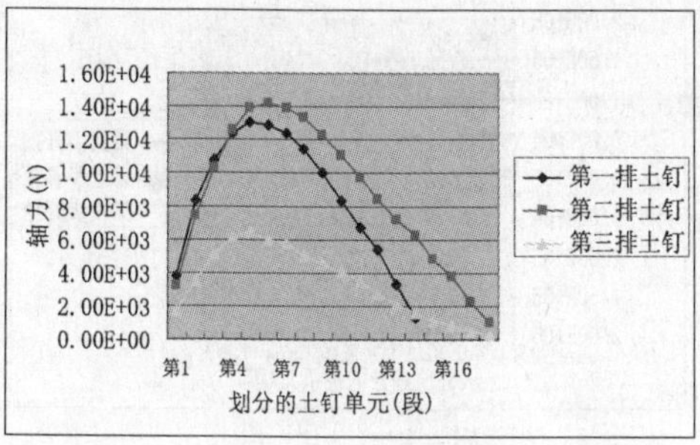

图 11-23 土钉轴力的理论解分布曲线

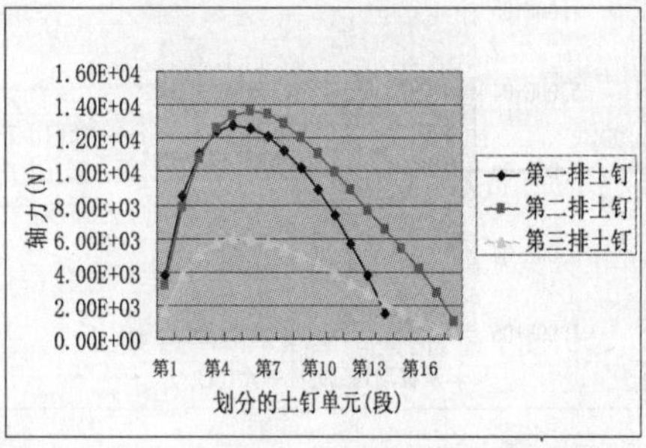

图 11-24 土钉轴力的数值解分布曲线

由图 11-23 和图 11-24 三排土钉轴力分布曲线可以看出,土钉两端的理论解小于数值解,在土钉的末端轴力几乎为零;在土钉中部理论解大于数值解。由理论公式解得第一排土钉的最大轴力为 13.8 kN,模拟得出的最大轴力为 13 kN,第三排土钉的最大轴力为 6.2 kN,模拟得出的最大轴力为 6 kN,均相差不大。

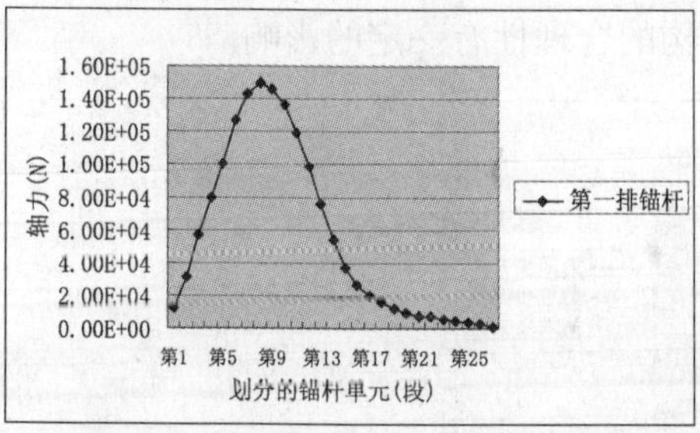

图 11-25 第一排锚杆轴力的理论解分布曲线

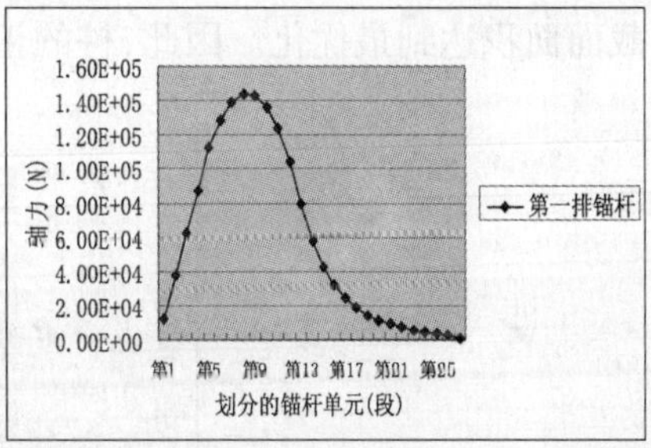

图 11-26 第一排锚杆轴力的数值解分布曲线

同样,由图 11-25、图 11-26 第一排锚杆轴力分布曲线可以看出,锚杆两端的理论解小于数值解,在土钉的末端轴力几乎为零;在土钉中部理论解大于数值解。由理论公式解得第一排土钉的最大轴力为 150 kN,模拟得出的最大轴力为 145 kN,相差也不大。

11.6.2 桩体受力分析

由图 11-27 可知,随着开挖的加深,桩的轴力逐渐增大;开挖完成后,桩身与坑底开挖底面处相交位置的轴力最大,往上和往下都比前一阶段的值小。随着基坑施工的进行,桩的轴力最大值逐渐向下推移,桩端处的轴力变化从小到大再逐渐变小。

由图 11-28 可知,随着开挖的进行,桩顶处剪力逐渐增大,然后桩身的最大剪力逐渐向下移动。当开挖完成后,此时桩身与坑底处交接处的剪力达到最大(见图 11-28 中的浅色线),最大剪力值处向下 1 m 的范围内,剪力突然降低,再往下桩身的剪力由大逐渐变小,甚至为零,然后到桩端有适当反弹。在上部的开挖范围内,桩的剪力变化基本上呈直线状。

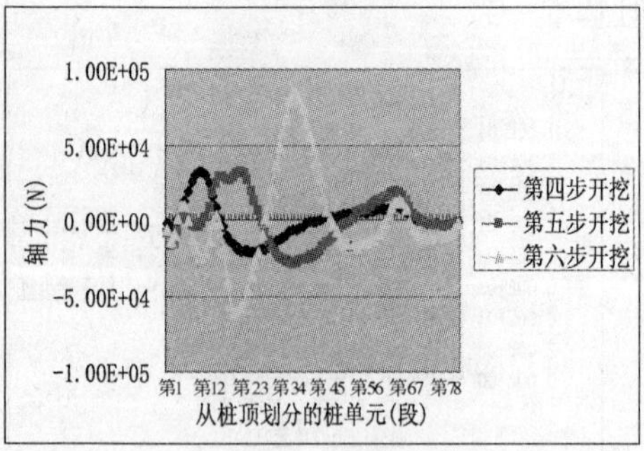

图 11-27　不同开挖深度桩轴力分布曲线

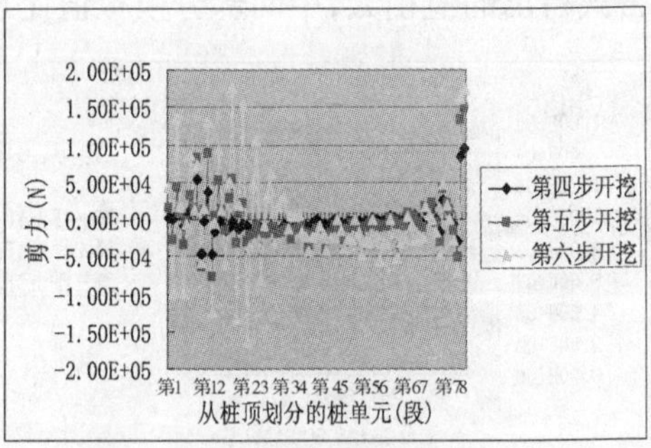

图 11-28　不同开挖深度桩剪力分布曲线

图 11-29 显示,随着开挖深度的增加,桩体上半部分的弯矩由小逐渐变大,逐渐增加到最大值;而在下半部分,基坑底下 1 m 的范围内,弯矩值逐渐减小;当开挖完成时,在桩身 1/3 处达到最大值。桩身弯矩最大值的位置随基坑开挖有向下移动的趋势,在桩端处达到最小值,并且弯矩的零值点逐渐下移。当采用平衡理论设计、正负弯矩相等时,桩横截面面积达到最优化。因此,桩的正负弯矩对桩结构的合理性有一定的影响。

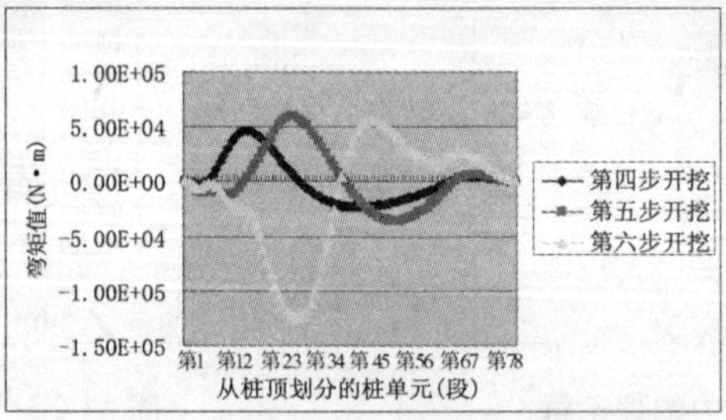

图 11-29　不同开挖深度桩弯矩分布曲线

11.7　基坑的安全系数和应变分析

11.7.1　基坑安全系数的计算

图 11-30、图 11-31 为计算得到的第一步开挖时的剪应变增量云图和土体位移矢量

图,从图中可以看出,主要的剪应变集中在基坑开挖边坡顶端的土层,从最大剪应变产生的位置可以看出,边坡潜在滑动面区域,计算得到安全系数为 6.76,大于 1.2,因此开挖基坑是稳定的。

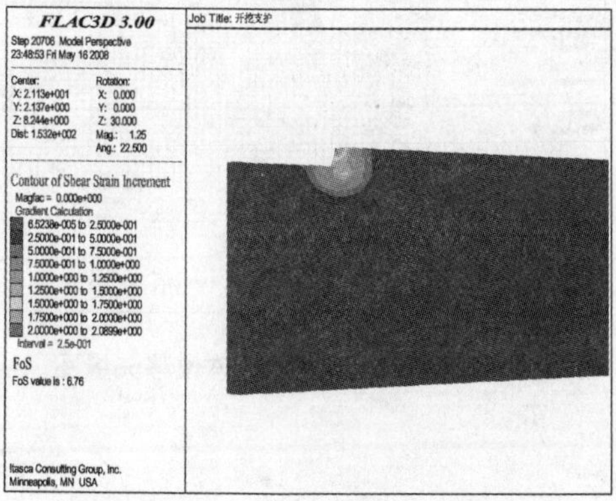

图 11-30　第一步开挖剪应变增量云图

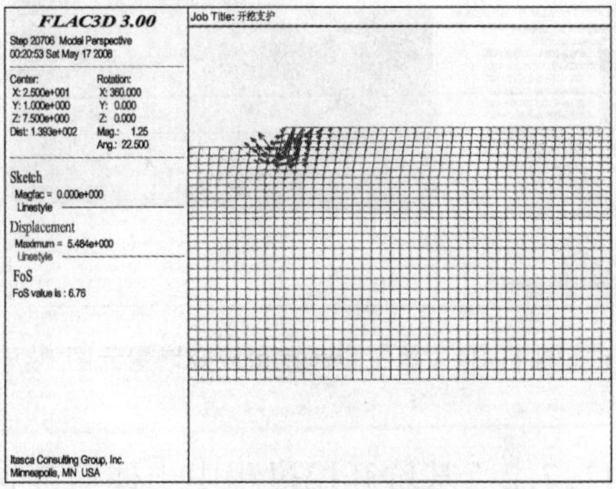

图 11-31　第一步开挖土体位移矢量图

图 11-32、图 11-33 是第二步开挖时的剪应变增量云图和土体位移矢量图,从图中可以看出,主要的剪应变集中在基坑开挖边坡坡脚的位置,安全系数为 4.86,基坑的安全系数都大于 1.20,可以认为基坑是稳定的。

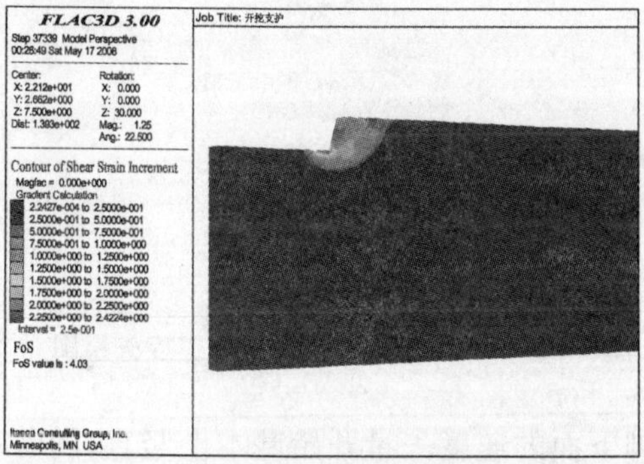

图 11-32　第二步开挖剪应变增量云图

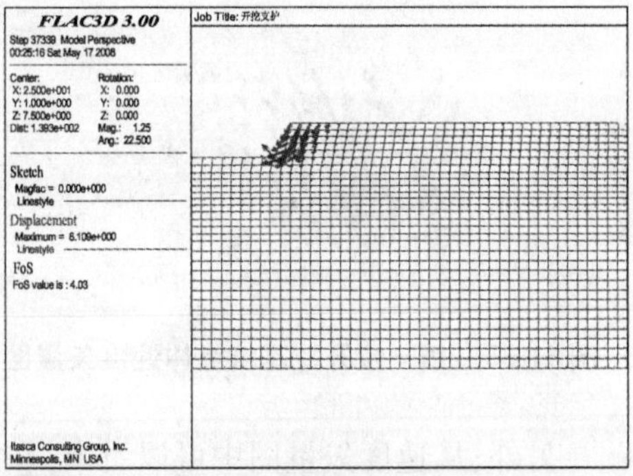

图 11-33　第二步开挖土体位移矢量图

图 11-34、图 11-35 是第三步开挖时的剪应变增量云图和土体位移矢量图,从图中可以看出,主要的剪应变集中在基坑开挖坡脚的位置,从最大剪应变产生的位置可以明显看出边坡潜在滑动面区域,安全系数为 2.67,基坑的安全系数大于 1.20,可以认为基坑是稳定的。

本章给出了基坑开挖过程中开挖前三步的安全系数的计算结果,可以看出,随着深度的增加安全系数逐渐减小,说明在开挖前三步过程中基坑是稳定的,经计算发现后三步开挖过程中安全系数也满足规范要求,说明该基坑在设计支护条件下进行开挖是稳定的。

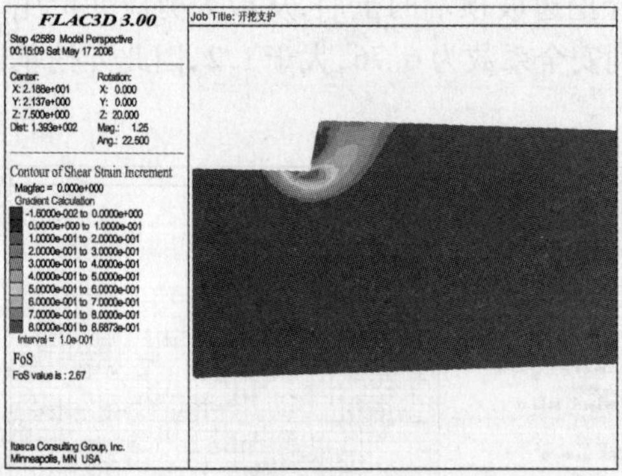

图 11-34　第三步开挖剪应变增量云图

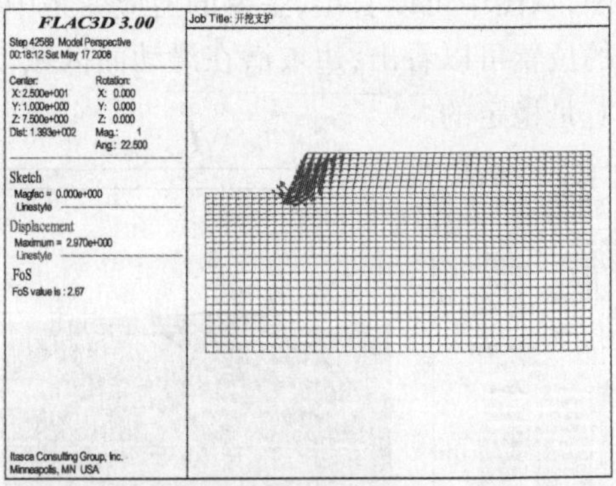

图 11-35　第三步开挖土体位移矢量图

11.7.2　基坑开挖过程中土体应变速率分析

从前文分析可知,基坑土体位移是每步计算逐渐叠加的,速度是时刻变化的即时速度。这从第一步开挖图形中能清晰地看出,由于此时计算步数较小,速度方向和位移方向基本上是一致的。但是速度矢量在支护桩前和斜开挖面上比较大(见图 11-36、图 11-37),这与前面讲的桩前剪应变变化率比较大存在一定的关系。

图 11-36　第一步开挖基坑土体速度矢量图

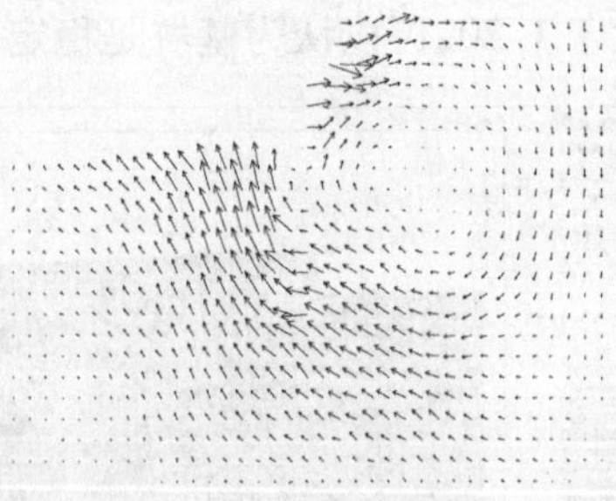

图 11-37　第六步开挖基坑土体速度矢量图

另外,从速度矢量图中可以看出,在基坑底脚下面的速度矢量开始基本上竖直,随着开挖的进行,逐渐倾斜,后来基本上变成 45°方向。这充分显示了在开挖中基坑土体朝着基坑底部隆起的方向移动,这也是基坑周围土体下沉的一个主要原因。

第12章　土钉支护工程实例数值模拟分析

12.1　工程概况

该建筑场地位于郑州市建设东路与金水河交叉口的西北角,是郑州大学第一附属医院高教楼。该场地南部及西部均为5层楼,西南角为高层住宅楼。拟建建筑地上21层,平面尺寸为50.7 m×12.8 m,基坑周长约135 m,基坑深度8.5 m。主体采用剪力墙结构,基坑重要性系数为二级。平面示意图如图12-1所示。

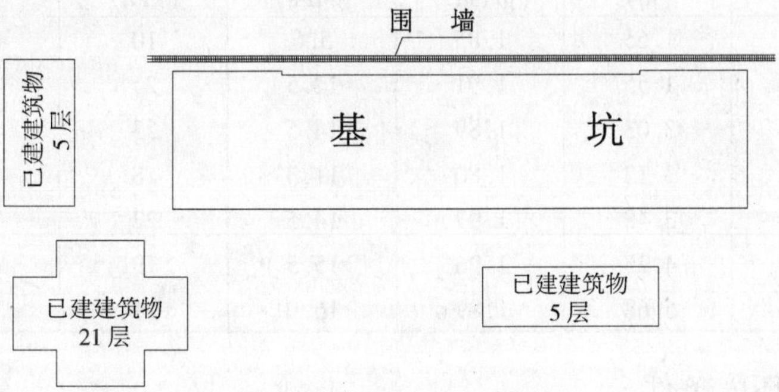

图12-1　基坑平面位置图

12.1.1　工程及水文地质条件

本次勘察深度范围内的地层分为7层,为第四系沉积地层。各地层地质特性分述如下:

(1)第1层(Q_4^{ml}):填土,稍湿,稍密。上部以建筑垃圾、碎砖为主,下部以粉土为主,含少量灰渣。层厚1.2~2.0 m,平均厚度1.65 m。

(2)第2层(Q_4^{al}):粉土,黄褐色,稍湿,稍密。含少量植物根系及虫孔,摇震反应中等,干强度低,韧性低。场地内该层分布稳定,层底埋深3.0~3.5 m,层厚1.0~2.0 m,平均厚度约1.55 m。

(3)第3层(Q_3^{al+pl}):粉土,黄色,稍湿,稍密—中密。土中加铁锈条纹,含少量钙质结核和白色蜗牛碎壳。层底埋深6.0~6.8 m,层厚2.5~3.8 m,平均厚度约3.03 m。

(4)第4层(Q_3^{al+pl}):粉土,褐黄色,稍湿,中密。土中含少量蜗牛碎壳和小钙质结核。层底埋深9.6~10.5 m,层厚1.7~4.1 m ,平均厚度约3.12 m。

(5)第5层(Q_3^{al+pl}):粉土,褐黄色,稍湿,中密。土中含较多白色钙质网纹及钙质结核，粒径2～3 cm，摇震反应中等，干强度低，韧性低。层底埋深12.7～14.5 m，层厚3.1～4.1 m，平均厚度约3.48 m。

(6)第6层(Q_3^{al+pl})：粉土，褐黄色，稍湿，中密。土中含钙质结核及少量灰色斑块，摇震反应中等，干强度低，韧性低。层底埋深16.5～18.5 m，层厚3.0～5.5 m，平均厚度约4.25 m。

(7)第7层(Q_3^{al+pl})：粉土，褐黄色，稍湿，中密。土中含少量钙质结核及少量灰色斑块，摇震反应中等，干强度低，韧性低。平均厚度约为5.68 m。

场地地下水类型为潜水，含水层主要为粉土，其补给来源主要为大气降水，勘察期间为丰水期，地下水埋深21.7 m，水位年变幅为1.0～2.0 m，最近3～5年来最高水位为19.5 m。水质对混凝土不具腐蚀性。

参考该工程地质勘察报告，土层参数详见表12-1。

表12-1 土层参数

土层号	土层性质	平均厚度(m)	密度(g/cm^3)	压缩模量(MPa)	黏聚力(kPa)	内摩擦角(°)	泊松比
1	填土	1.65	1.85	5.6	10	15	0.25
2	粉土	1.55	1.91	12.5	25	19	0.25
3	粉土	3.03	1.89	14.5	23	20	0.23
4	粉土	3.12	1.80	11.3	18	22	0.25
5	粉土	3.48	1.97	14.5	22	19	0.24
6	粉土	4.25	1.96	15.5	19	23	0.24
7	粉土	5.68	1.89	16.0	19	23	0.23

12.1.2 周边环境条件

(1)基坑北侧：北侧2 m为一围墙，围墙是基坑开挖的影响对象。

(2)基坑西侧：距离现有5层楼15.70 m，不受基坑工程影响。

(3)基坑南侧：距离现有5层楼13.00 m，不受基坑工程影响。

(4)基础西南角：距离现有21层住宅楼8.60 m，不受基坑工程影响

各建筑物的相对位置如图12-1所示。

12.2 基坑支护方案

依照本工程的岩土工程勘察资料、现场环境条件，类比其他类似工程实例可知，该建筑场地上部土层物理力学性质较差。边坡土层均为松散性粉土，同时该基坑部分断面离原有建筑物较近、开挖边线较长，对基坑开挖、边坡安全和稳定极为不利。因此，基坑开挖时必须采取可靠的支护措施，确保基坑及其周围其他临建设施的安全。

基坑开挖深8.5 m，根据以往的基坑支护工程实例和经验，按照安全可靠、经济合理、缩短工期的原则，经理论计算、综合比较和方案优化，基坑周围采用两种支护方案，这里着重考虑的是放坡开挖情况下的土钉墙支护方法。

支护设计参数如下：

(1)土钉:第一排土钉位于基坑地面下 1.5 m 处,以下每排土钉的竖向间距为1.3 m,土钉水平间距为 1.3 m,直径为 22 mm,倾角为 10°,抗拉强度为 1 860 MPa。

(2)面层:喷射混凝土面板强度 C20,面板厚度 150 mm。

12.3 基本假定

为了便于建立分析模型,结合该基坑的实际支护情况和支护结构的作用原理作如下假定:

(1)基坑土钉支护结构可看成是平面应变问题。

(2)土钉与土体作用的锚固力由土体位移产生,若土体没有位移,土钉不受力。

(3)模拟的过程中,不考虑地下水影响,认为地下水位已满足要求(降水至开挖面以下)。

(4)不考虑土钉的横向抗剪作用。

(5)土钉与周围土体完全黏结,满足变形相容条件。

(6)钢筋和浆体为理想弹性体,周围土体为弹塑性体,服从 Mohr - Coulomb 库仑强度准则。

12.4 模型的建立和参数选取

12.4.1 模型建立

在消除边界效应的原则下,充分考虑深基坑的具体形态特征、客观的工程水文地质条件和支护结构影响范围等情况,建立计算模型,计算的影响范围垂直方向取为基坑开挖深度的 2.4 倍,水平方向取为基坑开挖深度的 3.5 倍。

计算模型是选择建筑物基坑支护的一段,为了更好地分析支护结构的作用机理,选取三维空间模型进行分析计算。模型是一个东西宽 30 m(X 轴方向)、南北长 2 m(Y 轴方向)、厚 20 m(Z 轴方向)的六面体。开挖支护后的模型如图 12-2 所示。

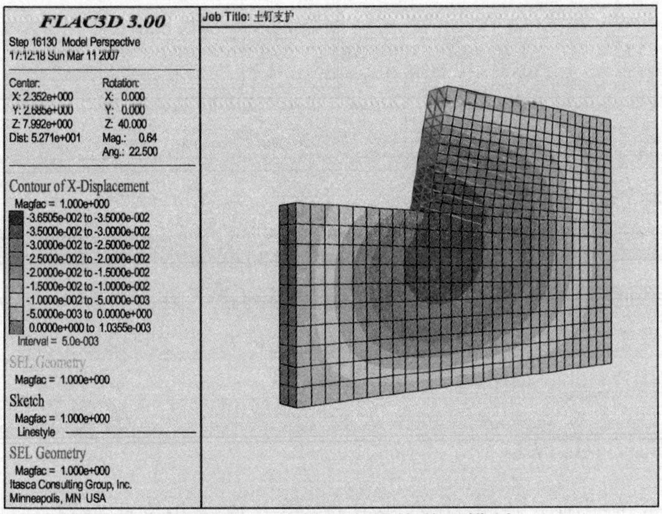

图 12-2 三维模型和结构单元模型

本章重点是深基坑土钉支护结构中土钉的内力分析，通过内力分析进一步研究了土钉与土的相互作用机理。

12.4.2 参数的选取

计算模型的基本土层特征由该工程岩土勘察报告给出，充分考虑了地层的非均质性。土层的天然重度、压缩模量、泊松比、黏聚力、内摩擦角等参数均采用勘察报告中给出的值。由于该工程场地的地下水位较低，施工时适当采取降水措施即可满足工程的需要。因此，本次模拟中不考虑地下水的影响。

在 FLAC 3D 中，除了横观各向同性弹性模型和正交各向同性弹性模型外，所有的材料模型都是取决于两个弹性常数，即体积模量(K)和剪切模量(G)。实际工程中，勘察报告一般提供压缩模量 E_s，而体积模量和剪切模量是根据变形模量求得的，因此需要根据经验系数 υ 进行两者之间的换算。

$$E = E_s\left(1 - \frac{2\upsilon^2}{1-\upsilon}\right)$$

由变形模量 E 和泊松比 μ 转换成 K 和 G 的函数关系为

$$K = \frac{E}{3(1-2\mu)}$$

$$G = \frac{E}{2(1+\mu)}$$

计算模型中各层土的计算参数见表 12-2，其他参数见表 12-1。

表 12-2　各层土的计算参数

地 层	体积模量 K(MPa)	剪切模量 G(MPa)	重度 (kN/m³)	地层	体积模量 K(MPa)	剪切模量 G(MPa)	重度 (kN/m³)
第 1 层	3.877	1.292	18.5	第 5 层	9.813	33.515	19.7
第 2 层	8.46	3.03	19.1	第 6 层	10.49	3.758	19.6
第 3 层	9.813	3.515	18.9	第 7 层	10.828	3.879	18.9
第 4 层	7.647	2.739	18.0				

12.4.3 边界条件

该模型的坐标系采用空间直角坐标系，xoy 平面取为水平面，z 轴为铅直方向。坐标系原点取在模型基底的中间，基坑底部开挖面边缘的止下方。

边界条件的设置采用模型周边侧向约束，不允许水平方向位移，底面约束允许铅直方向变形，底面采用固定支座，四面采用可动支座。

12.4.4 模型的结构特点

模拟过程完全按照施工顺序，分六步开挖，每开挖一步支护一次。基坑深 8.5 m，按

1:0.2 放坡开挖。模型采用了 FLAC 3D 中的基本单元 brick、wedge 和结构单元 liner、cable。建模时,对两种结构单元进行了方向的设置,并将结构单元之间(衬砌与衬砌之间)的节点(node)和连接(link)采用手动方式进行了设置,使它们成为一个有机的整体。对于土钉的模拟,将每根土钉按每段0.5 m 划分成若干个单元,假设这一个小单元内的力学性质分布是均匀的。

模型由 1 320 个单元(zones)、2 139 个模型单元节点(grid - points)、138 个结构单元(structural - elements)和 150 个结构单元节点(nodes)组成。该模型共执行了 18 495 个循环。

强度准则采用 Mohr - Coulomb 准则和弹塑性本构关系,并假设其为大变形,结构单元认为是理想弹性体。

12.4.5 计算思路

与前文类似,按照基坑开挖施工顺序模拟基坑开挖的全部过程,对支护结构的内力和土钉的相互作用进行了详细的分析和探讨。即首先将模型全部按相对应的材料参数设定好,定义好边界条件。然后让模型在自重应力作用下自动平衡,计算结果即作为模型计算的初始应力和初始位移.再将其初始位移和速度清零,开始进行开挖计算。第一次开挖完成以后,打入土钉,喷射混凝土面层,然后依次进行第二步至第六步的开挖和支护,设置支护结构后要分别进行参数设置,每次开挖完成后要进行自动平衡计算。

开挖完成后支护结构的内力数据从 FLAC 3D 中直接导出,然后采用相应的软件处理,作出内力变化曲线,并与理论公式得出的结论作对比,通过各种受力曲线的对比来更好地分析其变化规律,揭示其作用机理。

12.5 三维数值模拟结果分析

主要考虑土钉和基坑土体的力学特性,重点分析了土钉的轴力和剪力,同前文分析一样,土钉横向剪切、抗弯作用忽略不计。针对上述计算模型和材料参数,对基坑支护结构的受力进行了详细的分析,又把数值分析结果跟理论结果作了对比,结果如下。

12.5.1 深基坑分步开挖支护过程模拟

12.5.1.1 不平衡力演化曲线

每个网格最多被八个单元包围,这些单元对网格施加力,在平衡状态,这些力的代数和几乎为零。若是不平衡力接近于一个非零的恒定值,表明模型破坏或进入了塑性流动状态。对于模型的评估分析,不平衡力是个很重要的指标,计算过程中它可以通过历史命令记录在屏幕上显示出来。

图 12-3 是基坑在开挖和支护过程中不平衡力随时步的演化曲线,由图中可以看出,基坑在每一步开挖后,最大不平衡力都有一个突然增大的趋势,然后由于土钉的支护作用,最大不平衡力逐渐又趋于稳定。第一步开挖后不平衡力突然增大,所以第一步开挖对基坑的稳定性影响较大,需要进行土钉与衬砌支护;第二步和第四步开挖不平衡力变化相

对较大,对基坑也有一定的影响;第三步开挖基本上没什么变化;然后,在第五、六步开挖时,不平衡力又突然增大,说明这两步开挖对基坑稳定性影响较大;由不平衡力随时步的演化曲线可知,基坑不是处于一个非常稳定的状态中,而是在不断地发生变化,基坑施工中应予以重视。

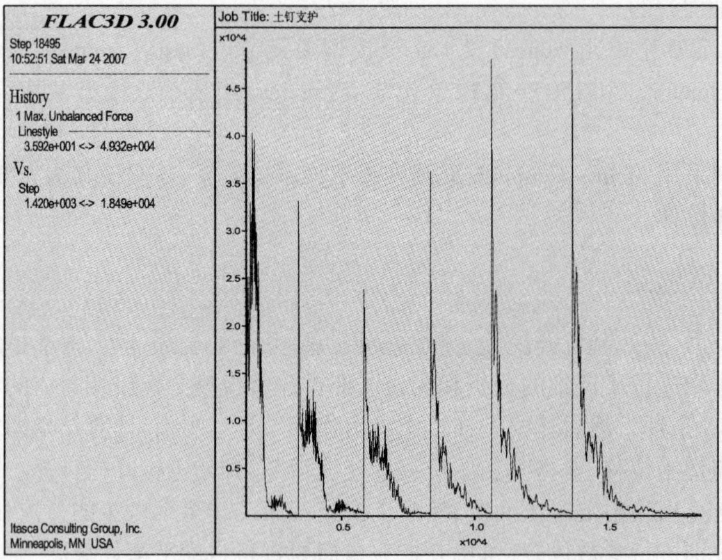

图 12-3　分步开挖和支护时不平衡力随时步的演化曲线

12.5.1.2　基坑开挖过程中土体应力变化

在基坑开挖过程中,由于土体的卸荷作用,将对土体中的应力产生很大的影响,也直接关系到基坑的稳定性。下面对开挖中土体的最大和最小主应力以及剪力状态进行简单的分析。这里规定:压为负,拉为正。

1)土体最大和最小主应力

图 12-4 和图 12-5 给出第六步开挖时最大与最小主应力等值线图,对主应力大小来说,其值是从上往下逐渐增加的;但是对每个开挖步来说,随着开挖深度的增加,主应力值是逐渐减小的。

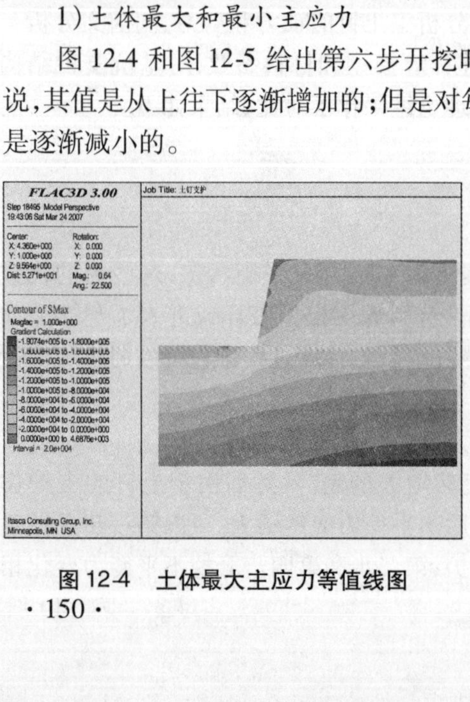

图 12-4　土体最大主应力等值线图

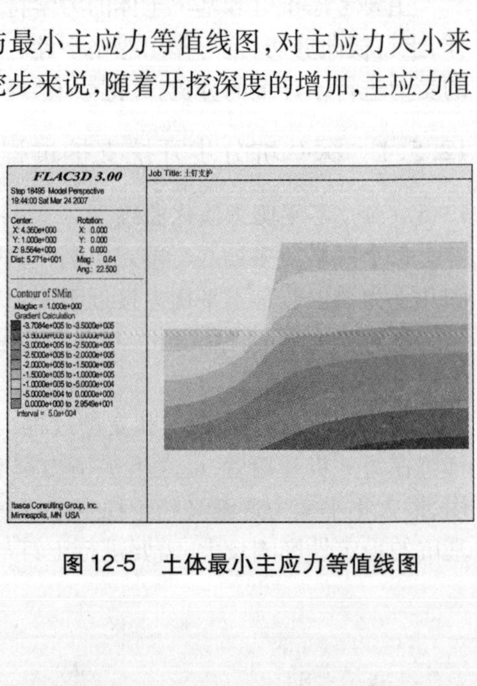

图 12-5　土体最小主应力等值线图

在土体最大主应力等值线图中,开挖面处、基坑底部和基坑外地表处均出现正应力。而在最小主应力等值线图中没有出现正应力。这说明土体开挖时最大主应力中出现了较小的压应力,其值约为4.687 kN。

由两图可以看出,在土体下部应力最大,往上应力逐渐减小至零,且分布具有成层的规律性,同一深度处基坑底面下的应力小于坑外地面下的应力。

2)土体剪力

从SXY、SXZ剪力图(见图12-6~图12-9)中可以看出,开挖过程中剪力值都是逐渐增大的,基坑底脚处和锚固段的末端土体中有明显的剪力集中现象,当剪力值达到一定程度超过土体的抗剪强度时,将会发生剪切屈服破坏,使基坑处于危险状态。

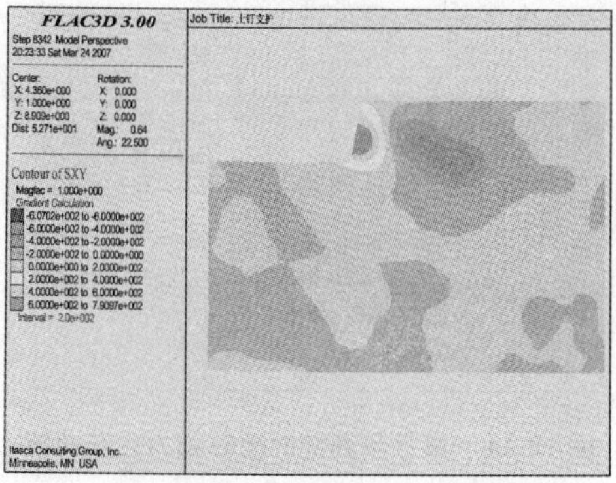

图12-6 第三步开挖土体SXY等值线图

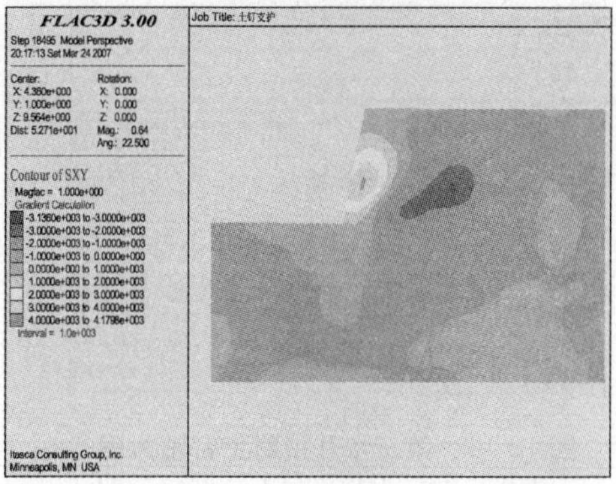

图12-7 第六步开挖土体SXY等值线图

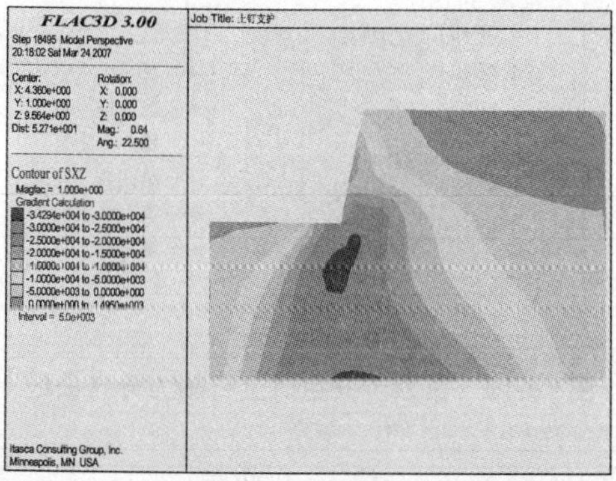

图12-8 第三步开挖土体SXZ等值线图

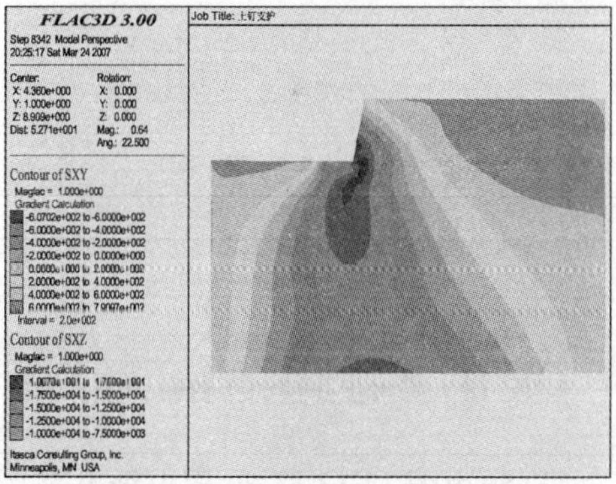

图12-9 第六步开挖土体SXZ等值线图

12.5.2 支护结构内力数值分析

12.5.2.1 土钉的轴力分析

1)同一开挖深度不同排土钉情况下

(1)当土钉置入土体后,如果土体不变形土钉就不会受力。土体中土钉主要承受拉力,模拟得出拉力呈两头小、中间大的枣核形或抛物线状分布,以及每排土钉的轴力值,如

图 12-10 ~ 图 12-13 所示。

(2)图 12-11 是第三步开挖时土钉轴力分布曲线,此时第三排土钉的轴力比第一排土钉的轴力大,中间一排土钉轴力最大。最大值约为 13 kN,且土钉的末端轴力值基本为零,说明土钉在开挖至第三步时还没有完全发挥其作用。

(3)图 12-13 是第六步开挖时每排土钉的受力,由图可看出,中间几排土钉轴力较大,第一排和最后一排土钉轴力较小,土钉两端的轴力值基本上为零或很小。

(4)模拟结果中,每排土钉轴力最大值自上往下逐渐向面层方向偏移,第一排土钉有所差异(见图 12-13);第一排土钉的轴力最大值接近中点靠左位置,最后一排土钉的轴力最大值大约在土钉长度的 1/3 处;各排土钉中第四排轴力最大,约为 45 kN。

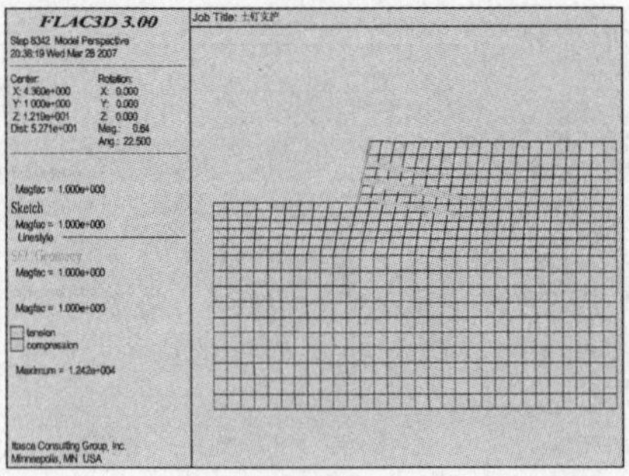

图 12-10　第三步开挖时土钉轴力图

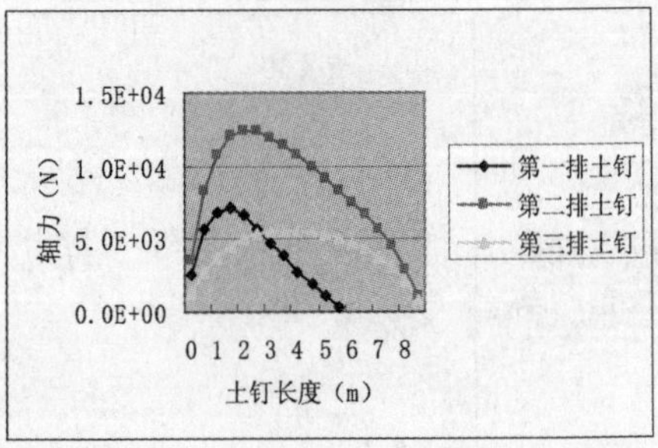

图 12-11　第三步开挖时土钉轴力分布曲线

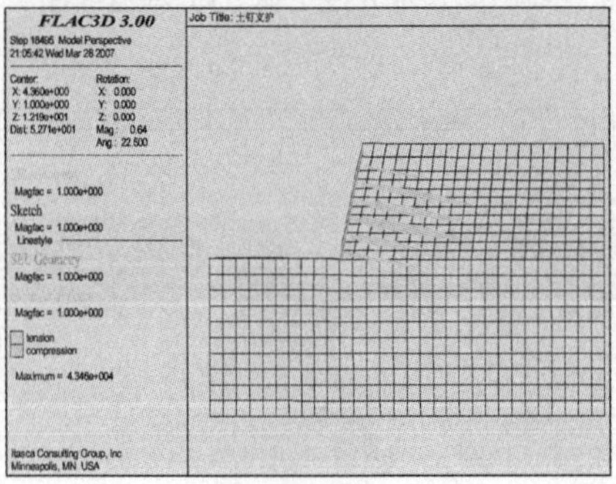

图 12-12　第六步开挖时土钉轴力图

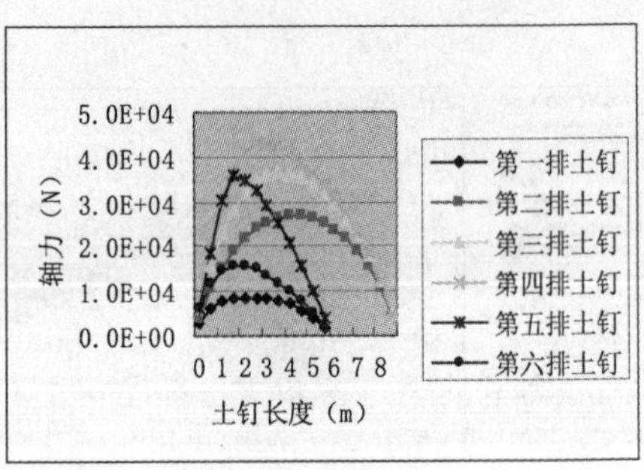

图 12-13　第六步开挖时土钉轴力分布曲线

(5)由图 12-13 可知,模拟结果第六排土钉轴力较小,第一排土钉轴力最小,几乎小于第六排土钉轴力最大值的 1/2。

(6)各排土钉轴力最大点的连线,就是边坡最小安全系数的滑动面[7],即基坑的潜在滑动面(见图 12-14)。

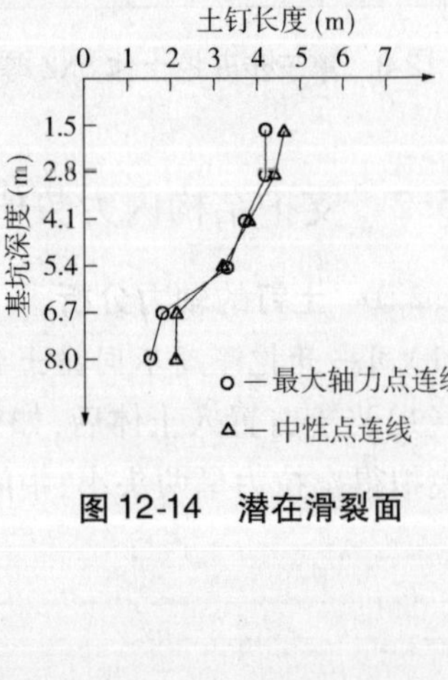

图 12-14　潜在滑裂面

2)不同开挖深度同一排土钉情况下

(1)图 12-15 是第一排土钉在每步开挖支护后的土钉轴力分布曲线,由图可以看出,随着开挖深度的增加土钉的轴力逐渐变大,最大轴力点逐渐远离开挖面方向。第一步开挖后最大轴力约为4 kN,开挖第四步时最大轴力约为7.9 kN,开挖最后一步时土钉的最大轴力约为8.8 kN。

(2)图12-16是第三排土钉在第三步至第六步开挖支护后的土钉轴力分布曲线,图中显示,随着开挖深度的增加土钉的轴力也逐渐增大,第三步开挖时约为5 kN,第四步开挖时突然增大至22 kN,开挖至最后一步时土钉轴力达到最大,约为37 kN,土钉的最大轴力也随着开挖深度的增加逐渐远离开挖面。

(3)由图12-15和图12-16对比分析可知,在开挖过程中第一排土钉轴力的增长幅度没有第三排土钉的增长幅度大,且第三排土钉受力远大于第一排,这说明第三排土钉的作用远大于第一排土钉。

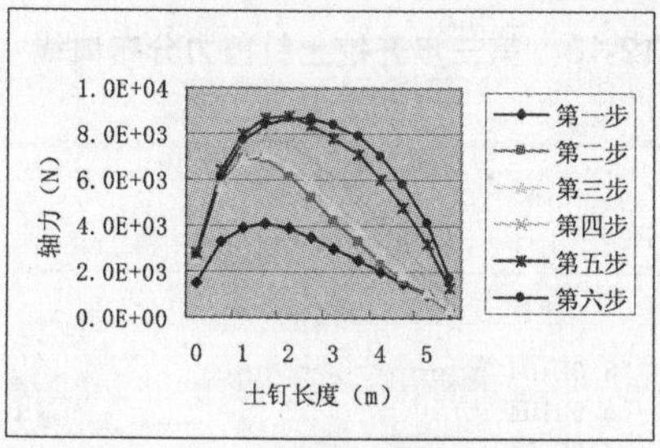

图12-15 不同开挖深度时第一排土钉的轴力分布曲线

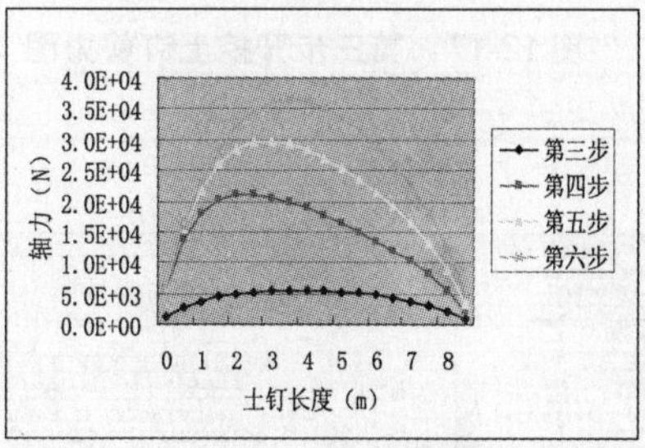

图12-16 不同开挖深度时第三排土钉的轴力分布曲线

(4)由以上分析可知,随着开挖深度的增加,受拉土钉的轴向拉力逐渐增大,其原因是由于开挖深度越大,开挖面附近土体的位移就越大,因此土钉表面的摩擦阻力增大,从而引起土钉的轴力随着开挖深度的增加而增大。土钉的轴向拉力基本上呈抛物线或枣核状,最大拉力点的位置也随着开挖深度的增加而后移。

12.5.2.2 土钉的剪力分析

1)同一开挖深度不同排土钉情况下

(1)根据建立的基坑开挖模型和假设条件进行详细分析,得到了各排土钉的剪力分布曲线。图12-17和图12-18是第三步开挖时土钉的剪力分布曲线,由图中可以看出,在开挖至第三步时土钉受力与实际工程中有所差异,在开挖面处第二根土钉的剪力值最大约为40 kN,从上往下土钉剪力为零的点逐渐远离开挖面,与实际开挖过程中的土钉剪力分布情况刚好相反。

(2)图12-19和图12-20显示的是第六步开挖时各排土钉剪力分布规律,可以看出,土钉剪力为零的点从上往下逐渐靠近开挖面。模拟得出的剪力曲线在靠近开挖面端为负值,然后沿土钉长度方向逐渐增加,中间经过一个零点,最后达到一个最大值。

(3)从模拟的结果看(见图12-18和图12-20),土钉的剪力中存在一个中性点,即$\tau_x=0$的点,中性点的连线将土体分成滑动区和稳定区两个部分,这与轴力最大点处基本重合,只有稳定区才能对土体产生抵抗拉力(即正剪力),这个力将阻止土体向基坑内滑动;要使整个基坑边坡处于稳定状态,必须提供一个平衡力来抵消稳定区土体提供的抗拔力,滑动区土体对土钉产生的是指向基坑面的拉力(即负剪力)。

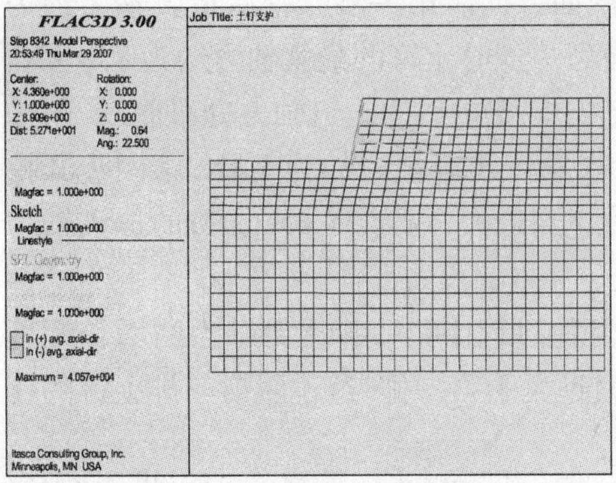

图 12-17　第三步开挖土钉剪力图

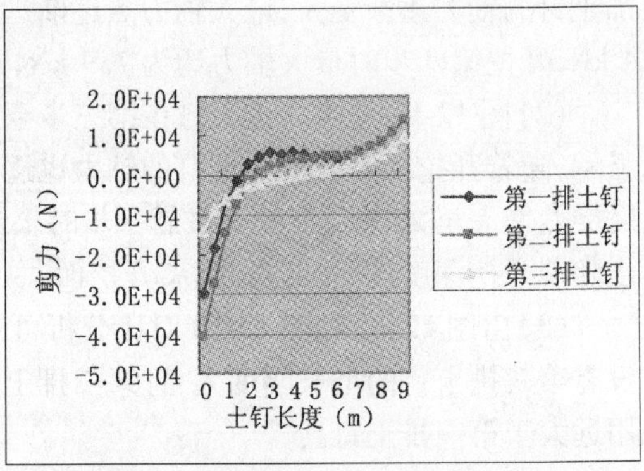

图 12-18　第三步开挖土钉剪力分布曲线

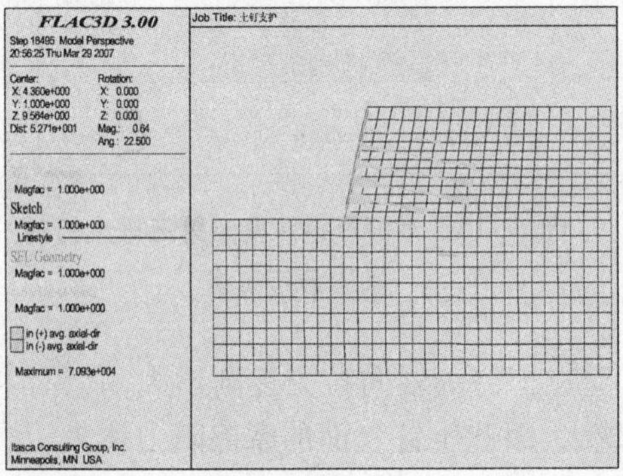

图 12-19　第六步开挖土钉剪力图

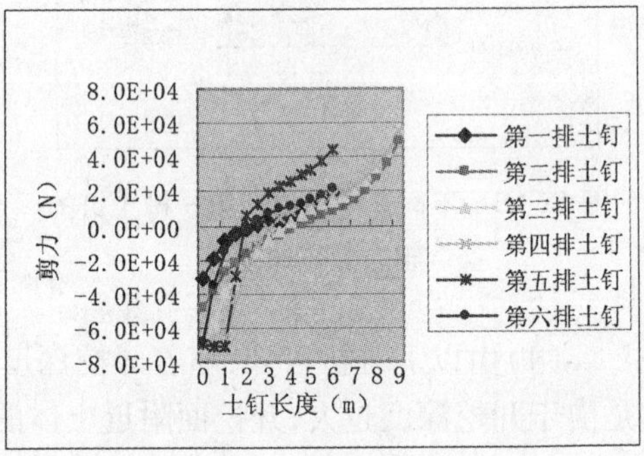

图 12-20　第六步开挖土钉剪力分布曲线

(4)每排土钉剪力的中性点的连线就是边坡最小安全系数的滑动面[8]，也就是基坑的潜在滑动面。每根土钉剪力的中性点与轴力最大点是对应的，但不是完全重合的（见图 12-14）。

2）不同开挖深度同一排土钉情况下

(1)图 12-21 是在不同开挖深度时第一排土钉的剪力分布曲线，随着开挖深度的增加，土钉末端正剪力值逐渐增大，开挖至最后一步时约为 20 kN。靠近开挖面端的负剪力值在第一步开挖时较小，约为 18 kN，在第二步开挖时突然变大至约 32 kN，在以后每步开挖时剪力值基本趋于稳定而不再增加。这说明阻止土钉被拔出的正剪力逐渐变大，阻止土体向坑内滑动。

(2)图 12-22 是在不同开挖深度时第三排土钉的剪应力分布曲线，由图中可以看出，在第三步开挖后刚打入土钉时正、负剪力值基本相等，大约为 10 kN。随着开挖深度的增加其应力变化趋势类似于第一排土钉，土钉末端也是逐渐变大至最大值，靠近开挖面端的剪力值在第四步开挖时变化较大，以后的两步开挖中基本没什么变化。

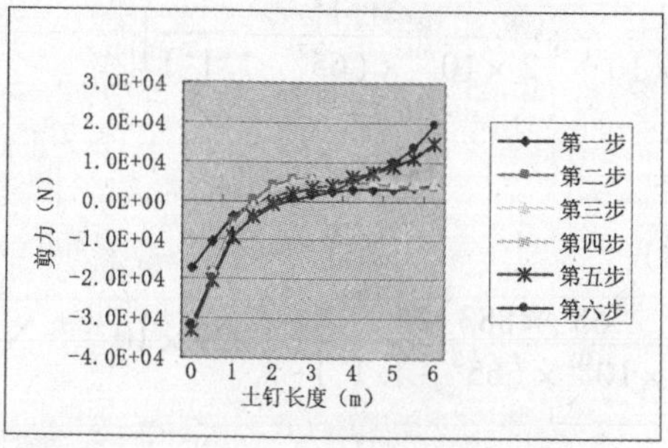

图 12-21　不同开挖深度时第一排土钉的剪力分布曲线

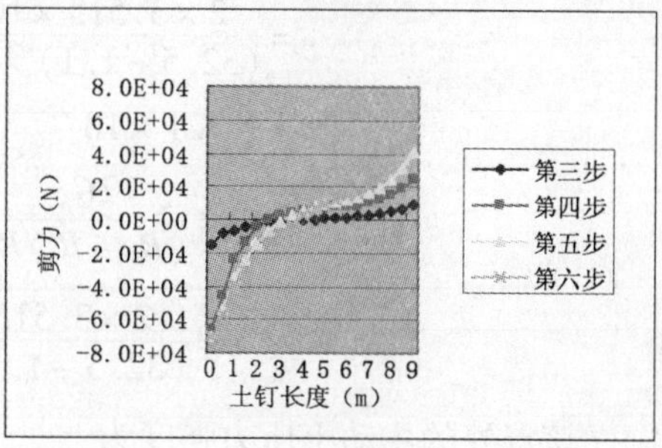

图 12-22　不同开挖深度时第三排土钉的剪力分布曲线

(3)由图 12-21 和图 12-22 对比分析可以看出，随着开挖深度的增加，各排土钉剪力为零的点都逐渐远离开挖面，基本位于中点靠左位置。而在土钉刚打入时会出现异常，靠近土钉的中间位置。

由上述分析结果可知，土钉的最大受力(轴力和剪力)点位于基坑的中下部，大约是基坑深的 2/3 处。

12.6　支护结构内力的理论分析

根据文献[28]推导出的理论公式对该工程实例中土钉的内力进行理论分析，选其中一排土钉上的一个特殊点计算其受力，然后每排土钉中的各个需要计算的点都按这种方式来求解。下文介绍具体计算过程。

由前面的数值分析结论可知，第四排土钉的轴力和剪力在各排土钉中最大，因此选取这排土钉作为计算单元，这排土钉位于基坑开挖面下 4.6 m 处，这层土的参数如下：重度 $\gamma = 18.9\ \mathrm{g/cm^3}$，黏聚力 $c = 2.3 \times 10^4$ Pa，内摩擦角 $\varphi = 10°$，体积模量 $K = 9.813 \times 10^6$ Pa，剪切模量 $G_a = 3.515 \times 10^6$ Pa，复合土体的杨氏模量 $E_a = 2 \times 10^{10}$ Pa，土压力折减系数取为 $k_\omega = 0.8$，静止土压力系数为 $k_0 = 1 - \sin\varphi - 0.65798$，基坑上部均布荷载为 $q = 2 \times 10^4$ Pa。

土钉的参数如下：土钉半径 $R_f = 1.1$ cm，土钉弹性模量 $E_f = 2.1 \times 10^{11}$ Pa，复合土体的半径 $R_a = 65$ cm，与土钉体黏结的剪切层的半径 $R_b = 32.5$ cm，土钉打入土钉的角度 $\alpha = 10°$。

下面求第四排土钉的受力。

土钉表面的垂向应力为

$$\sigma_y = 1.89 \times 574.7 = 1\ 086.183(\mathrm{Pa})$$

复合土体在土钉轴向上的等效平均应力为

$$\bar{\sigma} = \frac{k_\omega + k_0}{2}\sigma_y = \frac{0.8 + 0.82635}{2} \times 1\ 086.183 = 883.26(\mathrm{Pa})$$

$$\eta^2 = \frac{2G_a}{(R_b - R_f)R_f}\left[\frac{1}{E_f} + \frac{R_f^2}{E_a(R_a^2 - R_f^2)}\right]$$

$$=\frac{2\times 3.515\times 10^{6}}{(32.5-1.1)\times 1.1}\times\left[\frac{1}{2.1\times 10^{11}}+\frac{1.1^{2}}{2\times 10^{10}\times(65^{2}-1.1^{2})}\right]$$
$$=9.721\times 10^{-7}$$
$$\xi^{2}=\frac{2G_{a}}{(R_{b}-R_{f})R_{f}}\frac{R_{a}^{2}\overline{\sigma}}{E_{a}(R_{a}^{2}-R_{f}^{2})}$$
$$=\frac{2\times 3.515\times 10^{6}}{(32.5-1.1)\times 1.1}\times\frac{65^{2}\times 883.26}{2\times 10^{10}\times(65^{2}-1.1^{2})}=8.99\times 10^{-3}$$

该点处的主动土压力强度为

$$\sigma_{a}=(\gamma h+q)\cos\alpha\tan^{2}(45°-\varphi/2)-2c\tan(45°-\varphi/2)$$
$$=(1.85\times 1.65+1.91\times 1.55+1.89\times 2.547+2\times 10^{4})\times\cos 10°\times$$
$$\tan^{2}(45°-10°/2)-2\times 2.3\times\tan(45°-10°/2)$$
$$=9.662\times 10^{3}\,(\mathrm{Pa})$$

将上述结果代入 A、B 中，求得

$$B=k_{\omega}\sigma_{a}-\xi^{2}/\eta^{2}=1.518\times 10^{3}$$
$$A=-\frac{B\cos\eta l+\xi^{2}/\eta^{2}}{\sin\eta l}$$
$$=\frac{1.518\times 10^{3}\times\cos(\sqrt{9.721\times 10^{-7}}\times 2)+\dfrac{8.99\times 10^{-3}}{9.721\times 10^{-7}}}{\sin(\sqrt{9.721\times 10^{-7}}\times 2)}=3.1287\times 10^{9}$$

由此可得土钉最大轴力位置为

$$l_{m}=x=\frac{1}{\eta}\arctan(A/B)=\frac{1}{\sqrt{9.721\times 10^{-7}}}\arctan(3.1287\times 10^{9}/1.518\times 10^{3})=288.66(\mathrm{cm})$$

将上述计算结果代入土钉最大轴力公式得土钉的最大轴力为

$$\sigma_{f\max}=A\sin\eta l_{m}+B\cos\eta l_{m}+\frac{\xi^{2}}{\eta^{2}}=4.915\times 10(\mathrm{N})$$

通过上述计算过程，求得第四排土钉中有代表性的点的轴向受力值如表 12-3 所示，曲线图如图 12-23 所示。

表 12-3　第四排土钉轴力值

长度(m)	0.5	1	1.5	2	2.5	3	3.5	4	4.5
轴力(kN)	3.9	20.2	32.3	38.5	42.3	49	45.7	45	434
长度(m)	5	5.5	6	6.5	7	7.5	8	8.5	9
轴力(kN)	41	38	35.2	31.8	28.2	24	18.2	9.5	1.1

土钉剪力为零的位置与轴力最大点位置是重合的，因此 $l_{\tau=0}=288.66(\mathrm{cm})$

土钉最大剪力位置为

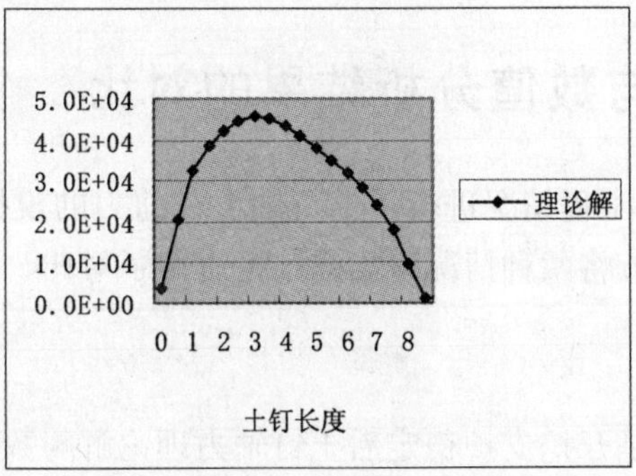

图 12-23　第四排土钉的轴力分布曲线图

$$l_{\tau\max}=\frac{1}{\eta}\left(\arcsin\frac{\dfrac{R_a^2E_f\overline{\sigma}}{R_a^2E_a+E_fR_f^2}-\dfrac{\xi^2}{\eta^2}}{\sqrt{A^2+B^2}}-\arcsin\frac{B}{\sqrt{A^2+B^2}}\right)=12.5(\mathrm{cm})$$

将最大剪力处土钉的长度代入公式得土钉的最大剪力为

$$\tau_{\max}=\frac{G_a(E_aR_a^2+E_fR_f^2)}{(R_b-R_f)R_a^2E_aE_f\eta^2}[B\eta(\sin\eta l_{\tau\max}-\sin\eta l_m)-A\eta(\cos\eta l_{\tau\max}-\cos\eta l_m)+\xi^2(l_{\tau\max}-l_m)]$$

$$-\frac{G_a\overline{\sigma}}{E_a(R_b-R_f)}(l_{\tau\max}-l_m)=-6.73\times10^4(\mathrm{N})$$

在 $x=2$ m 处的土钉的剪力为

$$\tau=\frac{G_a(E_aR_a^2+E_fR_f^2)}{(R_b-R_f)R_a^2E_aE_f\eta^2}[B\eta(\sin\eta x-\sin\eta l_m)-A\eta(\cos\eta x-\cos\eta l_m)+\xi^2(x-l_m)]$$

$$-\frac{G_a\overline{\sigma}}{E_a(R_b-R_f)}(x-l_m)=-43\,330(\mathrm{N})$$

求得第四排土钉中有代表性的点的剪力如表 12-4 所示，曲线图如 12-24 所示。

表 12-4　第四排土钉剪力值

长度(m)	0.5	1	1.5	2	2.5	3	3.5	4	4.5
轴力(kN)	-67.3	-62.8	-56	-43.33	-23.94	-11.78	-5.5	-0.9	2
长度(m)	5	5.5	6	6.5	7	7.5	8	8.5	9
轴力(kN)	6.4	10	12	16	19.2	21.8	26.4	25.2	27.2

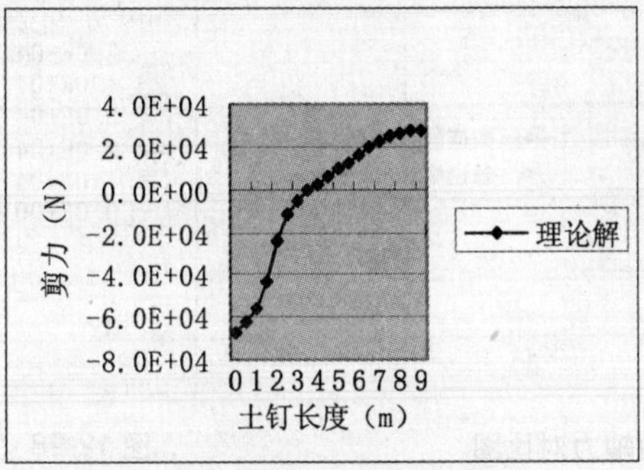

图 12-24　第四排土钉的剪力分布图

12.7 理论分析与数值分析结果的对比

上述两节按照实际的工程情况进行了土钉轴力和剪力的模拟与理论分析，得到了轴力和剪力的变化规律，本节将两种情况得出的结论进行了对比。结果如下。

12.7.1 轴力分析

图12-25和图12-26是开挖支护稳定后土钉轴力理论解与数值解对比曲线，由图看出曲线基本吻合。模拟结果显示土钉两端的轴力值很小，理论值比模拟值更小，几乎为零。另外，土钉两端模拟得出的轴力值比理论公式得出的值稍大，中间部分模拟值比理论值小，但基本一致。为了更好地进行对比分析，现将第一排和第四排具有代表性的点的轴力值以如图12-27和图12-28所示的形式表示。

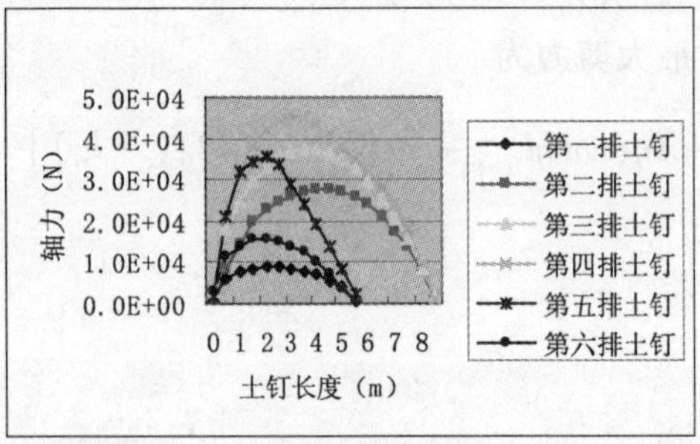

图12-25 土钉轴力的理论解分布曲线

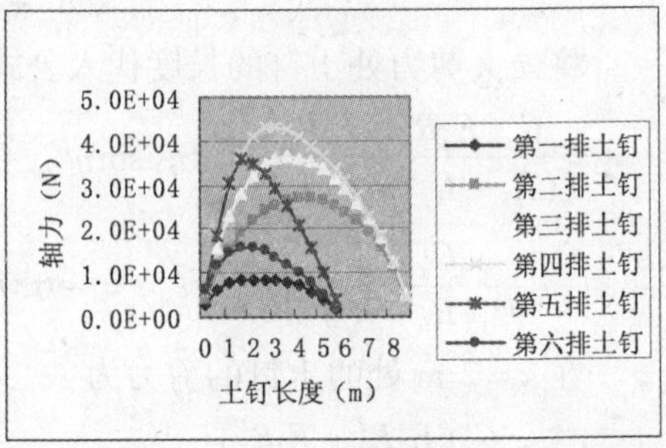

图12-26 土钉轴力的数值解分布曲线

由两排土钉轴力对比曲线可以看出，土钉两端的理论解小于数值解，在土钉的末端轴力几乎为零；在土钉中部理论解大于数值解，最大值位置稍微偏向土体内部。由文献[28]中公式解得第一排土钉的最大轴力为8.95 kN，模拟得出的最大轴力为8.7 kN，第四排土钉的最大轴力为45.7 kN，模拟得出的最大轴力为43.5 kN，均相差不大。因此，土钉轴向拉力位置与大小都基本吻合。

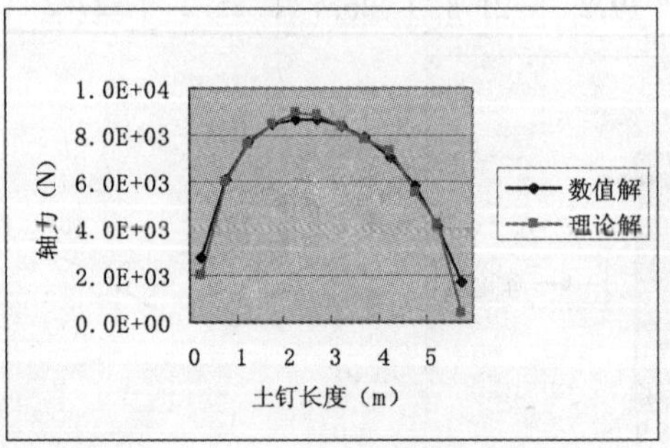

图12-27 第一排土钉的轴力对比图

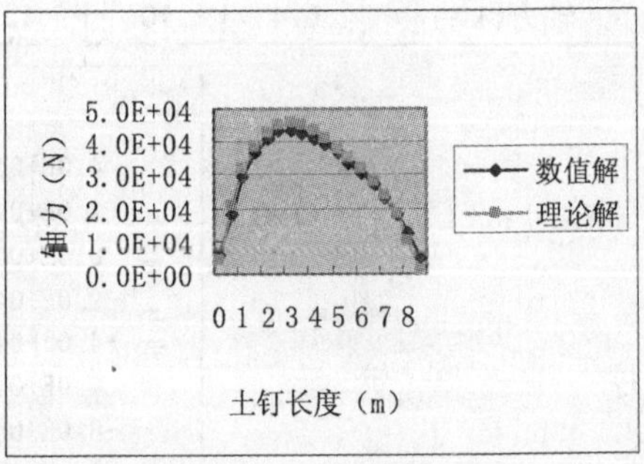

图12-28 第四排土钉的轴力对比图

12.7.2 剪力分析

图 12-29 和图 12-30 是开挖支护稳定后各排土钉剪力分布曲线，图 12-29 是由文献[28]中公式求得的每排土钉不同点处的剪力曲线，随着剪切位移的增加，土钉的剪应力逐渐增加，但不是一直增加，而是达到一定数值就稳定下来，这与图 12-30 中模拟的结果有所不同。这种差异与浆体材料、土层性质、施工情况等都有关。

模拟得出的剪力曲线(见图 12-30)先为负值，然后沿土钉长度方向逐渐增加，经过零点，最后达到一个最大值。根据文献[28]中公式求得各排土钉剪力分布曲线(见图 12-29)，也是先为负值，然后逐渐增加，经过零点，最后趋于一个稳定值。第二排土钉两端的剪力大小基本相同，约为 49 kN，其余的各排土钉两端受力均不相等，面层处土钉剪力小于土钉末端剪力。但稳定区内阻止土体滑动的总的应力大于滑动区内指向基坑面的拉力，因此基坑不会产生土钉的拔出破坏。

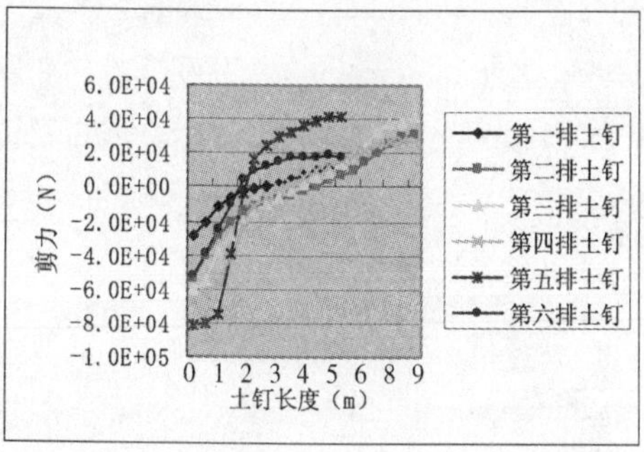

图 12-29　土钉剪力的理论解分布曲线

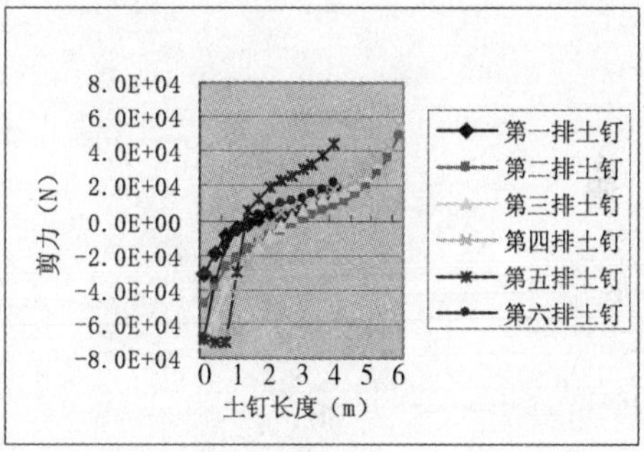

图 12-30　土钉剪力的数值解分布曲线

为了进一步分析两种计算结果，将第一排和第四排土钉的剪力值在图 12-31 和图 12-32 中表示出来。

在土钉的两端点处理论解均小于数值解，中性点基本重合，第一排土钉中性点位于 2.2 ~ 2.5 m 处，公式计算得出 $l_{\tau=0}=2.5$ m；第四排土钉 $l_{\tau=0}=3.5$ m，模拟结果在 3.0 m 处。沿整根土钉第一排最大剪力值为 31.5 kN，第四排土钉最大剪力为 70.9 kN，均符合稳定性的要求，基坑土体不会发生破坏。

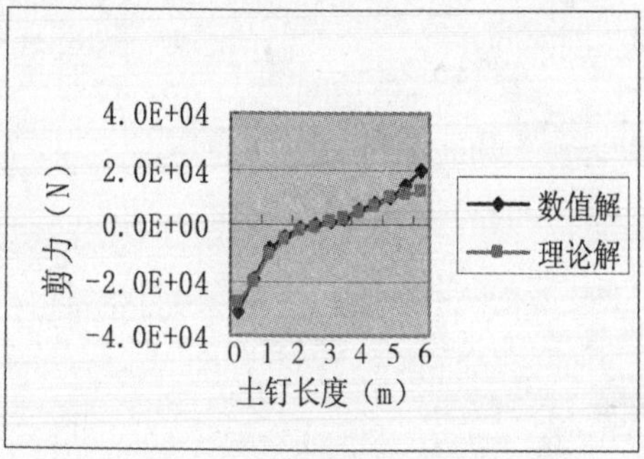

图 12-31　第一排土钉的剪力对比图

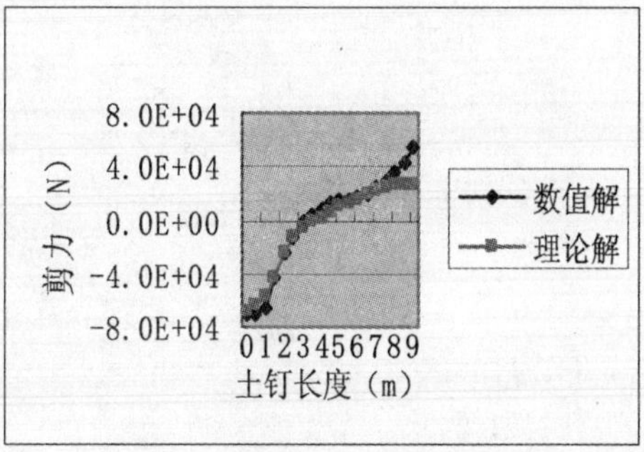

图 12-32　第四排土钉的剪力对比图

从两种计算的结果看(见图 12-31 和图 12-32),土钉的剪应力分布中的中性点,即 $\tau_x=0$ 的点的连线将土体分成滑动区和稳定区两个部分,这与轴力最大点位置基本重合。中性点的连线即为土体的潜在滑动面。这与文献[30]、[110]、[111]得出的结论吻合。当荷载逐渐增大的时候,如果土钉所受的剪应力超过土钉的极限承载力,将会导致土钉沿钉土接触面发生破坏。

第 4 篇　深基坑支护工程监测技术与设计施工实例

第 13 章　深基坑支护工程信息化监测技术

13.1　概述

近年来,随着城市高层建筑和地下铁道工程的建设发展,一些基坑开挖往往会在繁华的市中心进行,施工场地四周往往有建筑物和地下管线,基坑开挖所引起的土体变形将直接影响这些建筑物和地下管线的正常状态,当土体变形过大时会造成邻近结构和设施的破坏。同时,基坑开挖施工一般都涉及地下水的问题,基坑开挖过程中若地下水问题处理不当,会对相邻的建筑物和基坑侧壁产生不利的影响。根据基坑工程事故分析可知,由于部分单位不重视基坑施工过程的监测,从而造成了较严重的工程事故(如基坑围护结构的失稳,周边建筑发生沉降裂缝及地下设施的破坏),甚至造成了人员伤亡事故。因此,在深基坑施工过程中,只有对基坑支护结构、基坑周围的土体和相邻的构筑物进行综合、系统的监测,才能对工程情况有全面的了解,确保工程顺利进行。

13.2　监测内容和基本要求

13.2.1　监测内容

基坑开挖与支护的监测,可根据具体情况,采用表 13-1 中部分或全部内容[112]。

13.2.2　监测基本要求

在业主及设计单位提出监测要求后,监测单位应首先仔细阅读岩土工程勘察报告,熟悉基坑场地工程地质条件、周围环境条件和基坑支护技术方案,据此制订详细的监测方案。监测方案制订完毕之后,下一步的监测工作还应满足以下的基本要求:

(1)有计划性地开展观测工作。应严格按照有关的监测方案执行,在正式监测之前应把需要的各种仪器设备准备好、需要做的各项工作计划好,把准备工作做得具体一些。

(2)监测数据要求准确可靠。监测数据的可靠性由监测仪器的精度以及观测人员的操作素质来保证,因此监测仪器必须有计量认证合格证;监测仪器数量或精度要能满足监测要求,监测人员要经监测业务培训,具备上岗资格。

表 13-1　建筑基坑工程仪器监测项目

监测项目		基坑类别		
		一级	二级	三级
(坡)顶水平位移		应测	应测	应测
墙(坡)顶竖向位移		应测	应测	应测
围护墙深层水平位移		应测	应测	宜测
土体深层水平位移		应测	应测	宜测
墙(桩)体内力		宜测	可测	可测
支撑内力		应测	宜测	可测
立柱竖向位移		应测	宜测	可测
锚杆、土钉拉力		应测	宜测	可测
坑底隆起	软土地区	宜测	可测	可测
	其他地区	可测	可测	可测
土压力		宜测	可测	可测
孔隙水压力		宜测	可测	可测
地下水位		应测	应测	宜测
土层分层竖向位移		宜测	可测	可测
墙后地表竖向位移		应测	应测	宜测
周围建(构)筑物变形	竖向位移	应测	应测	应测
	倾斜	应测	宜测	可测
	水平位移	宜测	可测	可测
	裂缝	应测	应测	应测
周围地下管线变形		应测	应测	应测

注:基坑类别的划分按照国家标准《建筑地基基础工程施工质量验收规范》(GB 50202—2002)执行。

(3)保证监测工作的及时性。基坑开挖是一个动态的施工过程,保证及时观测才能随时察觉基坑开挖对周围环境的影响;对于观测的项目,应按照工程重要性以及周围环境复杂程度预先设定预警值。当观测发现超过预警值的异常情况,要立刻采取应急补救措施。

(4)经济性原则。在试验项目和方法选择方面,在确保可靠的前提下结合工程经验尽可能采用直观、简单、有效的方法。试验点的数量,在确保系统全面的前提下,坚持关键部位优先兼顾全面的原则,对研究所关心问题的关键部位重点布置,加密观测,并合理利用试验点之间的联系,减少试验点数量,提高工作效率,降低成本。

13.3 基坑深层水平位移监测

13.3.1 测斜仪测量[113]

测斜仪是一种可精确地测量沿垂直方向土层或围护结构内部水平位移的工程测量仪器。通过测斜仪收集到的信息可以间接反映支护结构位移和应力变化以及周围建筑物的安全状况。在深基坑工程中测斜仪可以测量打桩或基坑开挖所引起的土体水平位移,在基坑开挖支护监测中常用活动式测斜仪。在基坑开挖之前先将有4个相互垂直导槽的测斜管埋入支护结构或被支护的土体中,测量时,将活动式测头放入测斜管,使测头上的导向滚轮卡在测斜管内壁的导槽中,沿槽滚动,活动式测头可连续地测定沿测斜管整个深度的水平位移变化。

13.3.2 测斜管的安装或埋设

测斜仪是安装在测斜管中进行测试的,测斜仪测试数据的正确性、重复性与测斜管的埋设有直接关系。测斜管可安装在地下连续墙或支护桩钢筋笼等支护结构上,也可将钻孔埋设在支护结构或被支护土体中。当测斜管安装在地下连续墙或支护桩的钢筋笼上时,随钢筋笼浇注在混凝土中,浇注混凝土之前应在测斜管内注满清水,防止测斜管在浇注混凝土时浮起,并防止泥浆渗入管内。当测斜管安装在被支护土体时,在支护结构或被支护土体内钻孔,然后将测斜管逐节组装并放入钻孔内,测斜管底部装有底盖,管内注满清水,下入钻孔内预定深度。

测斜管下入钻孔内预定深度后,即可进行测斜管外围的填充,测斜管外围的填充是为了保证测斜管与周围岩土地层保持良好接触,当地层发生横向位移时,测斜导管应当发生同样的横向位移,如果填充不密实,会造成测试不准或数据产生抖动。一般采用石料中的米石作为填充料,也可以采用向测斜管与孔壁之间的间隙由下而上逐段灌浆或用砂填实,固定测斜管,随着米石或砂浆的下沉,应及时补填,保证不使测斜管外围空虚。

测斜管固定完毕后,用清水将测斜管内冲洗干净,将探头模型放入测斜管内,沿导槽上下滑行一遍,以检查导槽是否畅通无阻,滚轮是否有滑出导槽的现象。由于测斜仪的探头价格相对比较高,在未确认测斜管导槽畅通时,不能放入探头。如果没有测头阻碍,可缓慢将测头放入;如遇阻碍,立即拔出测头,对该测管进行必要处理或废弃重新安装。安装完毕后要量测测斜管导槽方位、管口坐标及高程,及时做好孔口保护装置,作好记录。

13.3.3 用测斜仪测量侧向位移观测资料的整理

用测斜仪测量侧向位移时的观测记录及整理内容包括:测斜孔编号、平面位置和导槽方位、水平位移实测值、最大位移值及发生的位置与方向、位移发展速率、观测时间,施工进度，观测、计算和校核责任人等。为了及时进行险情预报，现场实测数据应立即分析处理并反馈给施工现场管理人员。

13.4 土压力的观测

13.4.1 土压力传感器的选择

测量土压力前，应选择合适的土压力盒，长期测量静态土压力时，一般多采用钢弦式土压力盒。土压力盒要具有很好的密封防水性能，且量测结果不受导线长度、优劣的影响，所以一般情况下对导线的要求高，导线长度可根据监测时需要的合适长度确定，导线中间不能有接头。在土压力盒量程选择上，其上限一般可取经理论验算或凭经验估算出的土压力加20% ~50% 的值，作为压力盒最大设计荷载，下限以能保证压力盒具有足够的灵敏度为准。

13.4.2 土压力盒的现场埋设与布点

监测点应布置在受力、土质条件变化较大或有代表性的部位，用于监测界面土压力。平面布置上基坑每边不宜少于 2 个测点。在竖向布置上，测点间距宜为 2 ~5 m，测点下部宜密，当按土层分布情况布设时，每层应至少布设 1 个测点，且布置在各层土的中部[112]；土压力盒的受压面须面对量测的土体，土压力盒应紧贴围护墙布置，宜预设在围护墙的迎土面一侧。土压力盒后面应具有良好的刚性支撑，在土压力作用下不产生任何微小的相对位移，以保证测量的可靠性。

对于钢板桩或钢筋混凝土预制构件挡土结构，一般采用安装结构如固定支架、挡泥板及导线保护管等，以免使土压力盒和导线在施工过程中受损坏。对于地下连续墙等现浇混凝土挡土结构，土压力盒采用幕布法安装。

13.4.3 土压力的观测和资料整理

现场观测时，通过数字式频率仪量测钢弦的频率，根据标定曲线就可以查出该压力盒此时所受压力的大小。①确定压力传感器的初始值：在监测元件布设完毕以后，立即测试，读取钢筋应力计的频率读数，记录作为初始数据，基坑开挖之前，初始数据最少测试 3 次，取稳定读数作为初始值。②基坑开挖过程中可根据施工工况和基坑开挖过程中的安全情况确定观测的周期，每次观测应有 3 ~5 次稳定读数，当压力值有显著变化时，应立即复测。③土方开挖至设计标高后宜每天观测一次。随后可根据压力稳定情况确定观测周期，现场观测应持续至地下室施工到原有地面标高。④根据频率仪读数的变化来计算土压力的变化量，填入监测日报表中，并填写成果汇总表及绘制土压力变化曲线。由现场观测数据计算出的土压力值，可整理为不同施工阶段沿深度的土压力分布曲线以及土压力变化时程曲线。

13.5 基坑孔隙水压力的观测

13.5.1 观测仪器及量程选择

测量孔隙水压力使用的主要设备为孔隙水压力传感器与数字式频率仪。对于钢弦式传感器,通过数字式频率仪测得频率值,并经参考标定曲线换算求得相应的孔隙水压力值。在量程方面首先要根据埋设传感器的深度、孔隙水压力的变化幅度,以及大气降水可能会对孔隙水压力造成的影响等因素,确定埋设孔隙水压力传感器的量程,以免造成孔隙水压力超出仪器量程范围。

13.5.2 孔隙水压力传感器的埋设

13.5.2.1 埋设要点

孔隙水压力监测点宜布置在基坑受力、变形较大或有代表性的部位。监测点竖向上宜在水压力变化影响深度范围内按土层分布情况布设,监测点竖向间距一般为 2 ~ 5 m,并不宜少于 3 个[112]。

13.5.2.2 埋设方法[113]

孔隙水压力传感器的安装与埋设均须在水中作业,滤水石不得与大气接触,滤水石须重新排气。下面介绍两种孔隙水压力传感器的埋设方法。

(1)压入法:如果土质较软,可将传感器缓缓压入埋设深度。若有困难,可先成孔至埋设深度以上 1 m 处,再将传感器压入土中,上部用黏土球将孔封好。

(2)钻孔埋设法:在埋设处用钻机成孔,孔径大小原则上要求应与传感器的直径相同,钻孔直径宜为 110 ~ 130 mm。不宜使用泥浆护壁成孔,如采用泥浆护壁的工艺,在钻孔完成之后,须用清水洗孔,直至泥浆全部清除方可。达到埋设深度之后,先在孔内填入少许纯净砂,将传感器送入埋设位置,再在周围填入部分纯净砂,然后上部用黏土球封孔。

13.5.2.3 封孔方法

封孔一般要求使用干燥黏土球,封孔时应从传感器埋设处一直封至孔口;如在同一钻孔中埋设多个探头,则封至下一个传感器埋设的深度。每两个传感器之间的间距不得小于 1 m,且一定要保证封孔质量,避免水压力的贯通;在地层的分界处也应注意封孔的质量,避免上下层水压力的贯通。

13.5.3 孔隙水压力的观测和资料整理

孔隙水压力的观测和资料整理是获得孔隙水压力变化规律的最后阶段。基坑开挖之前首先检验孔隙水压力传感器的稳定性,一般 2 ~ 3 天观测一次,每次观测应有 3 ~ 5 次稳定读数,当观测数值基本稳定时,即可作为基坑开挖之前土体孔隙水压力的初始值。正式开始观测时本次孔隙水压力测量与上次同编号点的孔隙水压力的变化量或与同点号初始孔隙水压力值之差为本次变化量。由现场观测数据计算出的孔隙水压力值,可整理为不同施工阶段沿深度的孔隙水压力分布曲线和孔隙水压力变化时程曲线。

13.6 基坑支护结构内力监测

13.6.1 监测范围

在基坑支护结构中有代表性位置的钢筋混凝土支护桩和地下连续墙的主受力钢筋处宜布设钢筋应力计,监测支护结构在基坑开挖过程中的应力变化。

13.6.2 钢筋应力计的现场安装[113]

将钢筋应力计安装在被测主筋上,安装方法有碰焊法和绑焊法两种。用碰焊法时可用连接杆与钢筋先碰接,然后与钢筋应力计连接,连接后再制钢筋笼;用绑焊法时用两根25~35 cm的钢筋等距离夹在连接杆与主筋接头处两旁,单面满焊即可,如用单根25~35 cm的钢筋应双面满焊,则先连接钢筋应力计后再制钢筋笼。安装时应注意,尽可能使钢筋应力计处于不受力的状态,特别不应使钢筋应力计处于受弯状态。上述安装完成后,将钢筋应力计上的导线逐段捆扎在邻近的钢筋上,引到地面的测试匣中。支护结构浇注混凝土后,检查钢筋应力计电路的电阻值和绝缘情况,做好引出线和测试匣的保护工作。

13.6.3 钢筋应力计数据采集[113]

基坑开挖之前应有2~3次钢筋应力计的稳定测量值,作为计算应力变化的初始值。间隔时间内测读2~3次;基坑每开挖其深度的1/5~1/4应测读2~3次,或在每层内支撑(或拉锚)施工间隔时间内测读2~3次;基坑开挖至设计深度时,每两周测读1~2次,一直测到地下室底板混凝土浇筑完毕,或最上层支撑拆除为止。每次应力实测值与初始值之差,即为应力变化值。每次对钢筋应力计进行数据采集后填入监测日报表中,并填写成果汇总表及绘制支撑内力变化曲线。

13.7 基坑开挖过程地下水位监测

13.7.1 水位监测点埋设

地下水位观测的目的主要是了解在基坑开挖过程中地下水位的升降情况以及施工降水给工程带来的影响程度。水位监测点应沿基坑周边、被保护对象(如建筑物、地下管线等)周边或在两者之间布置,监测点间距宜为20~50 m,埋置深度(管底标高)应在控制地下水位之下3~5 m[112]。

测量地下水位的主要设备有水位管、水位计、电缆线等。地下水位监测采用钻孔内设置水位管的方法,孔深应该以保证施工期产生的水位降低且能够测出为准,钻孔至要求深度后,将水位管下放至孔底后,边提升套管边往孔内填中粗砂,同时用水泵往下冲水。待套管全部起完并将水位管与孔壁间空隙填满砂后,用砂袋加以保护,水位管管口应高出地面1.0 m以上,在不进行测试时,将管口封盖。

13.7.2 水位量测

水位观测采用电测水位计测量。降水开始前,所有降水井、观测井统一时间联测静水位,并逐日连续观测地下水位,取至少3天以上的水位稳定值作为水位的初始值。并统一井位编号,确定和测量基准点。通过水准测量方法测出井孔口标高,将水位计探头从井位孔口缓慢放入井中,当水位计探头接触水位时,水位计中的蜂鸣器响起,这时即读取测尺读数,通过孔口标高和测尺读数即可计算出地下水位标高,而如此重复两次观测计算出来的地下水位标高之差即为水位的升降值。观测时地下水位量测数据精度不宜低于10 mm。观测井孔的观测时间间隔在降水开始的一段时间要短一些,可采用30 min、1 h、2 h、4 h、8 h、12 h观测一次,等水位降升稳定以后可每隔12 h观测一次,直到降水工程结束。数据处理中地下水位的测试值取为观测值与初始值之差,观测过程中根据水位变化值绘制水位随时间和工程施工工况的变化曲线。

13.8 地表建筑沉降及裂缝监测

13.8.1 地表建筑沉降测点埋设

在基坑边缘以外1~3倍开挖深度范围内,需要保护的建(构)筑物等应作为监控对象。建(构)筑物四角、沿外墙每10~15 m处或每隔2~3根柱基上,且每边不少于3个监测点;在一些特殊位置处应埋设观测点。比如,不同地基或基础的分界处以及建(构)筑物不同结构的分界处;变形缝、抗震缝或严重开裂处的两侧;新、旧建筑物或高、低建筑物交接处的两侧;烟囱、水塔和大型储仓罐等高耸构筑物基础轴线的对称部位,每一构筑物不得少于4点[112,113],特别重要的建筑物布置6个测点。

13.8.2 建筑物裂缝观测

在基坑开挖之前应先采用直接观测的方法,仔细检查建筑物原有的裂缝分布位置和数量,将裂缝进行编号并标出测读位置,通过裂缝观测仪进行裂缝宽度测读。由于裂缝数量和位置无法估计,监测数量和位置也无法确定,应根据施工及监测情况,在发现的每一条裂缝的末端用铅笔做一道与裂缝垂直的标志,并记录具体观测时间,拍照片保存。在基坑开挖过程中,每天应对基坑开挖邻近建筑物进行肉眼巡视,在建筑物出现较大变形的同时密切关注是否有裂缝的产生,并跟踪观测、检查旧裂缝的发展,测量裂缝宽度值,裂缝宽度监测精度不宜低于0.1 mm,并记录裂缝位置、形态和尺寸,注明具体测试时间,附必要的照片资料,及时发现新裂缝。

13.8.3 资料整理及监测成果报告

建筑物地下室施工完毕后,应提供基坑开挖对邻近建筑物影响的监测报告,报告应包括以下主要内容:①观测点布置图;②观测方法、观测周期、精度要求;③建筑物水平位移和垂直位移的全部观测成果汇总表与位移时程曲线;④建筑物裂缝的全部观测成果汇总表;⑤提出由于基坑开挖引起的建筑物位移的变化、裂缝发展程度等结论性的意见。

13.9 基坑监测结果实时分析与评价

深基坑支护工程在通过监测获取准确数据之后,十分强调在根据实时监测的数据对基坑及其周边建筑物的状态及时进行分析与评价,同时进行险情的判断和预报,并提出整改措施及建议,直接解决问题。对监测结果的分析评价主要包括以下几方面[114]:

(1)对基坑支护结构顶部水平位移的分析。对支护结构顶部水平位移进行细致深入的定量分析,包括位移速率和累积位移量的计算,及时绘制位移随时间的变化曲线,对引起位移速率增大的原因(如开挖深度、超挖现象、开挖速率过快、降水、支撑不及时、暴雨、渗漏、管涌、流砂、流土等)进行准确记录和仔细分析。

(2)对基坑支护结构沉降和周围建筑物沉降的分析。对沉降及沉降速率进行计算分析,要区分是由支护结构水平位移还是由地下水位降低等原因引起,其中由于地下水位降低会较快地引起基坑周围建筑物较大沉降,应给予足够重视。

(3)对各项监测结果的相互综合比较分析与判断。监测系统各个监测信息之间应该具有良好的一致性和规律性,在监测过程中对各项监测结果进行综合分析并进行相互验证和比较,用新的监测资料与原设计计算情况进行对比,分析现有设计、施工方案的合理性,及时进行险情预报分析,提出合理化建议,调整设计、施工方案,确保支护结构施工安全。

(4)对监测结果的反演分析。根据监测结果,全面分析基坑开挖对周边环境的影响和基坑支护的工程效果。通过反演分析,查明基坑工程事故的技术原因。用数值模拟法分析基坑施工期间各种情况下支护结构的位移变化规律和进行稳定性分析,通过对实际监测数据与数值模拟分析得到的结果进行对比分析,并推算基坑岩土体的力学特性参数,从而检验原设计计算方法的适宜性,预测后续开挖过程中基坑可能出现的新情况。

第 14 章　深基坑支护工程设计与施工实例

14.1　实例一　郑州小岗刘城中村改造工程基坑支护方案设计*

14.1.1　工程概况

郑州元龙房地产开发有限公司拟于郑州市桐柏路与陇海路交叉口东南角开发郑州小岗刘城中村改造工程，拟建建筑物 5 幢，建筑物主要结构特征与地基基础方案见表 14-1。本工程基坑开挖深度最深约 13.45 m，周围环境简单，地下水位较低，基坑边坡土体抗剪强度较高，但基坑开挖深度大。根据《建筑基坑支护技术规程》(JGJ 120—99)规定，基坑工程侧壁安全等级：西侧和南侧按照一级考虑，重要性系数为 1.10，东侧和北侧按照二级考虑，重要性系数为 1.0。本工程不考虑降水问题。

表 14-1　工程特征一览表

工程名称	地上层数/地下层数	基坑深度(m)	结构类型	拟采用地基基础方案
A01#楼	30/3	13.45	框剪结构	CFG 复合地基
A02#楼	32/3	13.45	框剪结构	CFG 复合地基
A03#楼	32/3	13.45	框剪结构	CFG 复合地基
A04#楼	28/3	13.25	框剪结构	CFG 复合地基
A05#楼	32/3	13.25	框剪结构	CFG 复合地基
“四个一”工程	4/2	12.55	框架结构	天然地基
裙楼	3/2	8.75	框架结构	天然地基

14.1.2　环境条件

拟建建筑位置居于郑州市主城区，地理位置优越，交通便利。根据地质报告揭示，本场地周边环境条件简单，场地内无其他地下管线，周边管线待查，尤其西侧桐柏路市政管

* 此工程实例由陈泰霖同志提供。

线较多。主要特征如图 14-1 和表 14-2 所示。

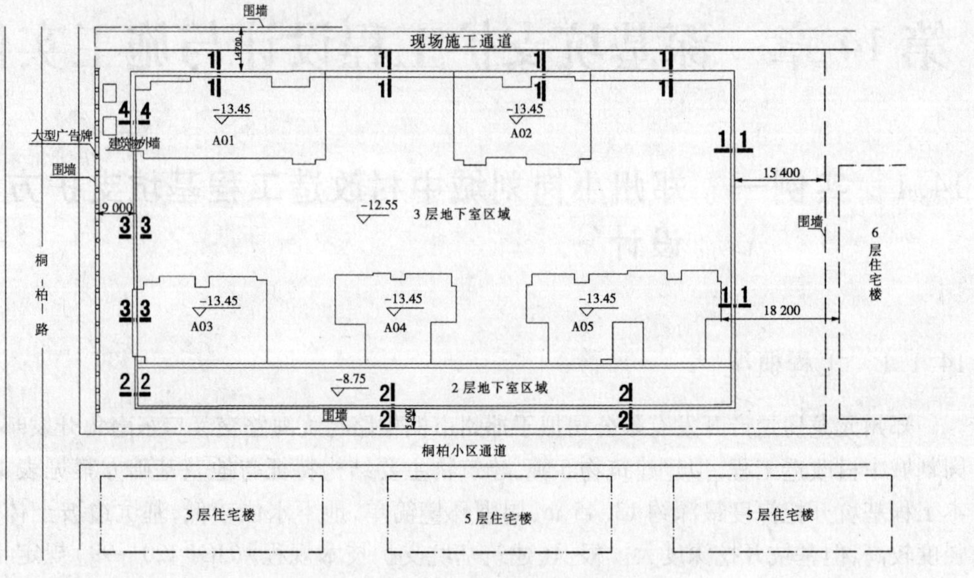

图 14-1　周边环境布置图　（尺寸单位:mm）

表 14-2　场地周围环境条件一览表

所在场地位置	周围环境名称	距离(m)	说明
场地东部	文化宫路	大于 20	距围墙 15.4 m,距建筑 18.2 m
场地南部	桐柏小区	10	5 层
场地西部	围墙	9	外为桐柏路
场地北部	陇海路	100	距围墙 14.7 m

14.1.3　场地工程地质条件

场地宏观地貌单元属黄河二级阶地,原为拆迁场地,地形平坦、开阔,相对高差 2.0 m。根据地质报告提供的资料,勘探深度内地层组成为第四系全新统(Q_4)、上更新统(Q_3)、中更新统(Q_2),按其成因类型、岩性及工程地质特性将其划分为 15 个工程地质单元层和 1 个工程地质亚层,而对基坑开挖支护和降水工作有影响的地层主要为上部 7 层,各层主要特征如下。

第 1 层:粉土,褐黄色—黄褐色,稍湿,稍密—中密,无摇震反应,无光泽反应,韧性低,干强度低。层厚 1.0 ~ 6.5 m,平均厚度 3.25 m。

第 2 层:粉砂,褐黄色,稍湿,中密—密实。局部稍密。主要成分为长石、石英和少量云母。层厚 2.1 ~ 7.6 m,平均厚度 4.78 m。

第 3 层(Q_4^{3al}):粉土,黄褐色,稍湿,稍密,无光泽反应,韧性低,干强度低,无摇震反应。层厚 0.7 ~ 5.0 m,平均厚度 1.63 m。

第4层：粉砂，褐黄色，稍湿，中密—密实。主要成分为长石、石英和少量云母。层厚1.0～3.6 m，平均厚度1.99 m。

第5层：粉土，黄褐色，稍湿，密实，无光泽，干强度低，韧性低，无摇震反应。层厚0.9～4.0 m，平均厚度2.67 m。

第6_{-1}层：粉质黏土，黄褐色，硬塑，见零星钙质结核，干强度中等，韧性中等，少有光泽，无摇震反应。层厚1.4～3.5 m，平均厚度2.14 m。

第6层：粉砂，褐黄色，稍湿，密实。主要成分为长石、石英和少量云母。层厚1.0～3.5 m，平均厚度2.15 m。

勘察报告给出地下水位以上各层土综合的黏聚力、内摩擦角、天然重复，分别为$c=9.14$ kPa，$\varphi=25.6°$，$\gamma=18.5$ kN/m^3，根据经验公式$H_{cr}=4c\tan(45°+\varphi/2)/\gamma$，确定地基土直立边坡极限高度为3.14 m。砂土依照经验c取4 kPa，φ取34°；10.0 m以上砂土的天然坡角为水上34°、水下24°。同时提供的基坑支护设计参数见表14-3，土层静三轴试验指标：第一层$c_{uu}=9.14$ kPa，$\varphi_{uu}=25.6°$，第三层$c_{uu}=14$ kPa，$\varphi_{uu}=19.0°$（本指标小于建议指标，根据规范要求为采用指标）。

表14-3 各层土的物理力学性质参数

层序	1	2	3	4	5	6_{-1}	6
岩性	粉土	粉砂	粉土	粉砂	粉土	粉质黏土	粉砂
天然重度（kN/m^3）	17.7	18.2	18.6	18.8	18.4	19.7	19.2
黏聚力（kPa）	10	0	17	14	17	29	28
内摩擦角（°）	27.3	28	23.6	24.9	24	16	18

14.1.4 水文地质条件

拟建场地在勘探深度范围内，地下水稳定水位埋深29.0 m左右，地下水类型为潜水，一般水位年变幅2.0 m左右。最近3～5年中较高水位为28.0 m。基础埋深10.0 m，地下水对基础施工无影响。

据本工程场地水质化验结果并结合区域水文地质资料判定，该场地的地下水对混凝土、钢筋混凝土结构中的钢筋、钢结构的腐蚀性评价为：①在直接临水作用下，该场地的地下水对混凝土无腐蚀性，对钢筋混凝土结构中的钢筋无腐蚀性。②在干湿交替作用下，该场地的地下水对混凝土无腐蚀性，对钢筋混凝土结构中的钢筋具有弱腐蚀性，对钢结构具有弱腐蚀性。

14.1.5 方案设计原则和依据

本着安全第一、经济合理、节省工期、便利施工、确保周边建筑安全及道路安全的原则，参照该工程岩土工程勘察报告及相关的规范规程[33,89,101,115～122]开展该基坑支护方案设计。

14.1.6 支护方案设计

针对场地不同地段地层条件、环境条件和开挖深度,共分6个基坑支护剖面段进行支护,主要支护设计方案如下。

1—1剖面部分:为场地北侧与东侧边坡,基坑开挖深度13.45 m,北侧无相邻建筑,东侧距离建筑物较远,均存在放坡空间,但考虑到雨季施工,防止雨水冲蚀边坡,采取放坡+挂网喷射混凝土护坡。边坡坡度按1:0.5控制,坡面采用挂网喷射混凝土,网筋采用挂成型钢板网片,面层喷射混凝土强度等级C20,厚度30 mm。具体设计见1—1剖面支护图(见图14-2)。

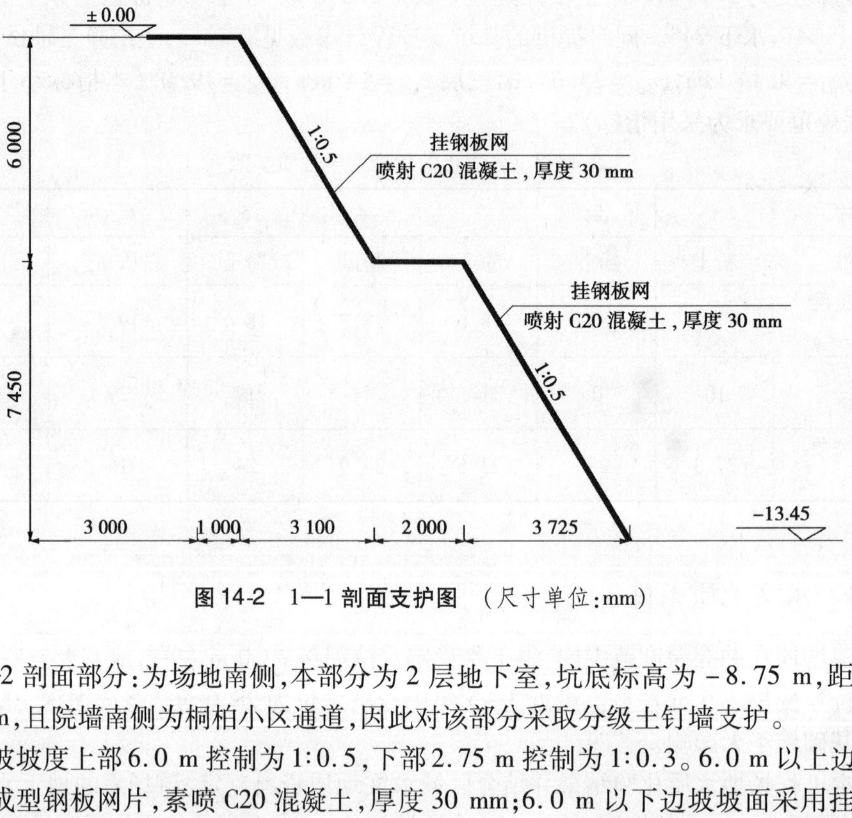

图14-2 1—1剖面支护图 (尺寸单位:mm)

2—2剖面部分:为场地南侧,本部分为2层地下室,坑底标高为-8.75 m,距离院墙约5.6 m,且院墙南侧为桐柏小区通道,因此对该部分采取分级土钉墙支护。

边坡坡度上部6.0 m控制为1:0.5,下部2.75 m控制为1:0.3。6.0 m以上边坡坡面采用挂成型钢板网片,素喷C20混凝土,厚度30 mm;6.0 m以下边坡坡面采用挂成型钢板网片,喷射C20混凝土,厚度60 mm,ϕ6.5@1 500×1 500加强筋拉结,根据场地实际情况及土层参数,土钉钉孔直径100 mm,采用1:0.5纯水泥砂浆灌注,主筋采用HRB335ϕ16钢筋,长度一般6 m,土钉纵横间距1.5 m,倾角10°,共布置2排,具体设计详见2—2剖面支护图(见图14-3)。

3—3剖面部分:主要为西侧中部位置,基坑开挖深度13.45 m及12.55 m,无相邻建筑,但由于邻近桐柏路,市政管线较多且距离围墙为9 m,因此对该部分采取微型桩与分级土钉墙复合支护。

边坡坡度上部6.0 m控制为55°(1:0.7),下部7.45 m控制为1:0.25。在地面下

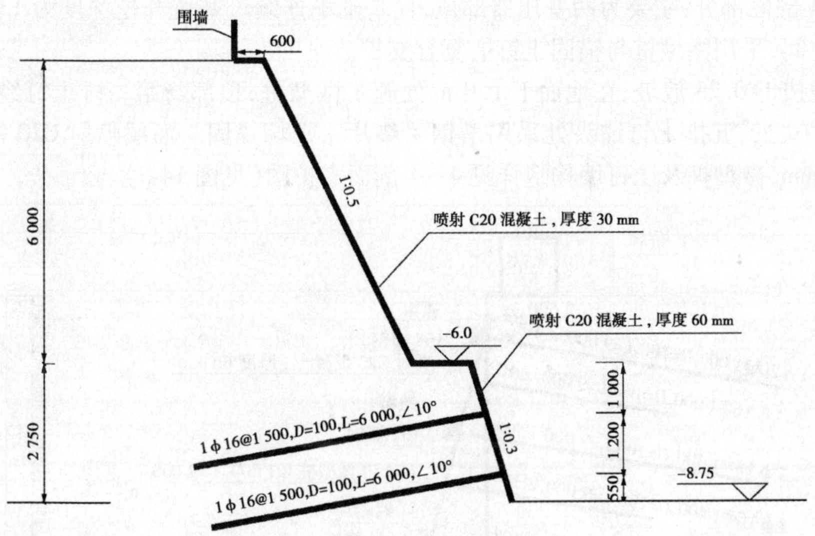

图 14-3　2—2 剖面支护图

1.0 m处施工微型桩，顶部与第一排土钉焊接，网下做土钉墙支护。上部 6.0 m 边坡坡面采用挂成型钢板网片，边坡面层喷射 C20 混凝土，厚度 30 mm；下部 7.45 m 边坡坡面采用 φ6.5@200×200 编织成网，喷射 C20 混凝土，厚度 80 mm；微型桩及土钉墙构造详见 3—3 剖面支护图（见图 14-4）。

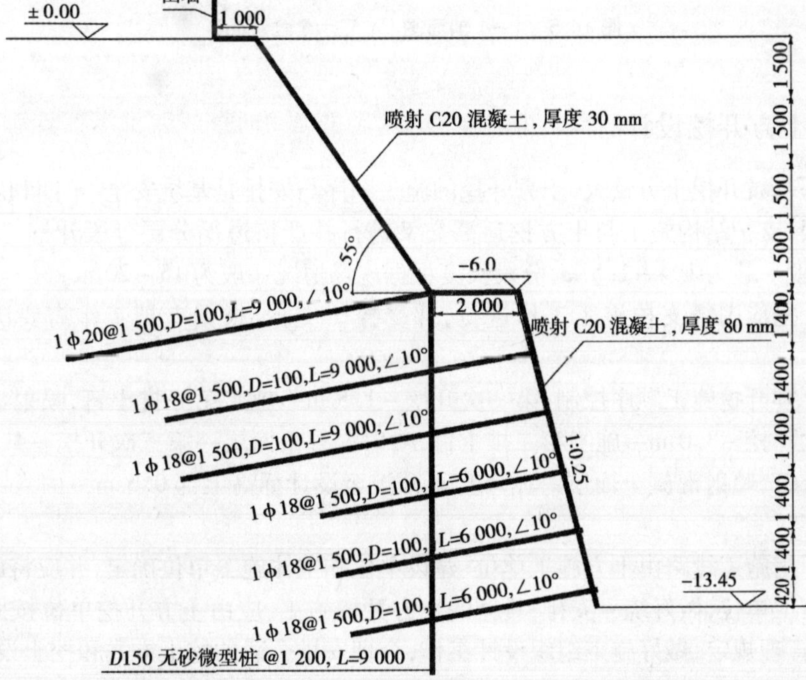

图 14-4　3—3 剖面支护图　（尺寸单位：mm）

4—4 剖面部分:主要为两变压器部位,且基础不连续。基坑开挖深度为 13.45 m,因无放坡空间,采用微型桩与锚固土钉墙复合支护。

边坡按 1∶0.25 放坡,在地面下 1.0 m 处施工微型桩,顶部与第一排土钉经锚固后焊接,在第一、三、五排土钉锚头处采用槽钢 + 垫片 + 螺帽锚固。面层喷射 C20 混凝土,厚度为 80 mm,微型桩及土钉墙构造详见 4—4 剖面支护图(见图 14-5)。

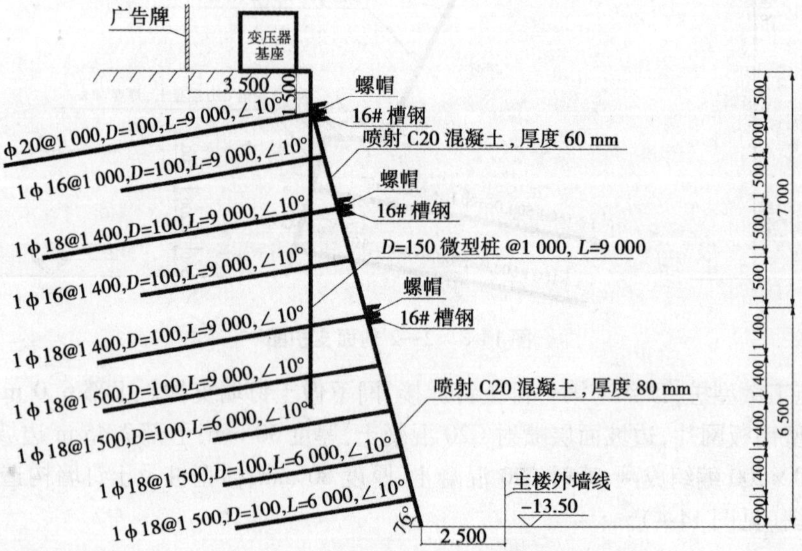

图 14-5　4—4 剖面图　(尺寸单位:mm)

14.1.7　土方开挖设计

本工程基坑开挖土方量大,土方开挖的施工顺序与安排是基坑安全、工期和质量的重要制约因素,支护结构施工与土方挖运需交叉进行并严格遵循分层分段开挖、支护的原则,分层高度一般为 1.4 ~ 1.5 m,分段长度根据现场情况一般为 15 ~ 20 m。

土方开挖应围绕支护施工工作进行,并受控于支护,根据支护工作需要决定开挖进度。

本次土方开挖施工顺序控制:第一次开挖 -1.5 m→施工第一排土钉,喷射混凝土面层→第二次开挖 -3.0 m→施工第二排土钉,喷射混凝土面层→第三次开挖 -4.5 m→施工第三排土钉,喷射混凝土面层→循环直至开挖至设计标高上部 0.3 m→由人工清除至设计标高。

土方开挖施工线路由土方施工单位、建设单位和主体施工单位确定,并应将施工线路通知支护施工单位,做好统一安排;具体的土方开挖施工,应由土方开挖单位按照有关规范、规程及管理规定,做好施工组织设计工作,合理安排合适的挖土方式和挖土设备,并及时与业主协调做好土方运输处理工作,确保与基坑支护工作协调、同步进行,保证质量,确保工期。

14.1.8 变形监测工作设计

本次变形监测的目的是依据设计要求，通过在基坑施工过程中对基坑和邻边建筑物、道路、管线等进行同步变形监测，指导基坑开挖支护的正常施工，确保基坑、邻近建筑物、道路、各类管道的安全和基础工程的正常施工。同时，根据监测工作数据分析，及时反馈信息、验证设计，为做好信息化设计施工服务。

监测主要包括以下内容：对基坑支护体系进行水平位移监测，对周边建筑房屋等进行变形观测，对平面及高程进行控制测量等，变形观测点位布置图如图 14-6 所示。

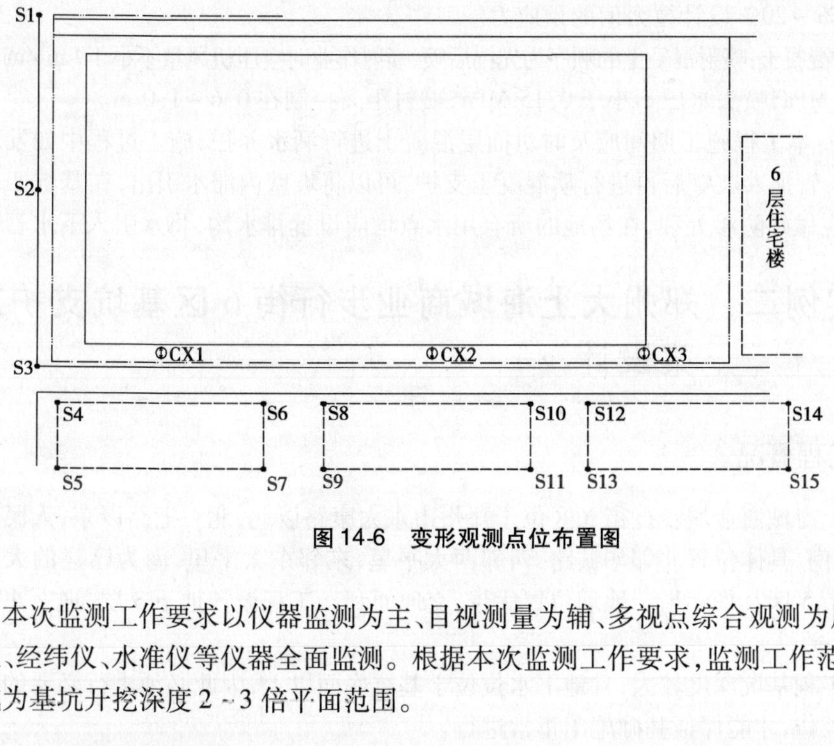

图 14-6 变形观测点位布置图

本次监测工作要求以仪器监测为主、目视测量为辅、多视点综合观测为原则，应用全站仪、经纬仪、水准仪等仪器全面监测。根据本次监测工作要求，监测工作范围主要控制区域为基坑开挖深度 2 ~ 3 倍平面范围。

14.1.9 施工组织设计

本次基坑支护与降水施工必须做好专门的施工组织设计工作，在未进行详细施工组织设计并取得建设单位、监理单位认可的情况下，严禁施工，施工组织设计的编制应严格按照现有技术标准并结合行业特点及本工程特点进行。

14.1.10 土钉墙施工技术要求

（1）定位放线：按照设计图纸由测量人员准确放出每个土钉孔位，孔位误差小于 5 cm。

（2）边坡修整：采用人工清理，为确保喷射混凝土面层的平整，此工序必须挂线定位。

（3）用人工洛阳铲或螺旋钻机（国产锚杆机）成孔，钻孔后进行清孔检查，对孔中出现的局部塌孔或松落土立即进行压浆处理,并及时安设土钉钢筋并注浆。

(4)土钉主筋制作及安放:主筋按照设计长度下料,外端按照设计长度预留,以便于锚头施工,土钉主筋每2 m焊对中支架,防止主筋偏离土钉中心,安放主筋时,将注浆管与主筋捆绑在一起,注浆管离孔底0.5 m左右。

(5)造浆及注浆:采用搅拌机造浆应严格控制水灰比,注浆采用注浆泵,注浆时,将导管缓慢均匀拔出,但出浆口始终处于孔中浆体面之下,保证孔中气体能够全部排出。

(6)挂网及锚头安装:钢筋网片用插入土中的钢筋固定,与坡面间隙3~4 cm,不应小于3 cm,搭接时上下左右一根对一根搭接绑扎,搭接长度应大于30 cm,并不少于两点点焊;钢筋网片与土钉外端的连接严格按照设计图纸要求接成一个整体;对3、4道土钉施工时可施加10%~20%设计拉力值的预应力。

(7)喷射混凝土:喷射混凝土的顺序为先锚后喷,喷射作业时空压机风量不小于9 m^3/min,气压0.2~0.4 MPa,喷头水压不小于0.15 MPa,喷射距离控制在0.6~1.0 m。

(8)养护:本工程施工期间应及时对面层混凝土进行洒水养护,施工过程中如发现滞水,可用PVC管插入坡壁后再进行喷混凝土支护,可以将坡壁内滞水引出,在基坑四周设置用水点时应做好防渗处理,在场地的所有用水点均应设置排水沟,将水引入下水管道。

14.2 实例二 郑州大上海城商业步行街6区基坑支护方案设计*

14.2.1 工程概况

拟建大上海城商业城步行街6区位于郑州市东太康路以北,北二七路以东,人民路以西,华诚路以南,具体位置北邻华诚路,西邻西太平里,东邻东太平里,南为已建的大上海城商业步行街5区及华荣街。地理位置优越,交通便利。工程设计地下3层,地上40层,基础埋深12 m。

由于本工程基坑深度较大,且地下水位位于基坑底面以上,因此必须进行必要的基坑支护与降水工作,才能保证基础施工正常进行。

14.2.2 环境条件

本工程东、西、北一路之隔均为居民区,南与大上海城商业步行街5区已建建筑紧邻,东侧距离居民楼约16 m,西侧距离居民楼约25 m,北侧距离居民楼约6 m,四周建筑除已有5区采用桩基以外,其他均为天然地基浅基础。

场地内无其他地下管线,周边管线待查,周围环境工程条件较复杂。

14.2.3 场地工程地质条件

拟建场地位于郑州市主城区中部,场地宏观地貌单元属黄河冲积平原,属于城市改造

* 此工程实例由毕理毅同志提供。

拆迁场地,地形平坦、开阔,相对高差0.5 m。

根据地质报告提供资料,场地90.0 m勘探深度内地层组成为第四系堆积物,按其成因类型、岩性及工程地质特性将其划分为14个工程地质单元层,对基坑支护和降水有影响的地层主要为30 m以上的填土、粉土和砂层,现分述如下。

第1层(Q_4^{ml}):杂填土,稍湿,稍密。有较多砖、瓦、水泥块等建筑垃圾。层底深度5.5~9.5 m,平均厚度6.95 m。

第2层(Q_4^{al}):粉土,褐黄色—暗黄色,湿,密实。含零星分布钙质结核,无摇震反应,无光泽反应,韧性低,干强度低。层底深度11.9~14.0 m,层厚4.5~8.2 m,平均厚度5.77 m。

第3层(Q_4^{al}):粉砂,浅黄色—暗黄色,饱和,中密—密实。矿物成分为石英、长石,磨圆度、级配良好,局部夹有砂质粉土,含有少量蜗牛壳碎片及零星分布钙质结核。层底深度15.3~16.9 m,层厚2.0~3.5 m,平均厚度3.06 m。

第4层(Q_4^{al}):粉土,褐黄色—暗黄色,湿,密实。含锈黄斑及蜗牛壳碎片。无光泽反应,韧性低,干强度低,无摇震反应。场地内该层分布稳定,层底深度19.5~20.5 m,层厚2.9~5.0 m,平均厚度4.23 m。

第5层(Q_4^{al}):粉砂,浅黄色—暗黄色,饱和,密实。矿物成分为石英、长石,磨圆度、级配良好。层底深度21.5~23.45 m,层厚1.7~3.4 m,平均厚度2.69 m。

第6层(Q_{41}^{al}):粉土,褐黄色—暗黄色,湿,密实。含锈黄斑及蜗牛壳碎片。无光泽反应,韧性低,干强度低,无摇震反应。场地内该层分布稳定,层底深度26.4~27.5 m,层厚3.6~5.5 m,平均厚度4.25 m。

第7层(Q_{41}^{al}):细砂,浅黄色—暗黄色,饱和,密实。矿物成分为石英、长石,磨圆度、级配良好,局部中砂。层底深度35.0~35.7 m,层厚8.0~9.2 m,平均厚度8.39 m。

根据基坑开挖最大深度和支护降水工程需要,影响本基坑工程的地层主要为以上8层地层。根据土工试验结果,结合邻近场地经验,勘察报告给出地下水位以上各层土综合的黏聚力和内摩擦角,分别为$c=15.0$ kPa,$\varphi=20°$,$\gamma=18.3$ kN/m^3,根据经验公式$h=2c\tan(45+\varphi/2)/\gamma$,确定地基土直立允许高度为2.14 m。同时,根据场地工程地质条件和建筑物基础埋深提供的基坑支护设计参数如表14-4所示。

表14-4 基坑边坡设计所用各层土的设计参数

层序	1	2	3	4	5	6	7
岩性	杂填土	粉土	粉砂	粉土	粉砂	粉土	细砂
天然重度(kN/m^3)	19.8	20.2	20.4	20.3	20.5	20.3	20.4
黏聚力(kPa)	15	16	0	17	0	16	0
内摩擦角(°)	18	18	30	19	32	18	33

14.2.4 水文地质条件

场地内地下水含水层主要是粉砂层和细砂层,粉土层为弱含水层,地下水类型为潜水,其补给来源主要是大气降水及地下水径流。勘察期间潜水水位埋深为8.4~8.5 m,平均埋深8.44 m,水位年变幅1.0~3.0 m,结合区域资料,历史最高地下水位埋深2.5 m。根据场地各层土室内渗透试验并结合邻近场地资料,勘察报告建议粉土层渗透系数0.6 m/d,粉砂层渗透系数5 m/d,细砂层渗透系数6 m/d。本场地地下水对混凝土无腐蚀性,对混凝土中钢筋具弱腐蚀性,对钢结构具弱腐蚀性。需根据《工业建筑防腐蚀设计规范》(GB 50046—95)的有关规定采取防护措施。

14.2.5 基坑支护降水方案论证

基坑支护与降水的目的是为基坑和地下室施工及周边建筑物提供安全保障,根据建设单位提供的资料,本工程基坑开挖深度最大约14 m。基坑长度约100 m,宽度约54 m,周围环境中等复杂,由于地下水位高,基坑边坡土的抗剪强度低,基坑开挖及降水对周围建筑物影响较大,故必须采取必要的支护与降水措施。拟建建筑物基坑深10.5 m,基坑工程的安全等级为一级,基坑土体侧壁安全重要性系数1.10。

(1)本工程位于郑州市主城区繁华地带,周边建筑多而环境较复杂,对支护设计、施工均有很高要求,必须严格控制基坑变形,确保周边建筑的安全,在设计中应重视并做好变形控制及监测工作。

(2)本工程场地西、东、北侧距离原有建筑较近,且均为居民区建筑,对变形敏感,而南侧紧邻大上海城商业步行街5区建筑,故应控制好变形工作,确保基坑支护对周边建筑影响不大。南侧建筑基础持力层主要为砂层,故施工中应控制降水,避免引起基础持力层破坏,造成对相邻建筑的不利影响。

(3)降水工作必须严格控制,管井降水影响半径大,易影响周边环境,故要加强地下水位及降水期间变形监测工作,重视信息化设计和施工。由于本工程场地主要为潜水,且上部土层渗透性较高,加上基坑开挖后局部已到第3层粉砂层,第2层粉土层暴露,且在水位以下,应控制管涌现象发生,确保坑壁安全,宜采取隔水措施。

(4)根据郑州市市区同类工程施工经验,在基坑支护过程中可考虑采用管井降水措施,但应控制水位。

(5)本场地地质勘察报告揭示,场地上部土层尤其是基坑开挖范围内土层强度较低,在场地周边建筑较多,因此在支护设置时应分区段考虑,针对不同地段分布采取相应的技术措施处理,以确保基坑安全。

(6)本工程基坑工作的重点是做好降水,同时确保支护结构的有效发挥,控制基坑及周边变形,这是本方案设计的两大根本思路,最终的设计原则是在确保安全的前提下争取最大的经济效益。

(7)对于降水方案,选择采用管井降水结合局部止水帷幕的措施,该方案通过隔离局部水力联系,实施坑内降水,可以达到降低坑内水位的目的,最大程度降低对周边环境的影响。同时,可以在周边设置回灌井、观测井、观测点,严格控制监测,一旦发现变形影响达到警戒值,立即采取回灌处理,避免对周边环境造成影响,确保基坑降水、施工的正常进行。

14.2.6 支护结构设计原则和依据

本着安全第一、经济合理、节省工期、便利施工，确保周边建筑安全及道路安全的原则，参照该工程岩土工程勘察报告及相关的规范规程[33,89,101,115~122]开展该基坑支护方案设计。基坑支护须结合降水方案，本工程降水工作技术要求，应严格按照相关规范规程的要求执行，降水工程施工及实施过程中，应严格做好各项观测，并保持降水工作的连续性。

14.2.7 支护方案设计

针对场地不同地段地层条件和环境条件，共分3个基坑支护剖面段进行支护，其中北、东侧部分基坑深度12 m，且周边主要为居民区老建筑，距离较近，场地周围无放坡施工空间，根据软件计算结果，可考虑采取锚拉灌注桩支护措施支护。场地南侧邻已有大上海城商业步行街5区建筑部分，因紧邻建筑，且已有建筑为桩基础，地下有一层地下室，深度达9 m，对本段位置采取轻型井点降水，结合土钉墙支护，桩顶标高一般在 -5.9 m，桩长16 m，场地西侧距离原有小区建筑较远，场地有小部分放坡施工空间，可采取放坡 + 复合土钉墙支护，可配合采取轻型井点降水。主要支护设计方案如下。

1—1 剖面部分：基坑深度10.5 m。上部4.5 m采取1∶0.25放坡，并做土钉墙支护，留置2.0 m平台，下部采取直立边坡，并采取锚拉旋挖灌注桩支护，具体见1—1 支护段剖面设计图(图14-7)。

土钉墙设计根据场地实际情况及土层参数，共设置3排，钉孔直径100 mm，采用1∶0.5纯水泥浆灌注，主筋采用HRB335φ16钢筋，长度一般4.5 ~6 m；土钉纵横间距1.3 m，倾角10°；面层采用施工配合混凝土喷射，喷射厚度90 mm，面层网筋采用φ6.5@250编织成网，面层加强筋采用φ10@1 300菱形布置，加强筋与土钉钢筋连接；面层至基坑顶部边缘外延1 m，并采用1 m长的φ12@1 300钢筋固定。边坡顶部外侧做5%的外斜坡，确保排水，以阻止雨季周边雨水进入基坑或在边坡顶部积水，浸润边坡顶部，影响边坡安全。

锚拉灌注桩采用机械旋挖灌注桩，桩径800 mm，桩间距1.6 m，桩顶标高 -4.5 m，桩长14 m，桩身混凝土C25，桩顶设置800 mm×600 mm截面冠梁，现浇C30混凝土。

锚杆采用1 860 MPa，7φ5钢绞线，锚孔直径150 mm，倾角15°，灌注P42.5 1∶0.8纯水泥浆，采用二次压力注浆，控制注浆压力1 ~2 MPa；锚杆位于标高 -5.8 m，长度15 m，水平间距1.6 m；预应力施加值为设计拉力值的70%，设计值为359 kN。

2—2 剖面段：主要是基坑临建筑部分，基坑深度10.5 m。上部4.5 m采取1∶0.25放坡，并做土钉墙支护，下部采取直立边坡，并采取锚拉旋挖灌注桩支护，设置高压旋喷止水帷幕；鉴于本工程场地与已有建筑紧靠，基础间净距离为2.5 m，而已有建筑设计为一层地下室和CFG桩基础。因此，在支护设计中取消锚拉设计，为防止基坑降水影响原有基础的稳定，设置高压旋喷止水帷幕。

土钉墙设计根据场地实际情况及土层参数，共设置3排，坡度1∶0.1，钉孔直径100 mm，采用1∶0.5纯水泥浆灌注，主筋采用HRB335φ16钢筋，长度一般4.5 ~6 m，当施工到相邻建筑地下室墙体时即终止施工；土钉纵横间距1.3 m，倾角10°；面层采用施工配合混凝土喷射，喷射厚度 60 mm，面层网筋采用 ϕ6.5@250 编织成网，具体见 2—2 支护段立面设计图(图 14-8、图 14-9)。

灌注桩采用机械旋挖灌注桩，桩径 800 mm，桩间距 1.6 m，桩顶标高 -4.5 m，桩长 14 m，桩身混凝土 C25，桩顶设置 800 mm×300 mm 截面冠梁，现浇 C30 混凝土。

止水帷幕为高压旋喷帷幕墙，桩径 500 mm，搭接 150 mm，桩顶位于 -4.5 m，桩长 14 m，高压旋喷桩墙掺入 P32.5 普通硅酸盐水泥 200 kg/m^3，桩身垂直度控制在 0.5% 以内，确保成桩质量和搭接。

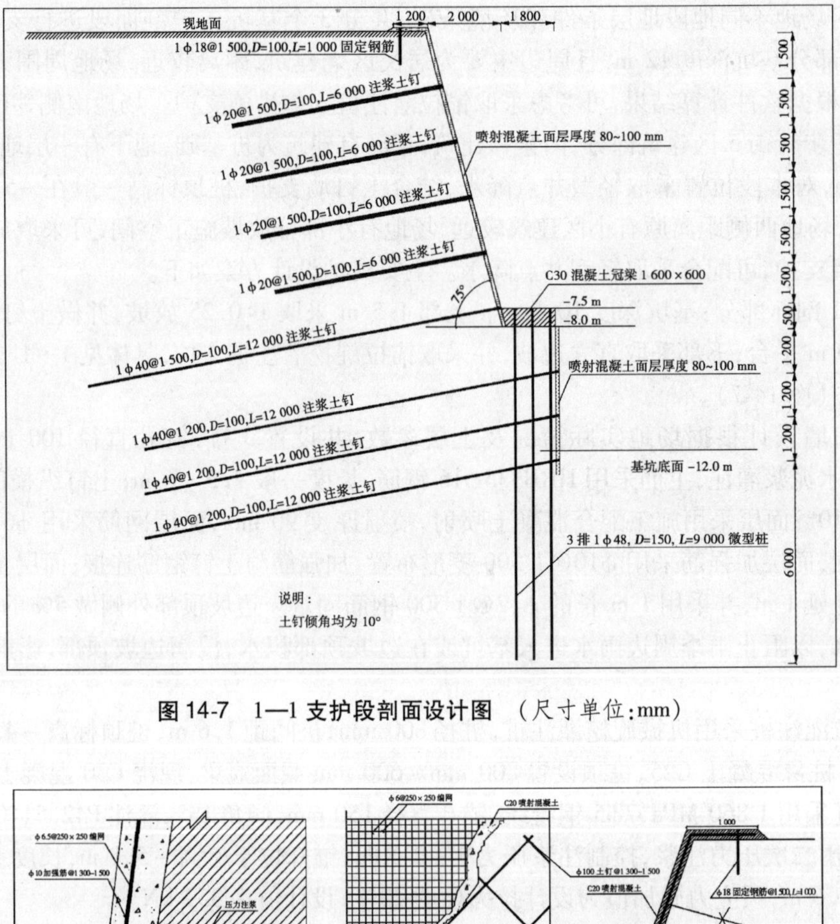

图 14-7　1—1 支护段剖面设计图　(尺寸单位:mm)

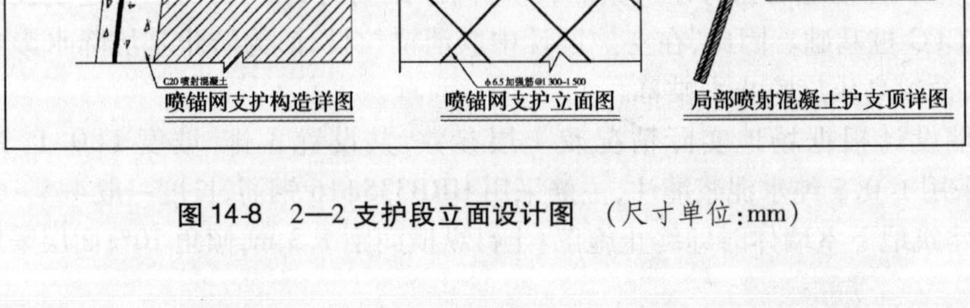

图 14-8　2—2 支护段立面设计图　(尺寸单位:mm)

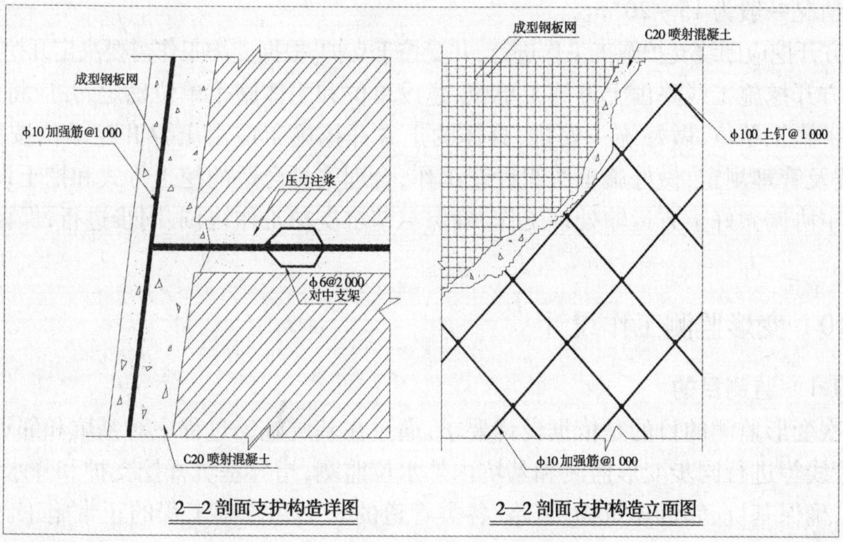

图 14-9　2—2 支护段立面设计图

14.2.8　降水方案设计

根据方案分析,本次设计采取管井降水措施进行基坑降水。基坑降水计算条件按照潜水－承压水混合井(管井)模式,远离边界条件,水位埋深 4.5 m;水位降深 7.5 m;综合渗透系数 0.4 m/d。依据北京理正深基坑支护降水分析计算软件分析计算,本工程基坑降水影响半径 53 m,降水造成地面沉降最大 37 mm,因此应在降水施工过程中采取有效的控制措施,以降低降水对周边环境的影响。

根据周边已有施工经验,结合降水分析计算结果,管井布置按照 22 ~ 25 m 间距网格布置,并尽量避开基础梁等关键基础施工部位,根据平面设计图,全场考虑布置管井约需要 6 眼;管井深度 22 m,成井时以进入粉砂层 1 ~ 3 m 为准,适当加深或减浅。

管井结构:成孔直径 600 mm,滤管采用无砂混凝土滤管,内径 350 mm,外径 400 mm,孔隙率大于 30%,滤料采用 1 ~ 3 mm 干净石英砂,外包 80 目滤网,以保证降水井内不会产生大量涌砂,确保降水效果。

观测井布置:观测井在坑内及周边道路和建筑附近布置,采用冲孔法成孔,或采用勘察工程钻机成孔,孔径 150 mm,孔深 15 m,确保观测到最低水位;井管采用 110 mmPVC 管,管壁打梅花小孔,孔径 10 ~ 20 mm,孔隙率大于 30%,井管外包裹 60 ~ 80 目尼龙网,井管与井壁间填 0.3 ~ 0.5 mm 石英砾砂,填至离地面 1 m 后用黏土封死;抽水期间用电测水位计量测水位,及时记录并反馈信息,为基坑施工服务。

14.2.9　土方开挖

本工程基坑开挖土方理论计算量较大,采用本支护设计及降水方案时,土方开挖的顺序与安排,是对基坑安全、工期和质量的重要制约因素,支护结构施工与土方挖运须交叉进行并严格遵循分层、分段开挖支护的原则,分层高度一般为 1.40 ~ 1.50 m,分段长度根据现场情况一般为 15 ~20 m。

土方开挖应围绕支护施工工作进行，并受控于支护，根据支护工作需要决定开挖进度。

土方开挖施工线路由土方施工单位、建设单位和主体施工单位确定，并应将施工线路通知支护施工单位，做好统一安排；具体的土方开挖施工应由土方开挖单位按照有关规范、规程及管理规定，做好施工组织设计工作，合理安排合适的挖土方式和挖土设备，并及时与业主协调做好土方运输处理工作，确保与基坑支护工作协调、同步进行，保证质量，确保工期。

14.2.10 变形监测工作设计

14.2.10.1 监测目的

本次变形监测的目的是依据设计要求，通过在基坑施工过程中对基坑和邻近建筑物、道路、管线等进行同步变形监测和基坑内外水位监测，指导基坑开挖支护和降水工程的正常施工，确保基坑、邻近建筑物、道路、各类管道的安全和基础工程的正常施工。同时，根据监测工作数据分析，及时反馈信息、验证设计，并做好信息化设计施工服务。

14.2.10.2 监测内容

对基坑支护体系进行水平位移和垂直位移的监测，对周边建筑房屋等进行变形观测，对基坑内、外地下水位进行监测，对平面及高程控制测量。

14.2.10.3 监测手段

以仪器监测为主，目视测量为辅，多视点综合观测为原则，应用全站仪、经纬仪、水准仪等仪器全面监测。

14.2.10.4 工作量及工作要求

依据基坑平面布置情况，按照有关技术规范规定布置水平位移监测点、沉降观测点、基坑隆起观测点。具体位置根据现场实际确定。水平位移监测控制网精度等级为二等。

观测网的测量应在变形观测之前，且标石埋设混凝土龄期大于 10 天进行。通过进行 2 ~3 次监测，观察控制点的稳定性，并取得起算数据。施工过程中，根据情况进行周期性校核，以保证起算数据的正确性。

变形点每天观测 1 次，卸荷过大或天气突然变化或变形过大有可能出现险情时，每天观测 2 次，必要时 24 小时监测。

14.2.10.5 基坑沉降监测

基坑沉降监测点，其高程控制测量采用二等水准测量。基坑开挖前每天观测一次，连续进行 10 天，观察沉降情况，取得原始数据。开挖中靠近建筑物一侧每开挖一段进行一次观测。变化较大或出现突变时，视情况增加观测次数。

混凝土底板浇完 10 大后，每 2 大观测一次。基坑支护完工后每 3 天观测一次。基坑回填结束后 3 天，结束观测。

14.2.10.6 邻近建筑物沉降监测

邻近建筑沉降监测应沿建筑物布置，一般不少于 3 个沉降监测点、2 个水平位移监测点，具体位置是建筑物靠近基坑一侧。观测要求同基坑沉降观测。另外，在基坑工程施工前，应对建筑物裂缝情况进行详细调查、记录，必要时照相、录像，并经三方签字认可。

14.2.10.7　**路面变形监测**

对小区内道路布置变形监测点,对路面变形(水平、垂直位移)情况进行观测。路面变形监测点观测频率同基坑沉降观测点。

14.2.10.8　**管道观测**

查明周边管道后,对基坑周围存在的管道应进行 24 小时观测,观测频率每小时 1 次。

14.2.10.9　**基坑内、外水位监测**

对基坑内外各设置 8 眼观测井,进行水位监测,以了解基坑内外水位变化情况。水位观测频率每 12 小时 1 次。

14.2.10.10　**观测精度及报警值要求**

所有观测仪器在使用前必须经过检测标定、归零,沉降观测精度要求:视线距离≤15 m,前后视距≤0.3 m,视距累积差≤1.5 m,往返较差,附合或环线闭合差≤$0.15\sqrt{n}$(mm);裂缝观测使用游标卡尺或测缝,量测精度达 0.5 mm,观测报警值要求如表 14-5 所示。

表 14-5　观测报警值要求

项目	安全域(mm)	警戒域(mm)	危险域(mm)	说明
水平位移	≤30	30 ~ 40	>40	<2 mm/d
周边建筑	≤10	10 ~ 15	>15	<1 mm/d
道路及管线	<20	20 ~ 30	>30	<1 mm/d
相临水位观测	≤100	100 ~ 150	>150	
坑外水位升降	≤1 000	1 000 ~ 2 000	>2 000	
裂缝观测	≤20	20 – 30	>30	<1 mm/d

14.2.11　主要施工工艺及方法

14.2.11.1　**旋挖灌注桩施工工艺**

1)机械就位、护筒埋设

施工场地平整处理,保证旋挖钻机底座场地平整、夯实,避免在钻进过程中钻机产生沉陷。桩位确定后,利用十字线放出四个控制桩位,并以四个控制桩为基准埋设护筒。

2)护筒埋设

护筒由厚度 4 ~ 6 mm 钢板制成,护筒直径比桩基孔径大 100 ~ 150 mm,每节护筒长度 1.5 ~ 3.0 m,护筒至少高出地面 30 cm。以防止杂物、泥水进入孔内。旋挖钻机在埋设护筒时,应由人工进行辅助配合,护筒埋设利用旋挖机的钻斗挤压作用作相应的调整。

3)泥浆调制

由于钻机施工中泥浆可以防止孔壁坍塌、抑制地下水、控制悬浮钻渣等,因此泥浆是保证孔壁稳定的重要因素。由于地基岩土中又夹有粉砂土层、亚砂层,地面水位较高的特点,调制出良好泥浆的各项性能指标尤为重要。泥浆相对密度 1.02 ~ 1.10,黏度 18 ~ 22 s,砂率≤4%,泥皮厚度 <2 mm,pH 值 >7。

施工过程中随时检测清孔后灌注混凝土时泥浆的各项性能指标,确保泥浆对孔壁的撑护作用,避免发生施工事故。

4)钻孔施工

旋挖钻机采用筒式钻斗。钻机就位后,调整钻杆垂直度,注入调制好的泥浆,然后进行钻孔。当钻头下降到预定深度后,旋转钻斗并施加压力,将土挤入钻斗内,仪表自动显示筒满时,钻斗底部关闭,提升钻斗将土卸于堆放地点。钻机施工过程中保证泥浆面始终不低于护筒底部,保证孔壁稳定性。通过钻斗的旋转、削土、提升、卸土和泥浆撑护孔壁,反复循环直至成孔。

5)钢筋笼吊放

钢筋笼按要求制作后进行吊放。要特别注意钢筋笼吊环长度能否使钢筋准确地吊放在设计标高上,这是由于钢筋笼吊放后是暂时固定在钻架底梁上的。因此,吊环长度是根据底梁标高的变化而改变的,应根据底梁标高逐根复核吊环长度,以确保钢筋的埋入标高满足设计要求。在钢筋笼吊放过程中,应逐节验收钢筋笼的连接焊缝质量,对质量不符合规范要求的焊缝、焊口则要进行补焊。同时,要注意钢筋笼能否顺利下放,按标准安装好保护层垫块,下放时不能碰撞孔壁;当吊放受阻时,不能加压强行下放,因为这将会造成塌孔、钢筋笼变形等现象,应停止吊放并寻找原因,如果是因钢筋笼没有垂直吊放而造成的,应提出后重新垂直吊放;如果是成孔斜而造成的,则要求进行复钻纠偏,并在重新验收成孔质量后再吊放钢筋笼。钢筋笼接长时要加快焊接时间,尽可能缩短下放时间。

6)灌注混凝土

灌注水下混凝土的施工主要是采用导管灌注,混凝土的离析现象还会存在,但良好的配合比可减少离析程度,因此现场的配合比要随水泥品种、砂石料规格及含水率的变化进行调整。为防止发生断桩、夹泥、堵管等现象,在混凝土灌注时应加强对混凝土搅拌时间和混凝土坍落度的控制。混凝土坍落度采用 180 ~ 200 mm,并随时了解混凝土面的标高和导管的埋入深度。导管在混凝土面的埋置深度一般宜保持在 2 ~ 4 m,不宜大于 5 m 和小于 1 m,严禁把导管底端提出混凝土面。当灌注至距桩顶标高 2 ~ 3 m 时,应及时将坍落度调小至 120 ~ 160 mm,以提高桩身上部混凝土的抗压强度。在施工过程中,要控制好灌注工艺和操作,抽动导管使混凝土面上升的力度适中,保证有程序的拔管和连续灌注,升降的幅度不能过大。如大幅度抽拔导管则容易造成混凝土体冲刷孔壁,导致孔壁下坠或坍落,桩身夹泥,这种现象在砂层厚的地方尤其容易发生。在灌注过程中必须每灌注 2 m 左右测一次混凝土面上升的高度,确定每段桩体的充盈系数,《建筑施工操作规程》规定桩身混凝土的充盈系数必须大于 1。

14.2.11.2 高压旋喷帷幕墙施工工艺

(1)定位放线:按设计要求放线定孔位,反复丈量孔距,每孔误差不大于 5 cm,用钢筋固定,并准确测量孔口地面高程,经甲方、设计、监理多方核验认可。

(2)钻孔:采用 XXY - 100 型钻机钻进,泥浆护壁,钻进过程中,须随时注意观察钻机的工作情况,钻孔不垂直度控制在 0.5% 范围内。

(3)下喷射管:将高喷台车移至孔口,先进行地面试喷以调整喷射压力,为防止水、气嘴堵塞,下管前可用胶布包扎,下喷射管要下到喷射深度。

(4)制浆:按设计要求制备浆液,并准确测量浆液比重。高喷灌浆采用 42.5 号普通硅酸盐水泥,根据地层条件,可以利用回浆与水泥料混合拌制水泥浆液,根据灰浆浆液比重适当调整水泥加入量,浆液比重控制在1.65~1.67。

(5)喷射提升:喷射管下到设计深度,开始送入符合要求的水、气、浆,待浆液冒出孔口后,即按设计的提升速度、旋转速度,自下而上开始喷射、旋转、提升,直到设计的终喷高度停喷,并提出喷射管。

(6)回灌:喷射灌浆结束后,应利用水泥浆进行回灌,直到孔内浆液面不下沉为止。

(7)冲洗:喷射结束后,应及时将管路冲洗干净,以防堵塞。

14.3 实例三 河南省地震局物探中心高层住宅工程基坑支护设计*

14.3.1 工程概况

14.3.1.1 工程概况

河南省地震局物探中心拟建26层高层住宅工程,该工程场地位于郑州市文化路75号院内,东西向展布,长50.8 m,平面上似两个“品”字连接。住宅楼北侧拟建一层地下停车场,长50.8 m,宽约14.5 m,基坑底部埋深约6.0 m。

由于本工程基坑深度较大,且地下水位较高,因此必须进行必要的基坑支护与降水工作,才能保证基础施工正常进行。核工业工程勘察院受建设单位委托,负责对该工程基坑支护与降水工作进行设计、施工。

14.3.1.2 环境条件

拟建建筑位于郑州市文化路75号院,场地西侧距离基坑边线9 m存在原有6层住宅建筑,其基础形式为天然地基浅基础。场地北侧距离基坑边线不足4 m位置为一原有6层住宅,其基础形式为天然地基浅基础。此外,距离基坑边线8 m位置尚存在一锅炉房,2层建筑,基础形式为天然地基浅基础。场地东侧无建筑。场地南侧为拟设计施工的生活水池和消防水池,场地内地下管线、周边管线待查。周围环境工程条件较复杂。

14.3.2 场地工程地质条件

14.3.2.1 地形、地貌

拟建工程场地地形平坦,勘察施工场地为停车场,水泥硬化地坪,故本次勘察没有进行勘探点高程测量,假设各勘探点高程均为100 m。据区域地质资料,场地地貌单元属黄河泛滥冲积平原。

14.3.2.2 地层

根据中国地震局地球物理勘探中心郑州基础工程勘察研究院提供的《岩土工程勘察报告》,勘探深度范围内的土层按地层的成因类型、岩性及工程地质特性将其划分为13个工程地质单元层,对本工程基坑支护和降水工作存在影响的主要是上部9层地层,其主要

---

* 此工程实例由毕理毅、陈泰霖同志提供。

特征如下。

第1层(Q_4^{ml}):杂填土,全场普遍分布,地表主要为素混凝土铺设路面,其下主要为素填土,局部为杂填土。厚度0.40~1.50 m,平均厚0.63 m,层底埋深0.40~1.50 m,平均埋深0.64 m。

第2层(Q_{4-3}^{al}):粉土,黄褐色,湿,稍密。含植物根茎、铁锈斑点。摇震反应中等,切面稍粗糙,干强度低,无韧性。厚度0~1.30 m,平均厚1.09 m,层底埋深0.9~2.0 m,平均埋深1.68 m。

第3层(Q_{4-3}^{al}):粉土,黄褐色、黄色,湿,稍密,偶见小姜石,黏粒含量较高。摇震反应中等,切面稍粗糙,干强度低,无韧性。厚度1.80~3.20 m,平均厚2.42 m,层底埋深3.80~4.20 m,平均埋深4.10 m。

第4层(Q_{4-3}^{al}):粉土,褐黄色,湿,中密,含小姜石、灰斑、铁锈斑。摇震反应中等,切面稍粗糙,干强度低,无韧性。厚度3.60~4.30 m,平均厚4.01 m,层底埋深7.80~8.50 m,平均埋深8.10 m。

第5层(Q_{4-2}^{al}):粉质黏土,黄褐色、浅灰色,软塑—可塑,偶见蜗壳碎片,切面稍光滑,干强度中等,韧性中等。厚度0.50~1.50 m,平均厚0.98 m,层底埋深9.0~9.50 m,平均埋深9.09 m。

第6层Q_{4-2}^{al}:粉土,灰色,湿,密实,含小姜石、白色蜗壳碎片。摇震反应中等,切面粗糙,干强度低,无韧性。厚度2.0~3.90 m,平均厚3.12 m,层底埋深11.0~12.90 m,平均埋深12.21 m。

第7层(Q_{4-2}^{al}): 粉质黏土,灰色—灰黑色,软塑—可塑。局部夹粉土,腐殖质较多,含蜗壳碎片和小姜石,切面稍光滑,干强度中等,韧性中等。厚度2.60~5.50 m,平均厚4.08 m,层底埋深15.0~17.5 m,平均埋深16.29 m。

第8层(Q_{4-1}^{al}):粉土,灰色,湿,密实,含姜石、蜗壳碎片。摇震反应中等,切面粗糙,干强度低,无韧性。局部夹薄层粉砂。厚度0.90~3.90 m,平均厚2.27 m,层底埋深17.5~19.5 m,平均埋深18.57 m。

第9层(Q_{4-1}^{al+pl}):中砂,灰色,饱和,密实。以石英、长石碎屑为主,级配良好,碎屑以棱角形为主,下部颜色为黄褐色。厚度9.0~11.5 m,平均厚10.34 m,层底埋深28.0~29.5 m,平均埋深28.93 m。

勘察报告提供的基坑支护设计参数见表14-6。

表14-6　基坑支护设计参数

层号	土名	直接剪切			三轴剪切			建议值		
		γ (kN/m³)	c (kPa)	φ (°)	γ (kN/m³)	c (kPa)	φ (°)	γ (kN/m³)	c (kPa)	φ (°)
1	杂填土	18.5	15	23	18.5	18	25	18.5	15	23
2	粉土	18.7	13.9	23.3	17.9	13	24.2	18.7	13	23.3
3	粉土	18.4	13.9	22.6	18.4	15.5	21.4	18.4	13.9	21.45

注:第一层为经验数据。

14.3.3 水文地质条件

14.3.3.1 地下水类型、埋深

勘察报告揭示场地内有两层含水层，即第四系孔隙潜水和承压水，潜水主要分布在上部粉土层中，承压水主要分布在下部砂层中。上部潜水静止水位2.20～2.80 m，主要含水层为7层以上粉土孔隙潜水含水层，7层以下粉土、砂微承压水含水层静止水位7.8 m，承压水头高8.1 m左右。7层粉质黏土为相对隔水层，各含水层主要受大气降水和地下水侧向径流及各含水层之间越流补给。根据郑州市经验及该单位居民在此处的生活经验，水位年变幅在1.0～1.5，勘察期间正逢雨季，故近5年期间最高水位埋深2.0 m左右。

14.3.3.2 水质

根据水质分析的结果，按照《岩土工程勘察规范》（GB 50021—2001）腐蚀性评价标准，地下水对混凝土结构、钢筋混凝土结构中的钢筋都没有腐蚀性，对钢结构有弱腐蚀性。勘察报告建议土层综合渗透系数0.5 m/d。地下水对混凝土无腐蚀性，但在干湿交替条件下对钢筋混凝土结构中的钢筋有弱腐蚀性。

拟建场地内及其附近不存在对工程安全有影响的诸如岩溶、滑坡、崩塌、塌陷、采空区、地面沉降、地裂缝等不良地质作用；也不存在影响地基稳定性的古河道、沟浜、墓穴、防空洞、孤石及其他人工地下设施等不良地质现象。

14.3.4 基坑支护与降水设计

基坑支护与降水的目的是为基坑和地下室施工及周边建筑物提供安全保障，根据建设单位提供的资料，本工程基坑开挖深度在裙楼和消防水池开挖深度为±0.00 m以下5.23 m，主楼开挖深度为±0.00 m以下6.73 m。基坑形状为"L"形，周围环境除南侧因存在建筑、地下管线等设施而复杂外，其他范围均较简单。本工程基坑边坡土的抗剪强度低，基坑开挖及降水对周围建筑物影响较大，根据建筑基坑支护技术规程规定，本工程基坑侧壁安全等级为二级，故必须采取必要的支护与降水措施。

14.3.5 基坑支护方案设计与论证

14.3.5.1 本工程基坑支护要点分析

（1）本工程位于郑州市主城区繁华地带，紧邻东风路与田园路，市政设施多而复杂，对支护设计、施工均有很大影响，必须严格控制基坑变形，确保市政设施的安全，在设计中应重视做好变形控制及监测工作。

（2）本工程场地南侧距离原有建筑较近，应控制好变形工作，确保基坑支护对周边建筑影响不大。

（3）降水工作必须严格控制，管井降水影响半径大，易影响周边环境，故要加强地下水位及降水期间变形监测工作，重视信息化设计和施工。

（4）根据郑州市市区同类工程施工经验，在基坑支护过程中可考虑采用管井结合局部止水帷幕的降水措施。

(5)本场地地质勘察报告揭示,场地上部土层尤其是基坑开挖范围内土层强度较低,在场地周边建筑较多,因此在支护设置时应分区段考虑,针对不同地段分布采取相应的技术措施处理,以确保基坑安全。

(6)本工程基坑工作重点是做好降水,同时确保支护结构的有效发挥,控制基坑及周边变形,这是本方案设计的两大根本思路,最终的设计原则是在确保安全的前提下争取最大的经济效益。

14.3.5.2 基坑支护与降水方案分析

目前用于基坑支护的主要结构形式有悬臂桩支护结构、桩锚支护结构、钻孔灌注桩加内支撑支护结构、钢筋混凝土连续墙支护结构、重力式挡土墙支护结构及喷锚支护结构等。降水措施主要有轻型井点降水、管井降水及轻型井点与管井综合降水、明排降水、帷幕止水加降水井降水等措施。结合本工程实际,考虑到确保安全、科学合理、经济可靠的原则,本次设计在结合地质报告建议及本工程基坑实际情况分析后,根据多年同类工程施工经验,按照确保安全、降低造价的原则,对场地地质条件和技术资料进行了充分的论证研究,决定采取放坡+复合土钉墙支护技术措施。该支护体系经验算其安全稳定性能够满足使用要求,而造价大大降低,不仅如此,该工艺技术条件成熟,应用广泛,已取得了很多成功经验,能够满足本工程要求。

对于降水方案的分析论证,从安全角度和经济造价角度综合考虑,选择采用管井结合局部帷幕止水措施,该方案以大流量初抽、小流量维护的开放形式降水,可以达到降低坑内水位的目的。其缺点是开放性降水对周边环境影响较大。但采用控制水位降水可以减小其影响半径,降低基坑底面上部地层潜水,最大程度降低对周边环境的影响;同时,可以在周边设置回灌井、观测井、观测点,严格控制监测,一旦发现变形影响达到警戒值,立即采取回灌处理,避免对周边环境造成影响,确保基坑降水、施工的正常进行。

本次支护及降水设计即依据上述分析进行。

14.3.6 支护结构设计原则和依据

与前文类似,支护方案设计须本着安全第一、经济合理、节省工期、便利施工,确保周边建筑安全及道路安全的原则,参照该工程岩土工程勘察报告及相关的规范规程[33,89,101,115~122]开展该基坑支护方案设计。

基坑支护须结合降水方案。本工程地下水位较高,周围建筑物距离较近。根据方案分析,对本工程而言,采取管井降水并结合局部止水帷幕措施,以确保满足降水要求,减低对环境的影响。本工程降水工作技术要求,应严格按照相关规范要求执行,降水工程施工及实施过程中,应严格做好各项观测,并保持降水工作的连续性。

勘察报告提供的场地上部土层综合渗透系数为0.5 m/d;潜水位埋深1.4~1.9 m,潜水位年变化幅度1.0 m,历史最高水位埋深1.0 m左右。采用地下水埋深为1 m,降深满足开挖面以下1 m,总降深设计7 m。

14.3.7 支护方案设计

针对场地不同地段地层条件、开挖深度及环境条件,共分5个基坑类型剖面区段支护，其中重点控制南侧临靠已有住宅楼部分。主要支护设计方案如下：

1—1 支护段剖面（见图 14-10）：主要是裙楼部分，基坑开挖深度为 ±0.00 m 以下 5.23 m，且周边环境简单，故设计时按照三级基坑控制，考虑采取放坡 + 土钉墙支护形式进行支护，总体施工坡度按照 1∶0.3 考虑，边坡采用土钉墙支护，具体见设计剖面 1—1。土钉墙设计根据场地实际情况及土层参数，钉孔直径 100 mm，采用 1∶0.5 纯水泥浆灌注，主筋采用 HRB335ϕ16 钢筋，长度一般为 4.5 ~ 6 m；喷射混凝土采用施工配合比为：水∶砂∶石子∶水泥 = 1∶2.8∶2.8∶0.5；土钉纵横间距 1.5 m，倾角 10°，共布置 3 排；面层采用施工配合混凝土喷射，喷射厚度不小于 50 mm，面层网筋采用 4 目钢板网片铺设，面层加强筋采用 ϕ6.5@1 500 菱形布置，加强筋与土钉钢筋连接；面层至基坑顶部边缘外延 1 m，并采用 1 m 长的 ϕ12@1 500 钢筋固定。边坡顶部由主体施工单位做表面硬化处理。

2—2 支护段剖面（见图 14-11）：主要是主楼远离已有建筑部分，基坑开挖深度为 ±0.00 m 以下 5.23 ~ 6.73 m，周边环境相对简单，设计时按照二级基坑控制，根据现场实际，考虑采取二级放坡 + 土钉墙支护形式进行支护，总体施工坡度按照 1∶0.25 考虑，边坡采用土钉墙支护，具体见设计剖面 2—2。上部 2.7 m 按照挂网喷射混凝土处理，面层采用施工配合混凝土喷射，厚度不小于 50 mm，网筋布置同土钉墙，固定钢筋采用 ϕ12@1 500 布置，长度 1.5 m，采用锤击打入；下部设计为土钉墙，土钉墙根据场地实际情况及土层参数，钉孔直径 100 mm，采用 1∶0.5 纯水泥浆灌注，主筋采用 HRB335ϕ16 钢筋，长度一般为 4.5 ~ 6 m；土钉纵横间距 1.5 m，倾角 10°，共布置 3 排；面层采用施工配合混凝土喷射，喷射混凝土采用施工配合比为：水∶砂∶石子∶水泥 = 1∶2.8∶2.8∶0.5；喷射厚度不小于 50 mm，面层网筋采用 4 目钢板网片铺设，面层加强筋采用 ϕ6.5@1 500 菱形布置，加强筋与土钉钢筋连接；面层至基坑顶部边缘外延 1 m，并采用 1 m 长的 ϕ12@1 500 钢筋固定。边坡顶部由主体施工单位做表面硬化处理。

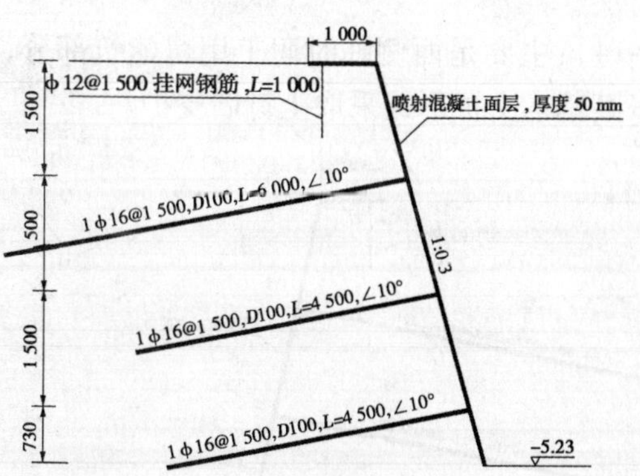

图 14-10　1—1 支护段剖面设计图

（尺寸单位：mm）

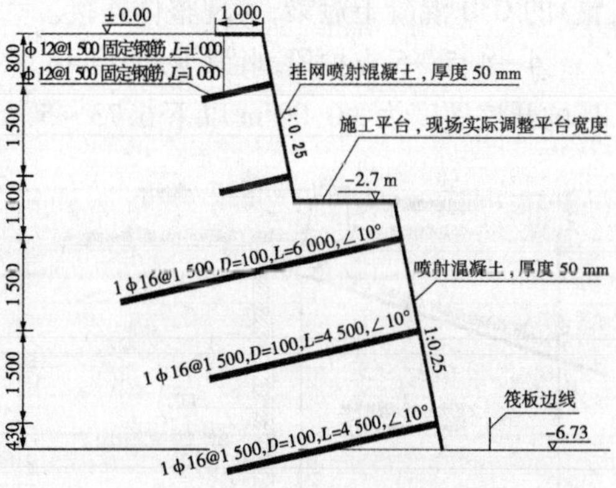

图 14-11　2—2 支护段剖面设计图

（尺寸单位：mm）

根据场地实际情况，本支护段在东侧及北侧东段考虑到主楼基础位置内移，场地内可分台阶考虑，根据现场实际可以 2—2 剖面控制，并结合台阶分布情况进行具体调整。

3—3 支护段剖面（南侧临楼部分）（见图 14-12）：本施工段紧靠已有建筑，基坑边线距离现有建筑仅 6.8 m,且地下管线设施居多,根据建筑基础形式,结合基坑开挖深度(基坑开挖深度为 ±0.00 m 以下 6.73 m),考虑采取上部放坡(1:0.2)+下部利用深层搅拌桩帷幕和锚拉静压桩支护的复合支护形式进行支护,下部施工坡度按照直立边坡考虑,具体见设计剖面 3—3。

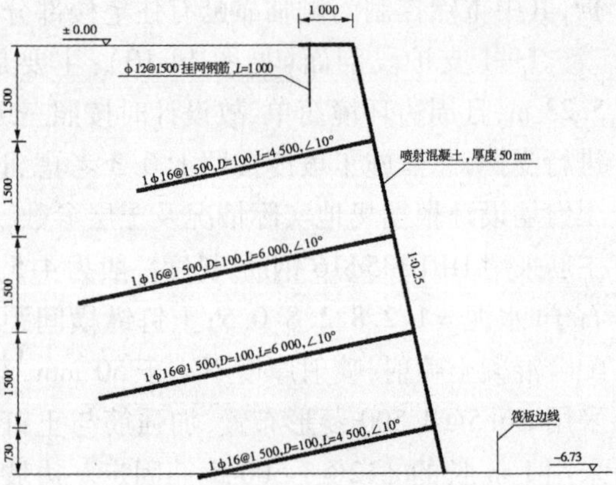

图 14-12　3—3 支护段剖面设计图

(尺寸单位:mm)

上部支护采取 1:0.2 放坡,面层采用施工配合混凝土喷射,喷射混凝土采用施工配合比为水:砂:石子:水泥 =1:2.8:2.8:0.5;喷射厚度不小于 50 mm,面层网筋采用 4 目钢板网片铺设,面层加强筋采用 φ6.5@1 500 菱形布置,加强筋与固定钢筋连接,固定钢筋采用 φ12@1 500 布置,长度为 1.5 m(见设计剖面);面层至基坑顶部边缘外延1 m,并采用 1 m 长的 φ12@1 500 钢筋固定。边坡顶部由主体施工单位做表面硬化处理。

下部帷幕桩布置双排,桩径 500 mm,深层搅拌桩型,搭接厚度 200 mm,桩桩中心距 300 mm,长度设计为 10 m;静压桩直径 400 mm,桩间距 600 mm,桩长度 11 m;锚拉结构为预应力锚杆,水平间距 2.5 m,锚杆直径 100 mm,长度 15 m,主筋采用 HRB335φ20 钢筋,施加预应力为设计拉力值(75 kN)的 70%,锚杆注浆材料为 P32.5 普通硅酸盐水泥拌制的 1:0.8 纯水泥浆;帷幕桩和支护桩顶部设置宽 1 350 mm,厚度 300 ~ 600 mm(锚头位置)的 C30 混凝土冠梁,实现整体连接。

4—4、5—5 支护段剖面(见图 14-13、图 14-14):主要是西侧临时职工用房建筑部分,基坑开挖深度为 ±0.00 m 以下 6.73 ~ 5.23 m,其基本支护形式采取土钉墙支护。

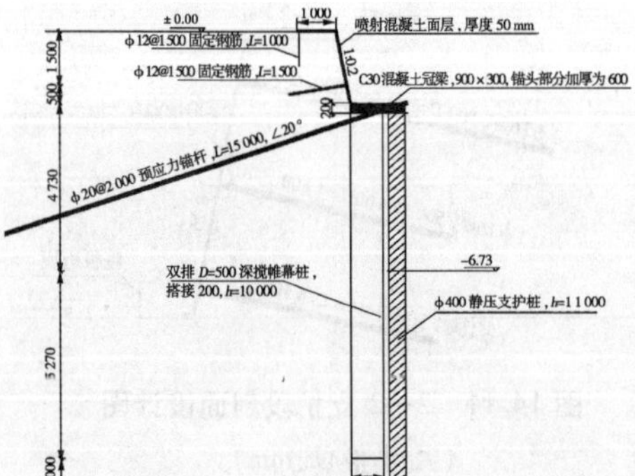

图 14-13　4—4 支护段剖面设计图

(尺寸单位:mm)

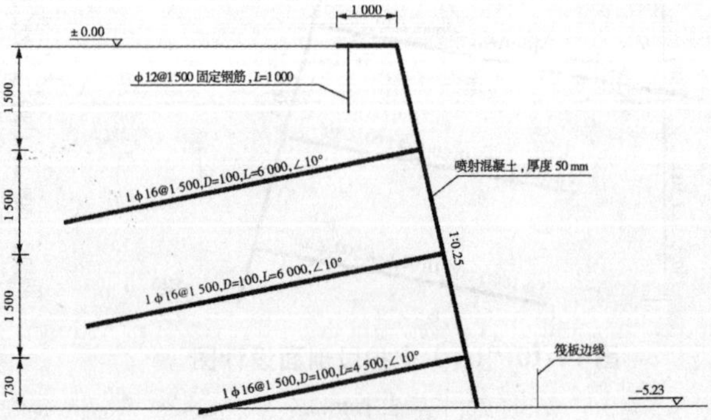

图 14-14　5—5 支护段剖面设计图

(尺寸单位:mm)

边坡控制坡度采取1∶0.25放坡，面层采用施工配合混凝土喷射，喷射混凝土采用施工配合比为水∶砂∶石子∶水泥=1∶2.8∶2.8∶0.5；喷射厚度不小于50 mm，面层网筋采用4目钢板网片铺设，具体见设计剖面4—4、5—5；土钉墙设计根据场地实际情况及土层参数，钉孔直径100 mm，采用1∶0.5纯水泥浆灌注，主筋采用HRB335ϕ16钢筋，长度一般4.5～6 m；土钉纵横间距1.5 m，倾角10°，4—4剖面共布置4排；5—5剖面共布置5排，面层加强筋采用ϕ6.5@1 500菱形布置，加强筋与土钉钢筋连接；面层至基坑顶部边缘外延1 m，并采用1 m长的ϕ12@1 500钢筋固定。边坡顶部由主体施工单位做表面硬化处理。

14.3.8 降水方案设计

根据方案分析，本次设计采取管井降水措施进行基坑降水。基坑降水计算条件按照潜水非完整井(管井)，远离边界条件，水位埋深2.0 m；水位降深6.2～10.6 m；综合渗透系数0.5 m/d。

管井布置按照19～27 m间距网格布置，并尽量避开基础梁等关键基础施工部位，根据平面设计图，全场考虑布置管井约需要11眼；管井深度23 m，成井时以进入砂层1～3 m为准，适当加深或减浅。

管井结构：成孔直径600 mm，滤管采用无砂混凝土滤管，内径300 mm，外径350 mm，孔隙率大于30%，滤料采用1～3 mm干净石英砂，外包80目滤网，以保证降水井内不会产生大量涌砂，确保降水效果。

管井施工、成井施工工艺：井点测量定位—安放护筒—钻机就位—钻孔—回填井底砂垫层—吊放井管—回填井管与井壁间沙砾过滤层—洗井—井管内下水泵、安装抽水控制电路—试抽水—降水井正常抽水。

施工技术要求及施工措施：护筒安放误差5 cm，钻机就位误差2 cm，特殊部位根据实际情况调整；采用水冲钻机成孔，孔径600 mm，垂直度偏差小于1%，孔深达到设计要求，成孔泥浆外运；成孔后清渣换浆，沉渣要求不大于20 cm；泥浆相对比重1.05～1.1；沉渣、泥浆参数达到要求后填井底砂垫层，采用5 mm碎石即可，厚度为30 cm；沉放井管采用托盘法沉放，为防止泥砂进入井管内，井管开始沉放时在井底放混凝土托盘，混凝土托盘与井管接触的地方用水泥黏结；每节井管连接处采用水泥黏结，在结口周围裹一层毡布；在井管下放时，结口周围附3道竹片，并用8号铁丝扎牢，以防止井管下放时产生错节现象；为保证井管下放在井孔中间，每隔5 m在井管外围设置导正圈；井管下放时缓慢下放，严禁快放；若下放时发生卡管、塌孔等异常现象，需将井管重新拔出，下钻扫孔后再次安放；回填滤料应从井管周围均匀填入，不得用铲车填料，应用铁锹下料；填料时应将井口暂时封盖；滤料采用1～3 mm圆砾石英砂，从井底连续填至地表；用污水泵洗井，应在填好滤料8 h内进行，依次完成，最终洗井至管井内使排出的水变清澈，含砂量小于0.05%；水泵安装前应检查潜水泵转向、连接电缆、排水管、吊泵绳索，确保无问题出现、能安全使用后再下放；泵体下放及起吊采用人工手摇辘轳，吊泵绳索采用6 mm钢丝绳；每台泵应配置控制开关，主电源线路沿深井排水管路设置，控制开关单独装箱，并在电路内连接水位控制器，以防止井内无水时水泵空转损坏电机；其他电路严格按照配电原则进行铺设。

安装完毕后放水泵至水面以下 3 m 开始试抽水，抽水过程中定时测量水位、水量等，做好记录，试抽水满足出水量稳定要求后转入正常抽水。

抽水：按照先中间后周边的原则进行，每天开启的数量根据开挖断面决定，抽水工作应专门安排人员，专人监管，24 h 值班，确保正常抽水；降水井开始抽水不能一次放到设计水位大降深抽水，否则形成大的水跃值，造成涌砂、废井，抽水泵每次下放不超过 3 m。

本工程管井降水采用深井自动控制系统，井内水位保持在基坑底面下 5 m 左右，确保不形成较大的影响半径。

回灌井、观测井布置：本次回灌井布置在基坑周边建筑物、基坑长边中部，孔深 15 m，以确保观测到最低水位。孔结构与降水井同，其施工技术及工艺要求也相同，当发现沉降变形值达到警戒值时，立即采取回灌措施处理，可常压回灌也可压力回灌，回灌井在平时也可兼做观测井使用。

观测井在坑内及周边道路和建筑附近布置，采用冲孔法成孔，或采用勘察工程钻机成孔，孔径 130 mm，孔深度和回灌井同，确保观测到最低水位；井管采用 108 mm PVC 管，管壁打梅花小孔，孔径 10 ~ 20 mm，孔隙率大于 30%，井管外包裹 60 ~ 80 目尼龙网，井管与井壁间填 0.3 ~ 0.5 mm 石英砾砂，填至离地面 1 m 后用黏土封死；抽水期间用电测水位计量测水位，及时记录并反馈信息，为基坑施工服务。

参考文献

[1] Casagrande A. Role of the Calculated Risk in Earthwork and Foundation Engineering (the Terzaghi Lecture)[J]. Journal of the Soil Mechanics and Foundation Engineering Division, ASCE, 1965, 91 (4): 10-40.

[2] Wu T H, Kraft L M. Safety Analysis of Slopes[J]. Journal of the Soil Mechanics and Foundation Engineering, ASCE, 1970, 96(SM2).

[3] Lumb P. Statistical Methods on Soil Investigations[C]. Proc. 5th Australia- New Zealand and Conf. on Soil mech. and Foud. Engrg. , 1967.

[4] Vanmarke E H, Fuleihsn N F. Probabilistic Prediction of Levee Settlements[C]. Proc. 2nd Int. Cont. On Application of Statistics and Probability in Soil and Structural Engineering, 1975(2).

[5] Meyerhof G G. Limit States Design in Geotechnical Engineering [J]. Structural Safety, 1982(1).

[6] 罗书学. 桩基概率极限状态法研究和工程应用[D]. 成都:西南交通大学,2004.

[7] 高大钊. 地基土力学性质指标的可靠性分析与取值[J]. 同济大学学报,1985(4).

[8] 高大钊,魏道垛. 上海软土工程性质的概率统计特征[C]//第四届全国土力学及基础工程学术会议论文集. 北京:中国建筑工业出版社,1986.

[9] 高大钊. 土的抗剪强度指标的统计方法[J]. 工程勘察,1986(4).

[10] 高大钊. 土工参数的自相关性[C]//第五届全国岩石力学数值分析与解析方法讨论会论文集. 武汉:武汉测绘科技大学出版社,1994.

[11] 钱七虎. 迎接我国城市地下空间开发高潮[J]. 岩土工程学报,1998,20(1): 112-113.

[12] 陶莉. 基坑支护方案优选研究[D]. 杭州:浙江大学,2007.

[13] 秦四清. 深基坑工程优化设计[M] . 北京:地震出版社,1998.

[14] 孙钧,侯学渊. 地下结构(上、下册)[M] . 北京:科学出版社,1988.

[15] 曾国熙,潘秋元,胡一峰. 软黏土地基基坑开挖性状的研究[J]. 岩土工程学报,1988,10(3).

[16] Milliqam. Soil Deformations near Anchored Sheet Pile Wall[J]. Geotechnique, 1983, 33(1).

[17] Emilios M. Comodromos, Christos T. Anagnostopoulos, Michael K. Georgidis. Numerical Assessment of Axial Pile Group Response Based on Load Test[J]. Computers and Geotechnics, 2003(30): 505-515.

[18] 张钦喜,朱绪平,潘旭亮,等. 复合土钉支护的设计和应用实例[J]. 土木工程学报,2004,37(5):65-70.

[19] 黄润秋,丁秀美,臧亚君. 预应力锚索框架作用下附加应力的 FLAC 3D 模拟[J]. 成都理工大学学报:自然科学版,2003,30(4):339-345.

[20] 朱亚林,孔宪京,邹德高,等. 深基坑预应力锚杆柔性支护的非线性有限元分析[J]. 岩土力学,2005,26(2):323-327.

[21] 李好,周绪红. 深基坑桩锚支护的弹塑性有限元分析[J]. 湖南大学学报:自然科学版,2003,30(6):86-89.

[22] 张春明,李先炜. 散体介质锚拉支架支护作用模拟分析[J]. 湘潭矿业学院学报,2003,18(1):17-20.

[23] 周同和,郭院成. 岩土工程技术现状及发展展望[J]. 河南科学,2003,21(5):515-519.

[24] 姚海慧. 深基坑土钉支护结构的可靠度分析[D]. 郑州:华北水利水电学院,2006.

[25] 陈泰霖. 深基坑桩锚与土钉联合支护优化设计与数值模拟[D]. 郑州:华北水利水电学院,2007.

[26] 王明龙.深基坑复合支护结构内力和变形的数值模拟研究[D].郑州:华北水利水电学院,2006.
[27] 程岩.深基坑在桩锚与土钉联合支护条件下的稳定性数值模拟[D].郑州:华北水利水电学院,2008.
[28] 刘玲霞.深基坑土钉支护加固机理及受力分析研究[D].郑州:华北水利水电学院,2007.
[29] 刘观仕. 深基坑土钉支护的可靠性分析[D].长沙:中南工业大学,2000.
[30] 张循当.土钉支护技术应用领域的拓展[J]. 科技情报开发与经济,2004,14 (5).
[31] 岳建光.土钉支护结构的工作机理与可靠度分析[D]. 西安:西安建筑科技大学,2003.
[32] 祝玉学. 边坡可靠度分析[M]. 北京:冶金工业出版社,1993.
[33] JGJ 120—99 建筑基坑支护技术规程[S].
[34] YB 9258—97 建筑基坑工程技术规范[S].
[35] 包承纲. 关于岩土工程的可靠度问题[J]. 岩土工程师,1992,4(3).
[36] Lumb P. Safety Factors and the Probility Distribution of Soil Strength[J]. Canadian Geotechnical Journal,1970,7(3):225-242.
[37] 张高宁. 岩土工程的可靠度研究浅述[J]. 水文地质工程地质,2000(1).
[38] 张彬. 基坑水泥土墙支护体系的可靠性研究[D]. 桂林:桂林工学院,2001.
[39] 吴荣燕.三峡库区奉节大河沟口滑坡治理工程可靠性评价[D]. 成都:西南交通大学,2003.
[40] 赵国藩. 工程结构可靠性理论与应用[M]. 大连:大连理工大学出版社,1996.
[41] 何水清,等.结构可靠性分析与设计[M]. 北京:国防工业出版社,1993.
[42] 朱爱国,陈晓平.深基坑桩撑支护结构可靠度分析[J]. 建筑结构,1995(5):6-8.
[43] 廖英. 基坑支护结构的稳定可靠度研究[J]. 工业建筑,2004,34(1).
[44] 高大钊. 土力学可靠性原理[M]. 北京:中国建筑工业出版社,1989.
[45] 赵国藩,曹居易,张宽权. 工程结构可靠度[M]. 北京:水利水电出版社,1984.
[46] 张建仁,刘扬,许福友,等.结构可靠度理论及其在桥梁工程中的应用[M].北京:人民交通出版社,2002.
[47] 郭院成,杨庆,黄广华,等. 桩锚与土钉联合支护结构的优化选型[J]. 河南科学,2004,22(3).
[48] Lind N C. Consistent Partial Safety Factors[J]. ASCE,1971,97 (6).
[49] 况龙川. 软土基坑的可靠性研究[D]. 上海:同济大学,1998.
[50] 刘明维. 加筋土结构可靠度分析[D].重庆:重庆交通学院,2002.
[51] 姚明初. 扩展正态分布在结构可靠性设计中的应用[C]//工程结构可靠性——中国土木工程学会桥梁及结构工程学会第七届学术会议论文集.北京:[出版者不详], 1987.
[52] 高而坤,叶军,吴世伟. 同时算出可靠指标和设计验算点值的快速收敛蒙特卡罗法[C]//工程结构可靠性全国第三届学术会议论文集.南京:中国土木工程桥梁及结构工程学会结构可靠度委员会,1992.
[53] 吴世伟. 结构可靠度分析[M]. 北京:人民交通出版社,1990.
[54] 高社生,张玲霞.可靠性理论与工程应用[M]. 北京:国防工业出版社,2002.
[55] 周建谱,李献民,王永和. 黏土边坡可靠性分析方法研究[J]. 湖南大学学报,2002(11).
[56] 张永荣.岩质高边坡稳定性的可靠性研究[J]. 勘察科学技术,2001(40).
[57] 李元松.边坡可靠性分析及程序设计[J]. 土工基础,1996(12).
[58] 赵国藩.结构可靠度的实用分析法[J]. 建筑结构学报,1984(3).
[59] 吴强.蒙特卡罗法在岩质边坡稳定分析总的应用研究[J]. 广西水利水电,2002(3).
[60] 许英姿,余宏明,唐辉明. 蒙特卡罗法在某厂区土坡稳定性评价中的应用[J]. 水文地质与工程地质,2002(2).

[61] 江永红. 蒙特卡罗模拟在边坡可靠性分析中的应用[J]. 数理统计与管理,1998(3).
[62] 高谦,吴顺川,万林海,等. 土木工程可靠性理论及其应用[M]. 北京:中国建材工业出版社,2007.
[63] 刘玉彬,等. 工程结构广义可靠性理论[M]. 北京:科学出版社,2005.
[64] 姚继涛. 既有结构可靠性理论及应用[M]. 北京:科学出版社,2008.
[65] 邵晓红. 挡土结构方案的模糊决策方法[J]. 昆明大学学报:综合版,2003(2):62-65.
[66] 包承纲,吴天行. 多层地基沉降的概率分析[J]. 中国科学:A 辑,1985:1038-1048.
[67] 冷伍明,赵善锐. 土工参数不确定性的计算分析[J]. 岩土工程学报,1995 (2):67-74.
[68] 刘国彬,沈建明,侯学渊. 深基坑支护结构的可靠度分析[J]. 同济大学学报,1998,26(3).
[69] Knut O. Ronold, Peter Bjerager. Model Uncertainty Representation in Geotechnical Reliability Analysis [J]. GT Mar,1992(8).
[70] 李镜培,高大钊. 土性指标的变异特性研究[C]//上海市公路学会第五届年会学术论文集. 1994: 25-29.
[71] 陈东左,任晓菲,郎蓓芳. 浅谈概率分析法在岩土工程中的应用[J]. 广西土木建筑,1996,21(4).
[72] Vanmarke E H. Probabiliaty Modeling of Soil Profile[J]. ASCE,1977,103:1227-1246.
[73] Damika Wickremesinghe. Scale of Fluctuation as a Descriptor of Soil Variability[C]//Probabilistic Methods in Geotechnical Engineering. Li & Lo (eds),1993.
[74] 张梅,丁继辉,宋向东. 对求解土性相关距离的空间递推平均法的分析与改进[J]. 河北农业大学学报,1999,22(1).
[75] 孙民伟. 小浪底泥化夹层强度特性研究及进水口边坡可靠度分析[D]. 北京:清华大学,2003.
[76] 陈肇元,崔京洁. 土钉支护在基坑工程中的应用[M]. 北京:中国建筑工业出版社,1997.
[77] 程良奎,杨志银. 喷射混凝土与土钉墙[M]. 北京:中国建筑工业出版社,1998.
[78] 史美生. 土钉支护原理及工程应用[D]. 杭州:浙江大学,2001.
[79] 陈恒超. 土钉支护简化计算方法研究[D]. 青岛:山东科技大学,2001.
[80] 王步云. 土钉墙设计[J]. 岩土工程技术,1997(4).
[81] 廖英. 多元失稳模式下深基坑支护结构的稳定可靠性分析[J]. 苏州科技学院学报:工程技术版, 2003,16(3).
[82] 谢兰捷,金瑞君,徐伟. 深基础施工结构可靠度的计算方法[J]. 建筑施工,1999,21(4).
[83] 徐杨青. 深基坑工程优化设计理论与动态变形控制研究[D]. 武汉:武汉理工大学,2001.
[84] 侯学渊,杨敏. 软土地基变形控制设计理论和工程实践[M]. 上海:同济大学出版社,1996.
[85] 邹洪海. 关于深基坑支护结构设计方案的优选和优化设计探讨[D]. 北京:中国海洋大学. 2005.
[86] 卢廷浩. 土力学[M]. 南京:河海大学出版社,2002.
[87] 詹建华. 基于 Matlab 的深基坑优化设计理论与应用研究[D]. 武汉:武汉理工大学,2005.
[88] 陈忠汉,黄书秩,程丽萍. 深基坑工程[M]. 北京:机械工业出版社,1999.
[89] GB 50007—2002 建筑地基基础设计规范[S].
[90] 郑刚,顾晓鲁. 挡土结构古典内力计算方法的讨论[J]. 岩土力学,1999, 20(2):67-70.
[91] 钱玉林,绪伯通,陈滨,等. SMW 支护结构分析[J]. 岩石力学与工程学报,2002,21(12):1877-1800.
[92] 黄强. 建筑基坑支护技术规程应用手册[M]. 北京:中国建筑工业出版社,1999.
[93] 陈灿寿,张尚根,余有山. 深基坑支护结构变形计算[J]. 岩石力学与工程学报,2004,23(12):2065-2068.
[94] 陈宝林. 最优化理论及算法[M]. 北京:清华大学出版社,1989.
[95] 周承高. 优化方法及其程序设计[M]. 北京:中国铁道出版社,1989.

[96] 余志成.深基坑支护设计[M].北京:中国建筑工业出版社,1997.
[97] 刑文训.现代优化计算方法[M].北京:清华大学出版社,1999.
[98] 周承高.优化方法及设计[M].北京:中国铁道出版社,1989.
[99] 冯俊福,俞建霖.反分析技术在基坑开挖及预测中的应用[J].建筑技术,2004,35(5):346-347.
[100] 黄生根,张希浩.地基处理与基坑支护工程[M].北京:中国地质大学出版社,1997.
[101] GB 50330—2002 建筑边坡工程技术规范[S].
[102] Itasca Consulting Group, Inc. USA. FLAC 3D, Fast Lagrangian Analysis of Continua in 3 Dimensions, Version 2.1, User's Manual.
[103] Liu Bo, Han Yanhui. The Principle, Example and Application Guide of the FLAC Program [M]. Beijing: China Communications Press, 2005.
[104] 王广国,杜明芳,侯学渊.深基坑的大变形分析[J].岩石力学与工程学报,2000,19(4):509-512.
[105] 程良奎.岩土锚固技术[M].北京:人民交通出版社,1998.
[106] 黄强.深基坑支护设计技术[M].北京:中国建材工业出版社,1995.
[107] Jewell R A, Wroth C P. Direct shear tests on reinforced sand[J]. Geotechnique, 1989(8).
[108] Juran I, et al. Design of Soil Nailed Retaning Structures[J]. Geotechnical Special Publication, ASCE, 1990(20).
[109] 余诗刚.土钉墙设计施工与监测手册[M].北京:中国科学技术出版社,2000.
[110] 高文华,杨林德,沈蒲生.软土基坑支护结构内力与变形时空效应的影响因素分析[J].土木工程学报,2001,34(5):89-96.
[111] 吴文.深基坑桩锚支护体系支护机理、现场试验及数值分析研究[D].北京:中国科学院,2002.
[112] GB 50497—2009 建筑基坑工程监测技术规范(征求意见稿)[S].
[113] 龚晓南.深基坑工程设计施工手册[M].北京:中国建筑工业出版社,1998.
[114] 余波.基坑工程的信息化施工[J].建筑安全,2002(4):21-23.
[115] GB 50021—2001 岩土工程勘察规范[S].
[116] JGJ 79—2002 建筑地基处理技术规范[S].
[117] GB 50202—2002 建筑地基基础工程施工质量验收规范[S].
[118] JGJ/T 8—97 建筑变形测量规程[S].
[119] JGJ/T 111—98 建筑与市政降水工程技术规范[S].
[120] JGJ 94—94 建筑桩基技术规范[S].
[121] GB 50086—2001 锚杆喷射混凝土支护技术规范[S].
[122] CECS 96:97 基坑土钉支护技术规程[S].